高等学校软件工程专业系列教材

# 软件测试技术
## 原理、工具和项目 第2版

吕云翔 况金荣 ◎ 主编

朱涛 杨颖 张禄 梁杨 ◎ 副主编

曹显 黄梦琼 朱康明 杨靖一 孔文 刘文涛 ◎ 参编

清华大学出版社

北京

## 内 容 简 介

本书在内容上较为系统、全面地涵盖了当前软件测试领域的理论和实践知识,反映了当前最新的软件测试理论、标准、技术和工具。全书共三部分 15 章。第一部分为理论基础(第 1~8 章),包括软件测试概述、软件测试过程模型、软件测试方法、软件测试过程、软件测试管理、面向对象软件测试、软件质量保证、敏捷项目测试;第二部分为工具应用(第 9~14 章),包括软件测试自动化、缺陷跟踪管理、JUnit 单元测试、接口测试工具、性能测试工具 JMeter、Python 的自动化测试;第三部分为案例实践(第 15 章),介绍网上书店系统测试案例。每章内容均有实际案例做补充,以加深读者对软件测试技术和过程的理解,做到理论与实践相结合。

本书可作为高等院校软件工程、计算机科学与技术等相关专业教材,也可作为软件测试从业者的参考手册。

版权所有,侵权必究。举报: 010-62782989,beiqinquan@tup.tsinghua.edu.cn。

**图书在版编目(CIP)数据**

软件测试技术:原理、工具和项目/吕云翔,况金荣主编. -- 2 版. -- 北京:清华大学出版社,2025.5. -- (高等学校软件工程专业系列教材). -- ISBN 978-7-302-68908-9

Ⅰ. TP311.55

中国国家版本馆 CIP 数据核字第 2025Y8N953 号

策划编辑:魏江江
责任编辑:王冰飞　薛　阳
封面设计:刘　键
责任校对:王勤勤
责任印制:宋　林

出版发行:清华大学出版社
网　　址:https://www.tup.com.cn,https://www.wqxuetang.com
地　　址:北京清华大学学研大厦 A 座　　邮　编:100084
社 总 机:010-83470000　　邮　购:010-62786544
投稿与读者服务:010-62776969,c-service@tup.tsinghua.edu.cn
质量反馈:010-62772015,zhiliang@tup.tsinghua.edu.cn
课件下载:https://www.tup.com.cn,010-83470236

印 装 者:三河市君旺印务有限公司
经　　销:全国新华书店
开　　本:185mm×260mm　　印　张:19　　字　数:464 千字
版　　次:2021 年 7 月第 1 版　2025 年 5 月第 2 版　印　次:2025 年 5 月第 1 次印刷
印　　数:13001~14500
定　　价:59.80 元

产品编号:108038-01

# 前言

党的二十大报告指出：教育、科技、人才是全面建设社会主义现代化国家的基础性、战略性支撑。必须坚持科技是第一生产力、人才是第一资源、创新是第一动力，深入实施科教兴国战略、人才强国战略、创新驱动发展战略，开辟发展新领域新赛道，不断塑造发展新动能新优势。高等教育与经济社会发展紧密相连，对促进就业创业、助力经济社会发展、增进人民福祉具有重要意义。

在当今数字化时代，软件已成为推动社会发展和人们生活变革的核心力量，从日常使用的手机应用到复杂的企业级系统，软件无处不在。然而，随着软件规模和复杂度的急剧攀升，软件质量问题愈发凸显，一个小小的软件缺陷就可能引发严重后果，给企业带来巨大经济损失，甚至危及用户生命安全。

本书第 1 版出版于 2021 年 7 月，得到了许多高校教师和学生的肯定，在教学中取得了良好的效果。为了能及时反映软件测试领域的最新发展，保持教材内容的先进性，我们对第 1 版进行了全面的修订、再组织和更新，形成了现在的第 2 版。

本版改动内容如下。

(1) 对各章的内容重新进行了梳理，删减了部分过时内容，改正了所发现的错误，修改了不恰当的描述。

(2) 将原第 7 章的"面向对象软件测试"移到了第 6 章。

(3) 增加了新章节"软件质量保证"作为第 7 章。

(4) 将原第 6 章"敏捷项目测试"移到了第 8 章。

(5) 将原第 12 章的"LoadRunner 性能测试"改为"性能测试工具 JMeter"，作为第 13 章，介绍了 JMeter 性能测试。

(6) 将案例实践中的 3 个项目案例调整成 1 个。

本书旨在为读者系统、全面地呈现软件测试领域的知识体系、技术方法与实践应用。全书分为三部分。

第一部分为理论基础(第 1~8 章)，从软件测试的基本概念入手，深入剖析软件测试的背景、意义、目标和原则，详细介绍软件测试的分类、过程模型、测试方法以及各类测试阶段的具体内容，同时涵盖软件测试管理、面向对象软件测试、软件质量保证和敏捷项目测试等方面知识，为读者构建起坚实的理论框架。

第二部分为工具应用(第 9~14 章)，聚焦于软件测试实践中不可或缺的各类工具。无论是软件测试自动化工具，还是缺陷跟踪管理工具，抑或是 JUnit、接口测试工具、性能测试工具以及 Python 相关的自动化测试工具等，本书都对它们进行了细致讲解，包括工具的原理、使用方法、选择要点等，帮助读者熟练掌握工具应用技巧，提升测试工作效率和质量。

第三部分为案例实践（第 15 章），以网上书店系统测试为具体案例，完整展示了从网站测试概述、项目需求分析、测试计划制订、测试用例设计，到测试进度安排、测试结果评价和测试分析报告撰写的全过程，使读者能够将理论知识与实际项目相结合，积累宝贵的实践经验。

相比于软件测试的同类教材，本书具有以下特点：

（1）循序渐进。本书将内容分为"理论基础"、"工具应用"和"案例实践"三部分，层次分明，通过循序渐进的知识讲解，使读者可以更好地学习与理解。

（2）实用性强。本书介绍理论的同时结合相关案例进行讲解，对不同的测试方法和技术选用不同的案例，做到有所针对，这也使得基础知识更加具体形象，同时也更容易被理解和应用。

（3）实时性强。本书所选实验（附录 A）均是近年来的真实实验，可以代表当代技术特征和需求环境。本书介绍的工具均是当前常见的软件测试工具；测试方法也是时下流行的测试方法，其中，面向对象测试的内容更是符合软件测试技术的发展方向。

为便于教学，本书提供丰富的配套资源，包括教学大纲、教学课件、电子教案、程序源码、测试脚本、在线题库、习题答案和 720 分钟的微课视频。

---

**资源下载提示**

- **课件等资源**：扫描封底的"图书资源"二维码，在公众号"书圈"下载。
- **素材（源码）等资源**：扫描目录上方的二维码下载。
- **在线自测题**：扫描封底的作业系统二维码，再扫描自测题二维码，可以在线做题及查看答案。
- **微课视频**：扫描封底的文泉云盘防盗码，再扫描书中相应章节的视频讲解二维码，可以在线学习。

---

本书可作为高等院校软件工程、计算机科学与技术等相关专业教材，也可作为软件测试从业者的参考手册。希望通过阅读本书，读者能够深入理解软件测试的精髓，掌握先进的测试技术和方法，在实际工作中有效保障软件质量，为软件产业的健康发展贡献力量。

本书由吕云翔、况金荣主编，朱涛、杨颖、张禄、梁杨副主编，曹显、黄梦琼、朱康明、杨靖一、孔文、刘文涛参编，曾洪立参与了部分内容的写作工作，并进行了部分素材整理及配套资源制作工作。

由于能力和水平有限，书中难免存在疏漏和错误之处，恳请各位同仁和广大读者朋友给予批评指正。

编　者
2025 年春

# 目 录

扫一扫

源码下载

# 第一部分 理 论 基 础

## 第1章 软件测试概述 ... 2
### 1.1 软件测试的背景与意义 ... 2
#### 1.1.1 著名软件错误案例 ... 2
#### 1.1.2 软件的定义及分类方法 ... 3
#### 1.1.3 软件工程概述 ... 4
### 1.2 软件测试的基本概念 ... 5
#### 1.2.1 软件缺陷的定义 ... 5
#### 1.2.2 软件缺陷产生的原因 ... 6
#### 1.2.3 软件测试的定义 ... 7
### 1.3 软件测试的目标与原则 ... 7
#### 1.3.1 软件测试的目标 ... 7
#### 1.3.2 软件测试的原则 ... 7
### 1.4 软件测试的分类 ... 9
#### 1.4.1 按照测试阶段 ... 9
#### 1.4.2 按照是否需要执行被测试软件 ... 9
#### 1.4.3 按照是否需要查看代码 ... 11
#### 1.4.4 按照测试执行时是否需要人工干预 ... 11
#### 1.4.5 其他测试类型 ... 12
### 小结 ... 12
### 习题1 ... 12

## 第2章 软件测试过程模型 ... 13
### 2.1 软件测试模型及测试过程模型概述 ... 13
#### 2.1.1 软件测试模型的定义 ... 13
#### 2.1.2 软件测试过程模型的定义 ... 13
#### 2.1.3 软件测试过程模型的作用和意义 ... 14
### 2.2 经典的软件测试过程模型 ... 14
#### 2.2.1 V模型 ... 14
#### 2.2.2 W模型 ... 14

  2.3 软件测试过程改进模型 ································································· 16
    2.3.1 TMM 测试成熟度模型 ·········································································· 16
    2.3.2 TPI 模型 ······························································································ 16
    2.3.3 其他测试改进模型 ·················································································· 17
  小结 ································································································································ 17
  习题 2 ····························································································································· 18

## 第 3 章 软件测试方法 ································································································ 19

  3.1 静态测试 ·················································································································· 19
    3.1.1 代码检查 ······························································································ 19
    3.1.2 静态结构分析 ······················································································· 21
  3.2 动态测试 ·················································································································· 23
    3.2.1 主动测试 ······························································································ 23
    3.2.2 被动测试 ······························································································ 24
  3.3 白盒测试 ·················································································································· 24
    3.3.1 程序插桩法 ··························································································· 24
    3.3.2 逻辑覆盖法 ··························································································· 25
    3.3.3 基本路径法 ··························································································· 30
  3.4 黑盒测试 ·················································································································· 32
    3.4.1 黑盒测试方法 ······················································································· 32
    3.4.2 白盒测试和黑盒测试比较 ······································································· 42
  小结 ································································································································ 42
  习题 3 ····························································································································· 43

## 第 4 章 软件测试过程 ································································································ 44

  4.1 单元测试 ·················································································································· 44
    4.1.1 单元测试简介 ······················································································· 44
    4.1.2 单元测试的内容 ···················································································· 45
    4.1.3 单元测试的过程 ···················································································· 46
    4.1.4 单元测试相关案例 ················································································· 46
  4.2 集成测试 ·················································································································· 48
    4.2.1 集成测试简介 ······················································································· 49
    4.2.2 集成测试的内容 ···················································································· 49
    4.2.3 集成测试的过程 ···················································································· 50
    4.2.4 集成测试的相关策略 ············································································· 50
    4.2.5 集成测试常用方法 ················································································· 52
    4.2.6 集成测试相关案例 ················································································· 54
  4.3 系统测试 ·················································································································· 59
    4.3.1 系统测试简介 ······················································································· 59
    4.3.2 系统测试的内容 ···················································································· 60

|     |     | 4.3.3 系统测试相关案例 | 69 |
| --- | --- | --- | --- |
|     | 4.4 | 验收测试 | 75 |
|     |     | 4.4.1 验收测试简介 | 75 |
|     |     | 4.4.2 验收测试的内容 | 76 |
|     |     | 4.4.3 验收测试的过程 | 77 |
|     |     | 4.4.4 验收测试的阶段 | 79 |
|     |     | 4.4.5 验收测试相关案例 | 80 |

小结 ··· 82

习题 4 ··· 82

## 第 5 章 软件测试管理 ··· 83

5.1 软件测试管理概述 ··· 83
 5.1.1 软件测试项目 ··· 83
 5.1.2 软件测试项目管理 ··· 84
 5.1.3 软件测试项目范围管理 ··· 84

5.2 软件测试管理计划 ··· 85
 5.2.1 软件测试计划制订 ··· 85
 5.2.2 软件测试计划执行 ··· 86

5.3 软件测试文档 ··· 86
 5.3.1 软件测试文档的作用 ··· 86
 5.3.2 主要的软件测试文档 ··· 87

5.4 测试组织和人员管理 ··· 88
 5.4.1 测试人员及组织结构 ··· 89
 5.4.2 测试人员的沟通和激励 ··· 89
 5.4.3 测试人员的培训 ··· 90

5.5 软件测试过程控制 ··· 91
 5.5.1 测试项目的过程管理 ··· 91
 5.5.2 软件测试项目的配置管理 ··· 91
 5.5.3 软件测试的风险管理 ··· 92
 5.5.4 软件测试的成本管理 ··· 93

小结 ··· 94

习题 5 ··· 94

## 第 6 章 面向对象软件测试 ··· 95

6.1 面向对象技术概述 ··· 95
 6.1.1 面向对象的基本概念 ··· 95
 6.1.2 面向对象的开发方法 ··· 98
 6.1.3 面向对象的分析设计 ··· 98
 6.1.4 面向对象的模型技术 ··· 99

6.2 面向对象软件的测试策略 ··· 101

- 6.2.1 面向对象的单元测试 ………………………………………………… 101
- 6.2.2 面向对象的集成测试 ………………………………………………… 102
- 6.2.3 面向对象的系统测试 ………………………………………………… 103
- 6.2.4 面向对象的回归测试 ………………………………………………… 103
- 6.3 面向对象软件的测试用例设计 …………………………………………………… 104
  - 6.3.1 面向对象测试用例设计的基本概念 ………………………………… 104
  - 6.3.2 面向对象编程对测试的影响 ………………………………………… 104
  - 6.3.3 基于故障的测试 ……………………………………………………… 105
  - 6.3.4 基于场景的测试 ……………………………………………………… 106
  - 6.3.5 表层结构和深层结构的测试 ………………………………………… 106
- 6.4 面向对象的软件测试案例 ………………………………………………………… 106
  - 6.4.1 HelloWorld 类的测试 ………………………………………………… 106
  - 6.4.2 Date.increment 方法的测试 ………………………………………… 107
- 小结 ……………………………………………………………………………………… 109
- 习题 6 …………………………………………………………………………………… 110

## 第7章 软件质量保证 …………………………………………………………………… 111

- 7.1 软件质量保证概述 ………………………………………………………………… 111
  - 7.1.1 软件质量的定义 ……………………………………………………… 111
  - 7.1.2 质量保证的定义 ……………………………………………………… 112
  - 7.1.3 质量保证与软件测试的关系 ………………………………………… 112
  - 7.1.4 质量保证的重要性 …………………………………………………… 112
- 7.2 质量保证在软件开发周期中的角色 ……………………………………………… 112
  - 7.2.1 质量保证在软件开发生命周期中的作用 …………………………… 112
  - 7.2.2 敏捷开发中的质量保证 ……………………………………………… 113
- 7.3 质量保证计划和策略 ……………………………………………………………… 114
  - 7.3.1 质量保证计划和策略的定义 ………………………………………… 114
  - 7.3.2 质量保证计划示例 …………………………………………………… 115
- 7.4 质量度量和监控 …………………………………………………………………… 115
  - 7.4.1 质量度量和监控概述 ………………………………………………… 115
  - 7.4.2 质量度量和监控示例 ………………………………………………… 116
- 7.5 软件评审 …………………………………………………………………………… 116
  - 7.5.1 软件评审概述 ………………………………………………………… 116
  - 7.5.2 不同类型的软件评审 ………………………………………………… 117
  - 7.5.3 软件评审示例 ………………………………………………………… 117
- 7.6 持续集成和持续交付 ……………………………………………………………… 117
  - 7.6.1 CI/CD 的概念和原则 ………………………………………………… 117
  - 7.6.2 实施 CI/CD 的好处 …………………………………………………… 118
  - 7.6.3 CI/CD 管道阶段 ……………………………………………………… 118
  - 7.6.4 CI/CD 工具的选择 …………………………………………………… 119

  7.6.5 持续集成和持续交付示例 ················· 120
 小结 ························································· 120
 习题 7 ······················································· 121

## 第 8 章 敏捷项目测试 ································· 122

 8.1 敏捷项目简介 ····································· 122
 8.2 敏捷项目管理 ····································· 123
  8.2.1 敏捷项目需求的管理 ····················· 123
  8.2.2 敏捷项目的时间管理 ····················· 124
  8.2.3 敏捷项目的质量管理 ····················· 124
 8.3 敏捷测试 ············································ 124
  8.3.1 敏捷测试概述 ······························· 124
  8.3.2 探索式测试 ··································· 126
  8.3.3 基于 Scrum 的敏捷测试流程 ········ 127
 小结 ························································· 130
 习题 8 ······················································· 130

# 第二部分 工 具 应 用

## 第 9 章 软件测试自动化 ································· 132

 9.1 软件测试自动化概述 ·························· 132
  9.1.1 手工测试与自动化测试 ················· 132
  9.1.2 自动化测试的优缺点 ····················· 133
 9.2 自动化测试的原理方法 ······················ 134
  9.2.1 代码分析 ······································ 134
  9.2.2 捕获和回放 ··································· 134
  9.2.3 录制回放 ······································ 134
  9.2.4 脚本技术 ······································ 134
  9.2.5 自动化比较 ··································· 135
 9.3 自动化测试的开展 ····························· 136
  9.3.1 自动化测试的引入原则 ················· 136
  9.3.2 自动化测试的生命周期 ················· 137
  9.3.3 自动化测试的成本 ······················· 138
  9.3.4 自动化测试的导入时机 ················· 138
  9.3.5 自动化测试的人员要求 ················· 139
  9.3.6 自动化测试存在的问题 ················· 139
 9.4 自动化测试的方案选择 ······················ 140
  9.4.1 自动化测试对象分析 ····················· 140
  9.4.2 确定自动化测试方案 ····················· 140

9.5 自动化测试的工具 ································································· 143
   9.5.1 自动化测试工具的特征 ·················································· 143
   9.5.2 自动化测试工具的分类 ·················································· 144
   9.5.3 自动化测试工具的选择 ·················································· 146
小结 ······················································································· 147
习题9 ····················································································· 147

## 第 10 章 缺陷跟踪管理 ·································································· 148

10.1 缺陷管理工具概述 ······························································· 148
   10.1.1 缺陷管理的目的与意义 ················································ 148
   10.1.2 缺陷管理工具的分类 ··················································· 148
   10.1.3 缺陷管理工具的选择 ··················································· 149

10.2 项目管理工具 Redmine ························································· 149
   10.2.1 Redmine 的特点 ························································ 149
   10.2.2 Redmine 的缺陷跟踪 ·················································· 150

10.3 缺陷管理工具 Bugzilla ························································· 155
   10.3.1 Bugzilla 的特点 ························································· 155
   10.3.2 Bugzilla 的缺陷跟踪 ··················································· 155

10.4 问题跟踪工具 JIRA ····························································· 157
   10.4.1 JIRA 的特点 ······························································ 157
   10.4.2 JIRA 的缺陷跟踪 ······················································· 157

小结 ······················································································· 161
习题 10 ···················································································· 162

## 第 11 章 JUnit 单元测试 ································································· 163

11.1 JUnit 概述 ········································································· 163
   11.1.1 JUnit 简介 ································································ 163
   11.1.2 JUnit 组成 ································································ 164

11.2 JUnit 测试过程 ··································································· 168

11.3 JUnit 安装与集成 ································································ 169
   11.3.1 JUnit 简单安装 ·························································· 170
   11.3.2 JUnit 与 IDE 集成 ······················································ 171

11.4 JUnit 使用案例 ··································································· 175
   11.4.1 案例介绍 ·································································· 175
   11.4.2 常规测试 ·································································· 175
   11.4.3 使用 JUnit 测试 ························································ 176

小结 ······················································································· 187
习题 11 ···················································································· 187

# 第 12 章　接口测试工具 ···················································· 188

## 12.1　接口测试概述 ···················································· 188
### 12.1.1　接口测试工具的分类 ···································· 188
### 12.1.2　接口测试工具的选择 ···································· 189

## 12.2　SoapUI ···························································· 189
### 12.2.1　SoapUI 的特点 ············································ 189
### 12.2.2　SoapUI 的使用 ············································ 189

## 12.3　JMeter ······························································ 190
### 12.3.1　JMeter 的特点 ············································· 191
### 12.3.2　JMeter 的使用 ············································· 191

## 12.4　Postman ···························································· 193
### 12.4.1　Postman 的特点 ··········································· 193
### 12.4.2　Postman 的使用 ··········································· 193

小结 ············································································· 195

习题 12 ········································································· 195

# 第 13 章　性能测试工具 JMeter ·································· 196

## 13.1　JMeter 性能测试概述 ·········································· 196
### 13.1.1　JMeter 性能测试的主要特点 ·························· 196
### 13.1.2　JMeter 与 LoadRunner 性能测试工具对比 ······ 197

## 13.2　JMeter 的测试环境搭建 ······································· 197
### 13.2.1　安装 Java ···················································· 197
### 13.2.2　下载和安装 JMeter ······································ 197
### 13.2.3　配置 JMeter 环境变量 ·································· 198
### 13.2.4　启动运行 JMeter ········································· 198

## 13.3　JMeter 的基本概念 ············································· 198
### 13.3.1　JMeter 的组件和术语 ··································· 198
### 13.3.2　JMeter 的工作流程 ······································ 198

## 13.4　创建 JMeter 性能测试计划和方案设计 ·················· 199
### 13.4.1　用户场景剖析和业务建模 ····························· 199
### 13.4.2　确定性能目标 ············································· 199
### 13.4.3　性能测试方案设计 ······································· 199
### 13.4.4　制定测试计划的实施时间 ····························· 200

## 13.5　JMeter 测试脚本开发、测试执行和结果分析 ········· 200
### 13.5.1　JMeter 性能测试脚本编写——HTTP 请求 ······ 200
### 13.5.2　JMeter 性能测试脚本编写——结果验证 ········· 203
### 13.5.3　JMeter 性能测试脚本编写——验证断言 ········· 205
### 13.5.4　JMeter 性能测试脚本编写——信息头管理器 ··· 206

13.5.5　JMeter 性能测试——关联 · · · · · · · · · · · · · · · · · · · · · · · · · · · · · · · · · · · · · · · · · · · · · · · · · · · · · · · · · · · · 209
13.5.6　JMeter 结果分析——聚合报告 · · · · · · · · · · · · · · · · · · · · · · · · · · · · · · · · · · · · · · · · · · · · · · · · 213
13.5.7　JMeter 结果分析——图形结果 · · · · · · · · · · · · · · · · · · · · · · · · · · · · · · · · · · · · · · · · · · · · · · · · 214

小结 · · · · · · · · · · · · · · · · · · · · · · · · · · · · · · · · · · · · · · · · · · · · · · · · · · · · · · · · · · · · · · · · · · · · · · · · · · · · · · · · · · · · · · · · · · · · · 216
习题 13 · · · · · · · · · · · · · · · · · · · · · · · · · · · · · · · · · · · · · · · · · · · · · · · · · · · · · · · · · · · · · · · · · · · · · · · · · · · · · · · · · · · · · · · · 216

## 第 14 章　Python 的自动化测试 · · · · · · · · · · · · · · · · · · · · · · · · · · · · · · · · · · · · · · · · · · · · · · · · · · · · · · · · 217

14.1　Selenium 基础及环境搭建 · · · · · · · · · · · · · · · · · · · · · · · · · · · · · · · · · · · · · · · · · · · · · · · · · · · · · · · · · · · 217

14.1.1　Selenium 简介 · · · · · · · · · · · · · · · · · · · · · · · · · · · · · · · · · · · · · · · · · · · · · · · · · · · · · · · · · · · · · · · · · 217
14.1.2　Selenium 2 工作原理 · · · · · · · · · · · · · · · · · · · · · · · · · · · · · · · · · · · · · · · · · · · · · · · · · · · · · · · · · · · 217
14.1.3　Python 的下载与安装 · · · · · · · · · · · · · · · · · · · · · · · · · · · · · · · · · · · · · · · · · · · · · · · · · · · · · · · · · · 218
14.1.4　在 Anaconda 虚拟环境中安装 Python · · · · · · · · · · · · · · · · · · · · · · · · · · · · · · · · · · · · · · · · 219
14.1.5　Selenium Python Client 的下载与安装 · · · · · · · · · · · · · · · · · · · · · · · · · · · · · · · · · · · · · · · 220
14.1.6　Selenium WebDriver 的下载与安装 · · · · · · · · · · · · · · · · · · · · · · · · · · · · · · · · · · · · · · · · · · 221
14.1.7　PyCharm 的下载与安装 · · · · · · · · · · · · · · · · · · · · · · · · · · · · · · · · · · · · · · · · · · · · · · · · · · · · · 221
14.1.8　第一个 Python＋Selenium 测试用例 · · · · · · · · · · · · · · · · · · · · · · · · · · · · · · · · · · · · · · · · · 222
14.1.9　WeDdriver 的常用命令 · · · · · · · · · · · · · · · · · · · · · · · · · · · · · · · · · · · · · · · · · · · · · · · · · · · · · · 223
14.1.10　Page Object 设计模式 · · · · · · · · · · · · · · · · · · · · · · · · · · · · · · · · · · · · · · · · · · · · · · · · · · · · · 225

14.2　Python 的 unittest 单元测试框架 · · · · · · · · · · · · · · · · · · · · · · · · · · · · · · · · · · · · · · · · · · · · · · · · · · · 228

14.2.1　unittest 单元测试框架的使用 · · · · · · · · · · · · · · · · · · · · · · · · · · · · · · · · · · · · · · · · · · · · · · · · 228
14.2.2　Python 中日志 Logger 记录 · · · · · · · · · · · · · · · · · · · · · · · · · · · · · · · · · · · · · · · · · · · · · · · · 232
14.2.3　测试报告的输出 · · · · · · · · · · · · · · · · · · · · · · · · · · · · · · · · · · · · · · · · · · · · · · · · · · · · · · · · · · · · · 234

14.3　基于 Pytest＋Allure 的自动化测试 · · · · · · · · · · · · · · · · · · · · · · · · · · · · · · · · · · · · · · · · · · · · · · · · · · 236

14.3.1　Pytest 介绍 · · · · · · · · · · · · · · · · · · · · · · · · · · · · · · · · · · · · · · · · · · · · · · · · · · · · · · · · · · · · · · · · · · 236
14.3.2　Pytest 及 Allure 的安装 · · · · · · · · · · · · · · · · · · · · · · · · · · · · · · · · · · · · · · · · · · · · · · · · · · · · · · 236
14.3.3　基于 Pytest 自动化测试实例 · · · · · · · · · · · · · · · · · · · · · · · · · · · · · · · · · · · · · · · · · · · · · · · · · 237

小结 · · · · · · · · · · · · · · · · · · · · · · · · · · · · · · · · · · · · · · · · · · · · · · · · · · · · · · · · · · · · · · · · · · · · · · · · · · · · · · · · · · · · · · · · · · · · · 242
习题 14 · · · · · · · · · · · · · · · · · · · · · · · · · · · · · · · · · · · · · · · · · · · · · · · · · · · · · · · · · · · · · · · · · · · · · · · · · · · · · · · · · · · · · · · · 242

# 第三部分　案 例 实 践

## 第 15 章　网上书店系统测试 · · · · · · · · · · · · · · · · · · · · · · · · · · · · · · · · · · · · · · · · · · · · · · · · · · · · · · · · · · · · · · · 244

15.1　网站测试概述 · · · · · · · · · · · · · · · · · · · · · · · · · · · · · · · · · · · · · · · · · · · · · · · · · · · · · · · · · · · · · · · · · · · · · · · · 244

15.1.1　网站测试的概念 · · · · · · · · · · · · · · · · · · · · · · · · · · · · · · · · · · · · · · · · · · · · · · · · · · · · · · · · · · · · · 244
15.1.2　网站测试过程 · · · · · · · · · · · · · · · · · · · · · · · · · · · · · · · · · · · · · · · · · · · · · · · · · · · · · · · · · · · · · · · 245
15.1.3　数据库测试 · · · · · · · · · · · · · · · · · · · · · · · · · · · · · · · · · · · · · · · · · · · · · · · · · · · · · · · · · · · · · · · · · · 247
15.1.4　用户界面测试 · · · · · · · · · · · · · · · · · · · · · · · · · · · · · · · · · · · · · · · · · · · · · · · · · · · · · · · · · · · · · · · 247
15.1.5　构件级测试 · · · · · · · · · · · · · · · · · · · · · · · · · · · · · · · · · · · · · · · · · · · · · · · · · · · · · · · · · · · · · · · · · · 248

|     |     | 15.1.6 | 配置测试 | 249 |
|---|---|---|---|---|
|     |     | 15.1.7 | 安全性测试 | 250 |
|     |     | 15.1.8 | 系统性能测试 | 251 |
|     | 15.2 | 案例概述 | | 252 |
|     |     | 15.2.1 | 用户简介 | 252 |
|     |     | 15.2.2 | 项目的目的与目标 | 253 |
|     |     | 15.2.3 | 目标系统功能需求 | 253 |
|     |     | 15.2.4 | 目标系统性能需求 | 264 |
|     |     | 15.2.5 | 目标系统界面需求 | 264 |
|     |     | 15.2.6 | 目标系统的其他需求 | 265 |
|     |     | 15.2.7 | 目标系统的假设与约束条件 | 265 |
|     | 15.3 | 项目测试计划 | | 265 |
|     |     | 15.3.1 | 测试项目 | 265 |
|     |     | 15.3.2 | 测试方案 | 265 |
|     |     | 15.3.3 | 测试资源 | 265 |
|     | 15.4 | 测试用例设计 | | 266 |
|     |     | 15.4.1 | 单元测试用例 | 266 |
|     |     | 15.4.2 | 功能测试用例 | 270 |
|     |     | 15.4.3 | 性能测试用例 | 272 |
|     | 15.5 | 测试进度 | | 273 |
|     |     | 15.5.1 | 单元测试 | 273 |
|     |     | 15.5.2 | 集成测试 | 274 |
|     |     | 15.5.3 | 系统测试 | 274 |
|     |     | 15.5.4 | 验收测试 | 275 |
|     | 15.6 | 评价 | | 275 |
|     |     | 15.6.1 | 范围 | 275 |
|     |     | 15.6.2 | 数据整理 | 275 |
|     |     | 15.6.3 | 测试质量目标 | 275 |
|     | 15.7 | 测试分析报告 | | 276 |
|     |     | 15.7.1 | 引言 | 276 |
|     |     | 15.7.2 | 测试计划实施 | 276 |
|     |     | 15.7.3 | 评价 | 277 |
|     | 小结 | | | 277 |
|     | 习题 15 | | | 278 |

附录 A 实验 279

附录 B 软件开发完整案例：在线音乐播放平台 288

附录 C 大模型赋能软件测试 289

参考文献 290

# 第一部分
# 理论基础

　　本书的第一部分为"理论基础",将介绍软件测试的基本概念、相关模型、基础方法、执行过程、组织管理、软件质量保证等,整个软件测试生命周期中各个环节执行操作的理论支撑,以及在面向对象软件开发过程中如何开展测试活动。本部分内容比较简略,很多内容没有进行详细的阐述和展开,需要读者在阅读前对软件测试和相关知识有一个大概的了解,然后在接下来的章节中结合各个案例进行更深入全面的了解和实践。

# 第 1 章 软件测试概述

软件测试是伴随着软件的产生而产生的,为了保证所提交的软件产品能够满足客户的需求以及在使用中的可靠性,就必须对所开发的软件产品进行系统而全面的测试。软件测试是按照测试方案和流程对产品进行功能和非功能性测试,根据需求编写不同的测试工具,设计和维护测试系统,对测试方案可能出现的问题进行分析和评估。软件测试是软件开发中不可缺少的一个重要步骤,随着软件变得日益复杂,软件测试也变得越来越重要。

**本章要点**
- 软件定义和软件的分类
- 软件缺陷的概念及出现原因
- 软件测试的定义
- 软件测试的目标与原则
- 软件测试分类

## 1.1 软件测试的背景与意义

作为软件工程中至关重要的一个组成部分,软件测试在保证软件质量方面扮演着关键的角色。为了更好地理解软件测试的重要性,首先需要了解一些著名的软件错误案例,并对软件以及软件工程进行简要介绍。

### 1.1.1 著名软件错误案例

1947 年,计算机还是由机械式继电器和真空管驱动,体现当时技术水平的 Mark Ⅱ,是由哈佛大学制造的一个庞然大物。一天,当技术人员正在进行整机运行时,突然发现计算机停止了工作。他们仔细检查,最终发现了问题的根源:在计算机内部一组继电器的触点之间有一只小虫,显然这只小虫是受到光和热的吸引,飞到了触点上,最终被高压电击死。尽管这只小虫引发了计算机的故障,但它的发现启发了技术人员对问题进行进一步研究和修复。从此,这只小虫也成为计算机中用来表示故障的"Bug"的来源,而修复问题的过程则被称为"Debug"。

**1. 迪士尼的狮子王(1994—1995 年)**

1994 年秋天,迪士尼公司发布了第一个面向儿童的多媒体光盘游戏——《狮子王动画故事书》(*The Lion King Animated Storybook*)。该游戏在市场上取得了巨大成功,成为孩子们在那一年节假日的热门选择。然而,问题在圣诞节的后一天 12 月 26 日爆发了。迪士尼公司的客户支持电话开始接到大量来自愤怒的家长和失望的孩子们的投诉电话,报纸和电视也开始大量报道。后来证实,迪士尼公司未能对市面上投入使用的不同类型的PC机型进行充分的测试。虽然软件在迪士尼内部用于开发的系统中运行正常,但在大多数公众使用的系统中却出现了兼容性问题,导致游戏无法正常运行。

**2. 美国国家航空航天局火星极地登陆者号探测器(1999年)**

1999年12月3日,美国国家航空航天局的火星极地登陆者号探测器在试图在火星表面着陆时失踪。故障评估委员会(Failure Review Board,FRB)调查发现,故障的根本原因是一个数据位被意外置位,导致着陆推进器在探测器离火星表面1800m时被关闭,探测器最终坠毁。这个问题在内部测试中没有被发现的原因是测试团队的分工和测试方法不完善。

美国国家航空航天局为了节省成本,简化了确定关闭着陆推进器时机的装置,使用了一个廉价的触点开关。然而,测试团队在测试过程中未能充分关注触点开关的稳定性和正确性。其中一个测试小组负责测试飞船的脚折叠过程,而另一个测试小组负责测试后续的着陆过程。两个小组之间的测试范围和沟通不足,导致了关键数据位未被正确检测到的情况,最终导致了灾难性的结果。

**3. 北京奥运会票务系统(2007年)**

2007年10月30日,北京奥运会门票面向境内公众第二阶段预售正式启动。然而,由于销售采取了"先到先得,售完为止"的政策,导致上午9点预售开始时,公众的申请异常踊跃。北京奥运会官方票务网站在第一个小时内访问量达到了800万次,每秒提交的门票申请超过20万张,远远超过了系统预期的100万次/小时流量。由于瞬间访问量过大,票务系统未能有效应对,导致系统崩溃。北京奥组委票务中心不得不宣布暂停销售奥运门票5天,以完善技术方案,增加系统处理能力并改善系统运行状况。

## 1.1.2 软件的定义及分类方法

### 1. 软件的定义

人们通常把各种不同功能的程序称为软件,包括系统程序、应用程序、用户自己编写的程序等。Roger S. Pressman对软件给出了这样的定义:计算机软件是由专业人员开发并长期维护的软件产品。完整的软件包括在各种不同容量和体系结构计算机上的可执行程序,程序运行过程中产生的结果,以及以硬复制和电子表格等多种方式存在的软件文档。

软件具有以下8个特点。

(1) 软件是一种逻辑实体,而不是具体的物理实体,因而具有抽象性。

(2) 软件的生产与硬件不同,它没有明显的制造过程,而是需要在软件开发方面下功夫。

(3) 在软件的运行和使用期间,虽然软件不会像硬件那样出现机械磨损和老化问题,但会存在退化问题,需要进行多次修改与维护。

(4) 软件的开发与运行受到计算机系统的制约,因此提出了软件移植的问题来解除这种依赖性。

(5) 软件的开发至今尚未完全摆脱人工的开发方式。

(6) 软件的复杂性可能来自它所反映的实际问题的复杂性,也可能来自程序逻辑结构的复杂性。

(7) 软件的研制工作需要投入大量的、复杂的、高强度的脑力劳动,它的成本是比较高的。

(8) 许多软件开发和运行涉及社会因素,直接决定项目的成败。

**2. 软件的分类方法**

软件的分类方法可以从多个角度进行划分。

按照应用层次划分，软件可以分为系统软件、支撑软件和应用软件三类。系统软件位于计算机系统中最接近硬件的层次，为其他程序提供底层的系统服务，如编译程序和操作系统等。支撑软件建立在系统软件基础上，以提高系统性能为主要目标，为应用软件的开发与运行提供支持，包括环境数据库、接口软件和工具组。应用软件则提供特定应用服务，如字处理程序等。

按照软件规模划分，软件可以划分为微型、小型、中型、大型和超大型软件。微型软件由一名开发人员，在短时间（一般4周）内完成，代码量通常不超过500行。小型软件开发周期可持续到半年，代码量一般控制在5000行以内。中型软件的开发人员不超过10人，开发周期在2年内，代码量为5000~50 000行；大型软件由10~100名开发人员在1~3年内完成，代码量为50 000~100 000行。超大型软件则涉及上百名甚至上千名成员的开发团队，开发周期可以持续到3年以上，甚至5年。

按照软件运行平台划分，软件可以分为个人计算机软件、嵌入式软件、基于Web的软件等。个人计算机软件在PC上运行，提供各种应用服务，如字处理、电子表格、多媒体等。嵌入式软件嵌入在设备的只读内存中，用于控制智能产品和系统，功能简单，规模较小，要求高性能系统支持。基于Web的软件以整个网络环境为平台，通过浏览器和网络协议，提供在线服务和资源，将网络视为一个大的计算机，可被人通过浏览器访问。

### 1.1.3 软件工程概述

20世纪60年代，随着计算机软件的广泛应用，出现了一系列严重问题，被称为"软件危机"。这些问题包括软件无法满足用户需求、成本过高、质量无法保证、开发周期无法准确估计等。为解决这一危机，人们开始借鉴传统工程思想，提出了软件工程的概念。

IEEE对软件工程的定义为：①将系统化、严格约束的、可量化的方法应用于软件的开发、运行和维护，即将工程化应用于软件；②对①中所述方法的研究。具体说来，软件工程是借鉴传统工程的原则、方法，以提高质量、降低成本为目的指导计算机软件开发和维护的工程学科。软件工程层次图如图1-1所示。

图1-1 软件工程层次图

在图 1-1 中,软件质量被放在最为基础的位置,软件质量作为软件工程的核心内容,引领着软件开发过程和方法的研究,以及软件工程辅助工具的开发。

软件测试在软件工程过程中一直占据着核心活动的地位,以传统软件工程中的"瀑布模型"为例,该模型定义了软件开发的基本活动和流程,包括需求分析、设计、编码、测试、运行和维护等阶段。图 1-2 给出了瀑布模型示意图。

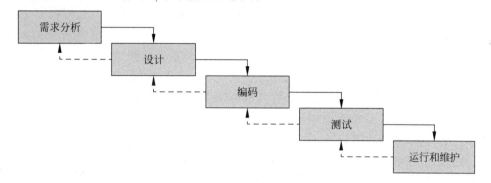

图 1-2　瀑布模型示意图

在这些阶段中,软件测试作为动态验证软件的过程至关重要。它包括内部测试和外部测试,旨在发现程序错误并确保软件功能符合需求。

随着软件工程的发展,出现了各种开发模型,如增量开发模型、螺旋模型、敏捷开发模型等。虽然这些模型在活动组织和执行顺序上有所不同,但测试作为核心活动始终扮演着重要角色。

## 1.2　软件测试的基本概念

### 1.2.1　软件缺陷的定义

软件缺陷,通常被称为 Bug,是指计算机软件或程序中存在的破坏正常运行能力的问题、错误或者隐藏的功能缺陷。缺陷的存在会导致软件产品无法完全满足用户需求。IEEE 对软件缺陷有一个标准的定义:从产品内部看,缺陷是软件产品开发或维护过程中存在的错误、毛病等各种问题;从产品外部看,缺陷是系统所需要实现的某种功能的失效或违背。在软件开发生命周期的后期,修复检测到的软件错误的成本较高。

Ron Patton 在定义软件缺陷之前,首先介绍了产品说明书(Product Specification),即对软件开发产品进行定义的协议,包括产品的细节、功能、使用规则等。根据 Patton 的描述,软件缺陷至少满足以下 5 条规则之一。

(1) 软件未实现产品规格说明所要求的功能。
(2) 软件中出现了产品规格说明中明确指出不应该存在的错误。
(3) 软件实现了产品规格说明未提及的功能。
(4) 软件未实现产品规格说明虽未明确提及但应该实现的目标。
(5) 软件难以理解,不易使用,运行缓慢或最终用户认为不好。

为了更好地理解每一条规则,下面以计算器为例进行解释。

计算器的产品规格说明阐述此产品能够准确无误地进行加、减、乘、除运算。软件测试员对该计算器进行测试,按下加(+)键,若没有任何反应,则违反了第(1)条规则;若计算结果出错,根据第(1)条规则,这同样是个缺陷。

产品规格说明书可能阐述此计算器永远不会崩溃、锁死或者停止反应。如果连续频繁按键导致计算器停止接收输入,根据第(2)条规则,这是一个缺陷。

对计算器测试,发现除了加、减、乘、除之外还可以求平方根,但是产品说明书中没有提及这一功能,程序员只因为觉得这是一项了不起的功能而把它加入。但是根据第(3)条规则,这也是软件缺陷。

第(4)条规则是为了捕获那些产品说明书上的遗漏之处。在测试计算器时,若发现电池没电会导致计算不正确。没有人会考虑到这种情况下计算器会如何反应,而是想当然地假定电池一直都有电。测试要考虑到让计算器持续工作直到电池完全没电,或者至少用到出现电力不足的提醒。电力不足时无法正确计算,但产品说明书未指出这个问题。根据第(4)条规则,这是一个缺陷。

软件测试员是第一个真正使用软件的人,软件测试员要从用户的角度发现不合适的地方。例如,在计算器的例子中,按键太小或太大;"="键布置的位置不容易按下;在亮光下看不清显示屏等,根据第(5)条规则,这些都是缺陷。

虽然这一定义涵盖了软件缺陷的多方面,但在实际测试中,应根据具体情况灵活应用以上规则以便更全面地识别软件缺陷。

### 1.2.2 软件缺陷产生的原因

软件缺陷的产生往往源于多个因素的综合作用。通过对众多项目的研究,可以发现,导致软件缺陷的原因通常可以归结为以下几方面,如图 1-3 所示。

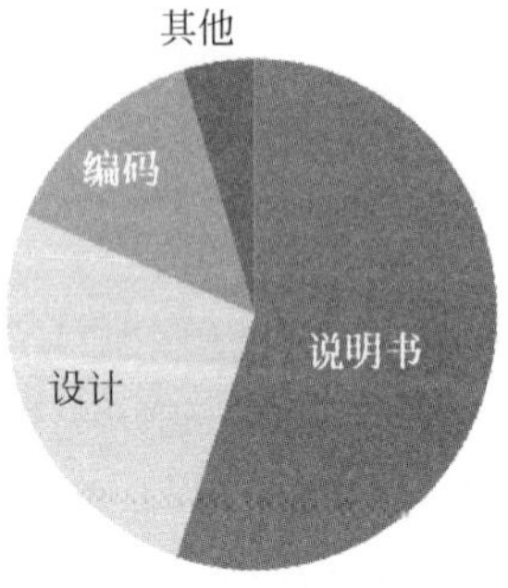

产品说明书的不完善或不清晰是导致软件缺陷的主要原因之一。在许多情况下,说明书未能清晰地定义需求,或者需求经常发生变更而未及时更新。此外,产品经理与开发团队之间的沟通不畅也可能导致开发人员对用户需求理解不准确,从而在软件中引入缺陷。

图 1-3 软件缺陷产生的原因

软件缺陷的第二大来源是设计。设计阶段类似于建筑师绘制建筑蓝图的过程,缺乏良好的软件设计或设计错误可能导致软件缺陷。不合理的系统架构、数据结构和算法选择都可能引发问题。同时,设计过程中的沟通不足也容易导致缺陷的产生。

编码错误是另一个软件缺陷来源。编码错误往往归因于软件的复杂性、文档不足、进度压力或普通的低级错误。然而需要注意的是,许多看似是编程错误的软件缺陷实际上是由于产品说明书和设计方案的问题所致。

除了上述因素外,还有其他因素可能导致软件错误的产生,例如集成问题(不同模块或组件之间的交互问题)、测试不足(未覆盖所有代码路径或场景)、外部环境因素、时间压力和人为错误等。值得注意的是,软件缺陷往往是多方面因素的综合结果,因此必须综合考虑这些因素,并采取全面的质量保证和测试措施,以降低软件缺陷的风险。

## 1.2.3　软件测试的定义

软件测试是为了发现错误而执行程序的过程。或者说,软件测试是根据软件开发各阶段的规格说明和程序的内部结构,而精心设计一批测试用例,并利用这些测试用例去执行程序,以发现程序错误的过程。IEEE对软件测试的定义为:使用人工和自动手段对某个系统进行运行或测试的过程,其目的在于检测系统是否符合规定的需求,并识别预期结果与实际结果之间的差异。

软件测试不仅涉及对程序代码的测试,还包括对需求规格的说明、设计规格的说明、程序等各个阶段的测试。可以把软件测试简单地理解成如图1-4所示的过程。

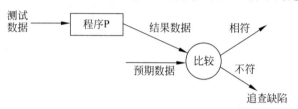

图1-4　软件测试概念抽象图

## 1.3　软件测试的目标与原则

### 1.3.1　软件测试的目标

软件开发过程中可能引入各种缺陷和系统不足。这些缺陷可能由多种原因引起,包括开发人员之间或开发人员与用户之间的沟通不足、软件复杂度过高、编码错误、需求变更频繁、时间压力、缺乏充分的文档描述以及缺乏合适的软件开发工具等。软件缺陷可能在软件开发的各个阶段被引入,如果没能及时发现和纠正,就会传递到软件开发的下一阶段,如图1-5所示。

软件缺陷的传递会带来更多的问题,也会增加缺陷改正的难度和成本。

软件测试的目标具体包括:

(1) 发现软件中存在的缺陷和系统不足。

(2) 定义系统的能力和局限性,提供关于组件、工作产品和系统质量的信息。

(3) 提供预防或减少错误的信息,在过程中尽早检测错误以防止错误传递到下一阶段。

(4) 提前确认问题并识别风险,以便及时应对。

(5) 获取系统在可接受风险范围内可用的信息,验证系统在非正常情况下的功能和性能。

(6) 确保工作产品的完整性,并使其可用或者可被集成到系统中。

### 1.3.2　软件测试的原则

为了达到软件测试的目标,需要遵循以下关键的软件测试原则。

**1. 不可能进行完全测试**

由于资源和时间的限制,完全覆盖所有情况和路径是不现实的。因此,测试用例应该选

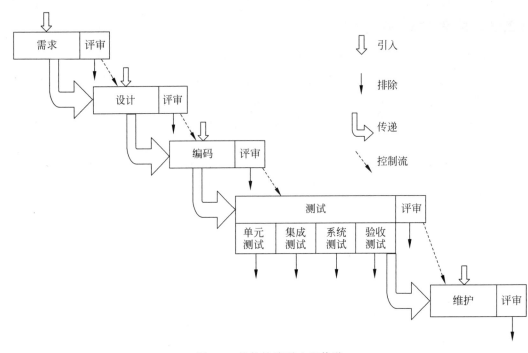

图 1-5 软件缺陷引入和传递

择具有代表性、最可能发现问题的情况,以确保对系统的主要功能和关键路径进行充分覆盖。

**2. 测试中有风险存在**

在测试过程中存在着未发现缺陷的风险。为最大程度减少这一风险,应采取多种测试方法和工具,并定期审查和更新测试策略。

**3. 软件测试只能表明缺陷的存在,不能证明产品已经没有缺陷**

软件测试只是发现软件缺陷的过程,无法证明产品没有缺陷。因此,即使测试成功,也不能说明软件产品完全符合用户需求。

**4. 软件产品存在的缺陷数与已发现的缺陷数成正比**

软件测试所发现的缺陷越多,说明软件产品中的缺陷可能越多。软件缺陷通常出现聚集性,在发现软件缺陷的地方,往往还存在其他的软件缺陷。

**5. 要避免软件测试的杀虫剂现象**

所谓杀虫剂现象是指,如果长期使用某种药物,那么生物就会对这种药物产生抗药性。在软件测试过程中,应避免出现杀虫剂现象,即长期由同一组测试人员进行测试可能导致局限性和盲点。因此,建议引入多样性的测试团队成员,以各种不同的视角和测试方法来审视软件。

**6. 及早地和不断地进行软件测试**

测试应该与开发过程同步进行,确保在早期发现和修复缺陷,从而降低缺陷传递和修复成本。

**7. 进行回归测试**

回归测试是确保修改不会导致新问题出现的关键步骤。应该自动化地重复测试任务,并建立完善的回归测试套件,以确保每次变更都能得到适当的验证。

**8. 有计划、有组织的软件测试**

软件测试需要精心策划和有组织地执行。制订清晰的测试计划、策略和流程,并建立有效的沟通和协作机制,以确保测试任务的顺利完成。

## 1.4 软件测试的分类

### 1.4.1 按照测试阶段

按照测试的阶段可将软件测试分为单元测试、集成测试、确认测试、系统测试和验收测试。

**1. 单元测试**

单元测试针对软件设计中最小的单位——程序模块进行,旨在检查模块是否符合软件详细设计规约的要求。其重点在于发现模块内部可能存在的各种错误。由于模块间应具有低耦合、高内聚的特性,因此单元测试通常可以并行进行。

**2. 集成测试**

集成测试建立在单元测试的基础上,将已通过单元测试的模块有序、递增地组合进行测试。其目的是验证各个模块之间的接口和相互协作是否正常,以发现集成环境中可能存在的错误。集成测试依据软件概要设计规约进行,并检查模块之间的耦合性和协作性。

**3. 确认测试**

确认测试通过检验和提供客观证据,验证软件是否满足特定预期用途的需求。它依据软件需求规格说明书,验证软件是否满足用户对功能、性能和其他特性的要求。

**4. 系统测试**

系统测试将通过确认测试的软件作为整个计算机系统的一个元素,在实际的运行环境中与硬件、外部设备、网络、系统软件以及其他系统元素结合在一起进行测试。其主要目的是验证系统能否正确配置、连接,并满足用户需求。系统测试依据系统需求规格说明书进行,并关注系统的整体功能和性能。

**5. 验收测试**

验收测试根据项目说明书、合同、验收依据文档等约定,对整个系统进行测试和评审,以确定是否接受系统。验收测试是最终的测试阶段,决定系统是否可以交付给用户使用。

这也是传统软件测试采用的过程,如图 1-6 所示。有时也把确认测试和系统测试归为一个过程,统称为系统测试。

### 1.4.2 按照是否需要执行被测试软件

按照是否需要执行被测软件,可以将软件测试分为静态测试和动态测试两类。

**1. 静态测试**

静态测试,也称为静态分析,不涉及实际执行被测软件,而是直接分析软件的形式和结构,以查找缺陷。主要包括对源代码、程序界面以及各类文档和中间产品(如产品说明书、技术设计文档等)进行测试。

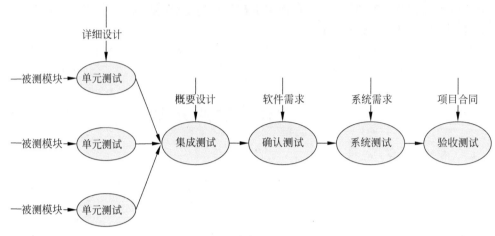

图 1-6　软件测试过程

1）对源代码的静态测试

静态测试主要是针对源代码进行的，以检查代码是否符合相应的标准和规范，如可读性、可维护性等。这包括使用静态分析工具进行代码质量的度量，并通过人工审查等方式发现潜在的缺陷和风险。

2）对程序界面的静态测试

静态测试主要关注软件的操作界面是否符合需求说明，以确保用户界面的设计与用户期望一致。

3）对文档的静态测试

静态测试用于检查用户手册与需求说明是否真正符合用户的实际需求，以确保文档的准确性和完整性。

**2. 动态测试**

动态测试，又称为动态分析，是指需要实际运行被测软件，通过观察程序运行时的状态、行为等来发现软件缺陷。这包括执行有效的测试用例，分析输入和输出之间的关系，以及与设计规格或客户需求不一致的地方。

动态测试是一种常用的测试方法，可以在单元测试、集成测试、系统测试和验收测试中应用。尽管动态测试存在一些局限性，如需要借助测试用例、搭建特定的测试环境，不能发现文档问题等，但它在发现软件缺陷方面具有重要作用。

**3. 静态测试与动态测试的比较**

如表 1-1 所示为静态测试和动态测试的简单比较。

表 1-1　静态测试与动态测试的比较

| 比较项目 | 测试方法 ||
| --- | --- | --- |
|  | 静态测试 | 动态测试 |
| 是否需要运行软件 | 否 | 是 |
| 是否需要测试用例 | 否 | 是 |
| 是否直接定位缺陷 | 是 | 否 |
| 测试实现难易程度 | 相对较容易 | 相对较困难 |

静态测试和动态测试在软件测试过程中具有相互补充的关系。静态测试可以在软件运行前发现潜在问题,有助于提高代码质量和开发效率;而动态测试则能够模拟真实环境下的运行情况,发现更多与软件功能、性能相关的问题。两者相互弥补,共同确保软件质量。

### 1.4.3 按照是否需要查看代码

按照是否需要查看软件源代码,软件测试可分为三种类型:白盒测试、黑盒测试和灰盒测试。

**1. 白盒测试**

白盒测试是指已知软件产品的内部工作过程,通过验证每种内部操作是否符合设计规格的要求来进行测试。在白盒测试中,测试人员需要了解被测程序的内部结构和工作原理,对测试人员要求较高,并相对具有较高的测试成本。

**2. 黑盒测试**

黑盒测试是指已知软件产品的功能设计规格,测试功能是否满足要求。将被测试的软件视为黑盒子,只是在程序接口进行测试,不考虑内部结构。优点是可以直接验证功能是否符合预期,缺点是无法发现内部逻辑错误。

**3. 灰盒测试**

灰盒测试介于白盒测试和黑盒测试之间,关注软件输出对输入的正确性,同时也关注部分内部表现。通过表征性的现象、事件、标志来判断内部的运行状态。可以在一定程度上发现内部逻辑错误,并验证功能是否符合语句。但复杂的内部逻辑错误可能无法完全发现,测试覆盖面相对较低。

白盒测试和黑盒测试从不同的角度看待被测试软件,关注不同的内容,并各有优缺点。在实际的测试过程中往往是针对不同的测试阶段和测试对象进行选择或者结合使用。白盒测试和黑盒测试的过程分别如图1-7和图1-8所示。

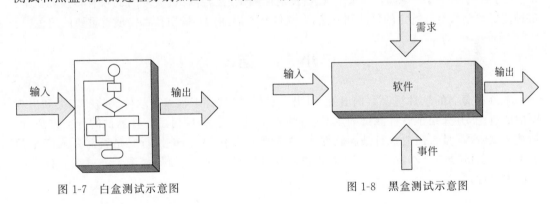

图 1-7 白盒测试示意图　　　　　　图 1-8 黑盒测试示意图

### 1.4.4 按照测试执行时是否需要人工干预

按照测试执行时是否需要人工干预,软件测试可分为手工测试和自动化测试。

**1. 手工测试**

手工测试是指由测试人员手工执行测试的过程,记录测试结果,并检查测试结果是否与预期一致。手工测试灵活性高,适用于少量和复杂测试场景,能够模拟真实用户行为。手工测试也有很多弊端,如测试成本高,效率低,容易出现人为错误,不适用于大规模和重复性测试等。

### 2. 自动化测试

自动化测试是指将测试过程转换为由机器执行的过程,包括测试脚本的开发、执行和结果分析。正确合适地引入软件测试自动化,能够节省软件测试的成本和资源,减少人为错误,适用于大规模和重复性测试。但是自动化测试需要投入较多的时间和资源进行测试脚本的开发和维护。并且,自动化测试无法替代手工测试的创造性和探索性。

在实际项目中,应根据需求和测试场景选择合适的测试方法,或者结合两者以发挥各自的优势。

### 1.4.5 其他测试类型

其他重要的测试类型包括冒烟测试、随机测试等。

#### 1. 冒烟测试

冒烟测试是一种对软件版本包的快速基本功能验证策略,用于确认软件基本功能是否正常工作。它通常在更全面的测试阶段之前进行,如果冒烟测试未通过,则无须进行后续深入测试,如系统测试、性能测试和回归测试等。冒烟测试可以手动执行,也可以自动化执行。对于已经相对稳定且变化不频繁的软件系统,自动化冒烟测试是一个高效的选择。而对于正在集成阶段、频繁变动或尚未稳定的系统更适合手工冒烟测试。在敏捷开发团队中,软件冒烟测试有着重要作用,它穿插在整个项目流程的各个阶段,从而在项目周期中把控产品质量。

#### 2. 随机测试

随机测试是根据测试说明书执行样例测试的重要补充手段,用于保证测试覆盖完整性。随机测试主要针对被测软件的重要功能进行复测,并测试那些当前测试样例没有覆盖到的部分。此外,随机测试也重点测试软件更新和新增功能,以及之前发现的重大缺陷。随机测试通常与回归测试结合进行,以确保软件的稳定性和可靠性。

除了冒烟测试和随机测试,还有许多其他测试类型,包括功能测试、健壮性测试、性能测试、压力测试、用户界面测试、可靠性测试、安全性测试、文档测试、恢复测试和兼容性测试等。每种测试类型都有其特定的目的和方法,在软件开发周期的不同阶段都扮演着重要的角色。

## 小 结

本章从著名的软件错误案例出发,引出了对软件、软件工程以及软件缺陷的定义和出现原因的讨论,并介绍了软件测试的定义、目的和原则。随后,探讨了软件测试的分类方法,包括按测试阶段、是否需要执行被测软件、是否需要查看代码、测试执行时是否需要人工干预等不同视角的分类。本章旨在为读者提供对软件测试的全面了解,强调了测试在软件开发中的重要性。

## 习 题 1

# 第 2 章 软件测试过程模型

通过第 1 章的学习,读者已经对软件测试的基本概念和内容有了一定的了解。本章将进一步介绍软件测试模型和软件测试过程模型的概念、作用和意义。模型是对系统、过程、事物或概念的一种表达形式,通常在创造实物之前,人们会先建立一个简化的模型来模拟关键部分,以便更好地理解其本质,并找出实物建造过程中的问题的解决方案。软件测试作为保障软件质量的关键,不仅是一项技术活动,更是指导测试过程的选择和改进的重要手段。为了更好地指导测试工作,人们建立了多种不同的测试模型。本章将重点介绍一些经典且较为成功的测试模型和软件测试过程模型,以便读者更好地理解和应用于实际测试工作中。

**本章要点**
- 软件测试模型及软件测试过程模型概述
- 软件测试过程模型的作用和意义
- 经典的软件测试模型
- 软件测试改进模型

## 2.1 软件测试模型及测试过程模型概述

在软件工程中,测试模型是指对软件测试活动进行抽象和描述的框架或方法论。它们提供了指导软件测试活动的基本原则和方法,有助于组织、规划和执行测试任务,并为软件测试的管理和改进提供了基础。

### 2.1.1 软件测试模型的定义

软件测试模型是描述和规划软件测试活动的抽象表示形式。它定义了测试活动的组织结构、流程、方法和指导原则,以确保测试过程的有效性和可控性。软件测试模型可以看作一种计划,它指导着测试团队如何执行测试、组织测试资源、评估测试结果,并最终确定软件的质量水平。软件测试模型包括软件测试过程模型、测试策略模型、测试方法模型、测试技术模型等。这些模型共同组成了软件测试领域的理论框架,指导着软件测试活动的执行和管理。

### 2.1.2 软件测试过程模型的定义

软件测试过程模型描述了测试活动与软件开发活动之间的关系,以及测试活动在不同阶段的执行方式。与软件测试模型不同,软件测试过程模型更加关注测试活动在整个软件开发过程中的组织和执行方式。软件测试过程模型是测试模型的一种,为团队提供了结构化的方法来管理测试流程。

### 2.1.3　软件测试过程模型的作用和意义

在软件项目中,软件测试过程模型发挥着关键作用,主要体现在以下几方面。

- 指导测试活动:软件测试过程模型提供了一个框架,指导测试活动如何与软件开发活动交互,并在软件开发周期的不同阶段进行。这样,测试团队可以根据模型来规划和组织测试工作。
- 规划测试过程:这种模型有助于测试团队规划测试过程,明确测试的目标、范围、资源需求和时间安排,使测试计划更具可行性和可执行性。
- 评估测试结果:软件测试过程模型提供了一套标准和方法来评估测试结果。通过与预期目标和质量标准的比较,测试团队可以确定软件的质量水平,并识别出潜在的问题和改进点。
- 改进测试质量:通过不断实践和持续改进,软件测试过程模型有助于测试团队提升测试质量和效率。它促使团队反思和总结经验教训,发现和解决测试中的问题,从而减少软件缺陷和风险。

## 2.2　经典的软件测试过程模型

根据其特点和应用领域的不同,软件测试过程模型可以分为多种类型。下面介绍几个经典的软件测试过程模型。

### 2.2.1　V 模型

V 模型是软件测试过程模型中最有代表性的模型之一,最早由 Paul Rook 在 20 世纪 80 年代提出。其名称源自其形状类似字母"V",反映了软件测试与软件需求分析、设计等开发活动之间的对应关系。V 模型强调了测试活动在软件开发周期中的重要性和位置。V 模型如图 2-1 所示。软件开发过程的各个阶段与相应的测试活动形成了一对一的关系。左侧下降部分代表软件开发的各阶段,如用户需求分析、设计、编码等;而右侧上升部分代表与开发对应的测试活动,如单元测试、集成测试、系统测试和验收测试。图中箭头代表时间方向,从需求分析开始,经过开发阶段,最终到达测试阶段。

在 V 模型中,单元测试验证程序的设计,确保各个单元(如函数、类等)的程序执行满足要求。集成测试关注各个模块之间的交互,确保系统元素协同工作无误。系统测试验证整体系统设计,确保系统功能、性能和质量满足设计要求。验收测试验证软件需求,确保软件满足用户需求或合同规定的要求。

尽管 V 模型强调了测试与开发的对应关系,它并没有明确提及早期测试的概念,也没有充分体现"及早地和不断地进行软件测试"原则。这可能导致一些隐藏在开发早期阶段的问题直到测试阶段才被发现,从而增加了修复错误的成本和时间。

### 2.2.2　W 模型

W 模型是由 Evolutif 公司提出的一种软件测试过程模型,它强调了测试活动在整个软

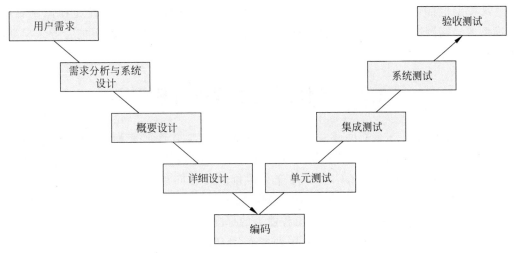

图 2-1　软件测试 V 模型

件开发周期中与开发活动同步进行。不仅程序需要测试，还有需求、设计等开发活动，使测试成为软件开发过程的一部分。W 模型可以看作 V 模型的自然演进。在 W 模型中，测试活动始终与相应的开发活动同步，开发活动形成一个 V，测试活动形成另一个 V。这有助于及早地发现和解决问题。例如，在需求分析阶段完成后，测试人员可以参与需求验证和确认活动，早期发现并解决潜在的需求问题。

同时，对需求的测试也有利于及时了解项目难度和测试风险，及早制定应对措施。W 模型如图 2-2 所示。

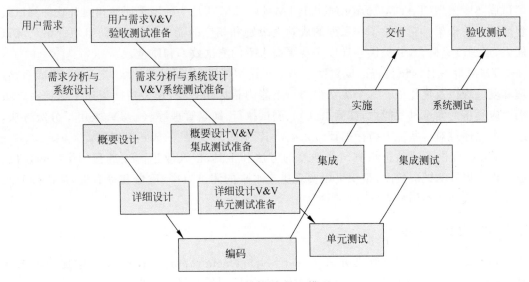

图 2-2　软件测试 W 模型

W 模型的特点之一是将测试融入整个开发过程，体现了"及早地和不断地进行软件测试"的原则。通过这种方式，W 模型有助于提高项目内部质量、减少总体测试时间、加快项目进度，同时降低测试和修改成本。通过在整个开发周期中持续进行测试，W 模型促进了更全面的问题识别和解决，从而提高了软件产品的质量和可靠性。

W模型也存在一些局限性,对于大型或复杂项目,增加了项目的管理和控制难度。W模型的早期测试依赖于需求的稳定性。如果需求经常变化或不明确,可能会导致早期测试的效果不佳。

## 2.3 软件测试过程改进模型

1984年,美国国防部资助建立了卡内基·梅隆大学软件研究所(Software Engineer Institute,SEI)。1987年,SEI发布第一份技术报告介绍软件能力成熟度模型(Capability Maturity Model for Software,CMM)及作为评价国防合同承包方过程成熟度的方法论。1991年,SEI发表1.0版软件CMM(SW-CMM)。CMM自1987年开始实施认证,现已逐渐成为评估软件开发过程的管理以及工程能力的标准。

后来,为了解决在项目开发中需要用到多个CMM模型的问题,SEI又提出了能力成熟度模型集成(Capability Maturity Model Integration,CMMI),将不同的CMM模型融合到一个统一的改进框架中,这为组织提供了在企业范围内进行过程改进的模型。

然而,值得注意的是,尽管CMMI是一项重要的成熟度模型,但它没有提及软件测试成熟度的具体概念,也没有提供明确测试过程改进的方法。因此,人们又提出了许多用于改进测试过程的模型,下面介绍其中一些有代表性的模型。

### 2.3.1 TMM 测试成熟度模型

1996年,Ilene Burnstein、C. Robert Carlson和Taratip Suwannasart参照CMM提出了测试成熟度模型(Test Maturity Model,TMM)。TMM是一种用于评估和提升软件测试过程成熟度的框架。它提供了一系列的成熟度级别和相应的能力指标,帮助组织评估其测试能力,识别改进机会,并提供指导以实现更高水平的测试效率和质量。

TMM将软件测试过程的成熟度分为5个递增等级,分别是初始级、定义级、集成级、管理和度量级以及优化级。每个级别都与一组能力指标相关联,这些指标描述了组织在该级别上应具备的测试过程能力,如测试规划、测试执行、缺陷管理等。TMM采用了分级方法,组织可以通过对这些能力指标的评估来确定其测试过程所处的成熟度级别。

TMM提供了评估组织测试成熟度的方法和工具,以及改进测试过程的指导和建议。通过逐步提升测试成熟度,组织可以实现更高水平的测试效率、质量和可靠性,从而提升软件交付的成功率和用户满意度。

### 2.3.2 TPI 模型

TPI模型是基于测试管理方法(Test Management Approach,TMap)构建的,TMap是一种结构化的、基于风险策略的测试方法体系,目的是在早期发现缺陷,以最小成本有效和全面地完成测试任务,从而减少软件发布后的支持成本。

TMap模型由4个基础部分组成,包括测试活动生命周期(Life cycle,L)、管理和控制测试过程的组织(Organizational,O)、测试基础设施(Infrastructure,I)、测试过程中采用的各种各样的技术(Techniques,T),其结构如图2-3所示。

(1) 测试活动生命周期,涵盖软件产品从研发至发布的5个阶段,包括计划和控制、准备、说明、执行和完成阶段。

（2）管理和控制测试过程的组织，负责测试开发管理、操作执行、硬件软件安排、数据库管理等必要的控制和实施。强调测试小组必须融入项目组织中，确保每位测试人员有明确的任务和责任。

（3）测试基础设施，包括测试环境、测试工具和办公环境，涵盖测试工作所必需的外部和内部环境。

（4）测试过程中采用的各种各样的技术，用于完成和完善测试工作的各种技术。

TPI 模型在 TMap 的基础上扩展为 20 个关键域，通过对关键域的评估来明确测试过程的优缺点。TPI 模型包括 5 部分：关键域、成熟度级别、检查点、测试成熟度矩阵和改进建议。其构成如图 2-4 所示。

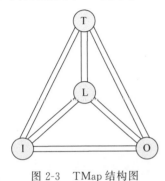

图 2-3　TMap 结构图　　　　图 2-4　TPI 模型结构图

### 2.3.3　其他测试改进模型

除了上述 TMM 和 TPI 两种测试改进模型外，还有关键测试过程（Critical Test Process，CTP）评估模型、系统化测试与评估过程（Systematic Test and Evaluation Process，STEP）模型。

关键测试过程（CTP）评估模型，评估现有的测试过程，并识别其优缺点，从而为测试组织提供改进建议。该模型将测试过程分为 4 个关键阶段：计划、准备、执行和完善。

系统化测试与评估过程（STEP），认为测试是软件生命周期活动的一部分，并倡导测试在项目早期介入，以便更早地发现需求和设计中的缺陷，并相应地设计测试用例。与 CTP 类似，STEP 也强调了测试过程的重要性，但不像 TMMI 和 TPI 那样要求按特定顺序改进测试过程。STEP 的实施方法是使用基于需求的测试策略，以确保在设计和编码之前就设计了相应的测试用例来验证需求。

## 小　　结

本章介绍了软件测试模型定义以及软件测试过程模型的定义、意义和作用。首先，详细介绍了经典的测试过程模型：V 模型、W 模型。然后，介绍了软件测试过程改进模型：TMM 模型与 TPI 模型。最后，简要介绍了关键测试过程（CTP）评估模型与系统化测试和评估过程（STEP）模型。

# 习 题 2

扫一扫 　　　扫一扫

习题 　　　自测题

# 第 3 章　软件测试方法

软件测试根据测试过程是否在实际应用环境中运行,可分为静态测试和动态测试。静态测试技术是软件测试中的重要手段之一,其测试对象可以是需求文件、设计文件或者源程序等,适用于新开发的和重用的代码。通常情况下,静态测试是在代码完成并且成功通过编译或汇编后进行的。动态测试是指通过运行程序来发现错误,通过观察代码运行过程来获取系统的各方面信息,并从中发现缺陷。所有的黑盒测试和绝大多数的白盒测试都可以算作动态测试。

**本章要点**
- 静态测试的内容及方法
- 动态测试的内容及方法
- 主动测试与被动测试
- 白盒测试的内容及方法
- 黑盒测试的内容及方法
- 白盒测试和黑盒测试的比较

## 3.1　静态测试

静态测试是不执行被分析的程序测试方法,通过对源代码进行研读、找出其中的错误或可疑之处,收集度量数据。静态测试包括对软件需求和设计规格说明书的评审、对程序代码的复审等。静态测试的查错和分析功能是其他方法所不能替代的,对于发现逻辑设计和编码错误具有重要价值。

静态测试的内容包括代码检查、静态结构分析等。它可以采用人工进行,充分发挥人的逻辑思维优势,也可以借助软件工具自动进行,提升工作效率。

### 3.1.1　代码检查

代码检查是发现逻辑设计和编码缺陷的重要技术。它包括桌面检查、代码审查和走查等方法。代码检查应该在编译和动态测试之前进行。在检查前,应准备好需求描述文档、程序设计文档、程序的源代码清单、代码编写标准和代码错误检查表等。

在实际应用中,代码检查具有快速发现缺陷的能力,通常能够揭示 30%～70% 的逻辑设计和编码缺陷,以及其他问题。它有助于识别问题本身,而不仅是问题的表现。但代码检查非常耗费时间,并且需要经验和知识的积累。

代码检查可以手动进行,这依赖团队成员的逻辑思维和经验。此外,还可以使用测试软件进行自动化测试，以提高测试效率和降低劳动强度。

**1. 桌面检查**

桌面检查是一种由开发者独立进行的代码检查方法，通常在个人工作环境中进行。开发者通过仔细阅读代码并自行发现潜在问题，然后进行修正或改进。

桌面检查通常涉及对代码的逐行检查，包括变量、函数、逻辑结构等方面。开发者需要对代码进行细致的分析，以确保代码的质量和可读性。

**2. 代码审查**

代码审查是通过人工审查软件代码的方法，检查其中的错误或潜在问题。审查可以由一个或多个开发者进行，他们对代码进行仔细检查，以发现潜在的问题并提出改进建议。

通常，代码审查分为两种方式：主持式审查和非主持式审查。主持式审查由一名主持者引导，参与者对代码进行讨论和审查。非主持式审查则由开发者自行对代码进行检查，然后提交审查结果。

**3. 走查**

走查是一种面对面的代码检查方法，由项目团队成员集体参与。在走查会议上，开发者将代码展示给其他团队成员，共同讨论代码中的问题和改进点。

走查会议通常由项目负责人主持，开发者逐行展示代码，并与团队成员一起讨论。团队成员可以提出问题、建议改进，并共同寻找解决方案。

**4. 代码检查常用检查项**

通过代码检查，可以获得软件组成的重要基本信息，如变量标识符、过程标识符、常量等，具体包括：

- 标号交叉引用表。列出各模块出现的全部标号，并标注其属性，如已说明、未说明、已使用、未使用等。同时包括在模块以外的全局标号、计算标号等。
- 变量交叉引用表。列出各变量的属性，如已说明、未说明、隐式说明、类型及使用情况等。进一步区分变量是否出现在赋值语句的右边，是否属于普通变量、全局变量或特权变量等。
- 子程序、宏和函数表。列出各子程序、宏和函数的属性，包括已定义、未定义和定义类型、参数表、输入参数个数、顺序、类型、输出参数个数、顺序、类型、已引用、未引用、引用次数等。
- 等价表。列出等价语句或等值语句中出现的全部变量和符号。
- 常数表。列出全部数字常数和字符常数，并指出它们在哪些语句中首先被定义。

在进行代码检查时，需要关注以下检查项目。

- 检查变量的交叉引用表。重点检查未说明变量和违反类型规定的变量，并逐行检查变量的引用、使用序列、临时变量在某条路径上的重写情况，以及局部变量、全局变量与特权变量的使用情况。
- 检查标号的交叉引用表。验证所有标号的正确性，检查标号的命名是否正确，以及转向指定位置的标号是否正确。
- 检查子程序、宏和函数表。验证每次调用和所调用位置是否正确，确定每次调用的子程序、宏和函数是否存在，检验调用序列中调用方式与参数顺序、个数、类型上的一致性。

- 等价性检查。检查所有等价变量类型的一致性,解释所包含的类型差异。
- 标准检查。用标准检查工具软件或手工检查程序中违反标准的问题。
- 风格检查。检查程序在设计风格上是否合适。
- 比较控制流。比较程序员设计的控制流图和实际控制流图,寻找和解释每个差异,并对文档进行修改和错误修正。
- 选择、激活路径检查。在程序员设计的控制流图上选择路径,再到实际控制流图上激活这条路径,以验证路径的正确性。
- 对照程序说明检查。阅读程序源代码,逐行进行分析思考,比较实际的代码和期望的代码,以发现程序中的错误和问题。
- 充分文档检查。通过编写文档,对文档进行检查和测试,这有助于测试人员发现更多的错误。同时,管理层可以通过审核这些文档来获取关于模块质量、完整性、采用的测试方法以及开发人员专业能力等重要信息。

## 3.1.2 静态结构分析

静态结构分析是利用图形化形式展示程序内部结构的方法,帮助测试人员分析程序的结构。这种方法主要用于白盒测试,提供了测试人员深入理解代码内部结构的手段。研究表明,程序员约有 38% 的时间用于理解软件系统,而静态结构分析则通过图形化表达程序结构,提高了对代码的理解效率。

在静态结构分析中,测试人员利用各种图表来表示程序的结构特征,如系统结构、数据接口、内部控制逻辑等,并生成函数调用关系图、模块控制流图、内部文件调用关系图、子程序表、宏和函数参数表等。

常用的关系图主要有函数调用关系图和模块控制流图。

- 函数调用关系图列出了系统中所有的函数,并用连线表示它们之间的调用关系。通过这个图表,可以清晰地了解函数之间的调用关系,检查调用频率、函数之间的依赖关系,以及是否存在孤立的函数没有被调用等。这有助于发现系统结构中的缺陷和优化调用关系。
- 模块控制流图是由许多节点和连接节点的边组成的图形,其中每个节点代表一条或多条语句,边表示控制流向。这种图形化表达方式直观地展示了函数的内部结构和控制流程。通过分析模块控制流图,测试人员可以快速发现代码中的错误和缺陷,了解程序的执行路径和逻辑结构。

模块控制流图图元符号如图 3-1 所示。
用模块控制流图表示的基本程序结构如图 3-2 所示。
静态结构分析有以下几种形式。

**1. 类型和单元分析**

通过扩展程序设计语言中的数据类型,如数组下标类型和循环语句中的计数器类型等,以强化数据类型的检查。这样的扩展可以使得程序在静态预处理阶段就能够发现程序中的类型错误。

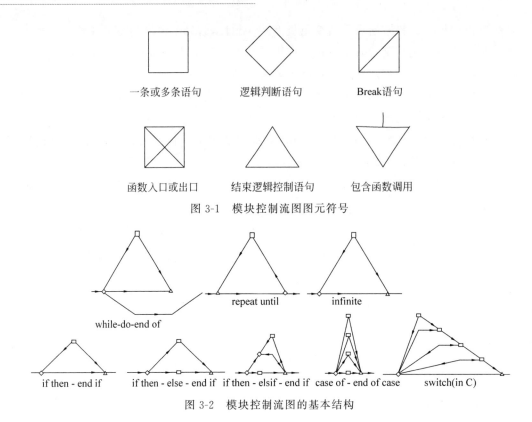

图 3-1　模块控制流图图元符号

图 3-2　模块控制流图的基本结构

**2. 引用分析**

在静态错误分析中,最广泛使用的技术就是发现引用异常。它主要用于发现在程序控制路径中变量在赋值之前被引用,或者在赋值之后未被引用的情况。引用异常检测需要沿着程序的每一条路径进行检查,通常采用深度优先或类似的遍历算法,建立定义表和未引用表,以便检测和记录异常引用的变量。

**3. 表达式分析**

通过对程序中的表达式进行分析,发现并纠正表达式中的错误,如不正确使用括号、数组下标越界、除数为零等。此外,还包括对浮点数计算误差的检查,因为使用二进制数表示浮点数可能导致计算结果与预期不符。

**4. 接口分析**

接口分析主要用于检查模块之间接口的一致性以及外部数据库之间接口的一致性。这种分析检查实参与形参在类型、数量、维数、顺序上的一致性,以及全局变量和公共数据区在使用上的一致性。

以"猜数字游戏"案例项目为例,该项目是一个简单的命令行交互式游戏,在这个游戏中,计算机生成一个随机数,玩家需要在有限次数内猜测这个数。游戏程序会根据玩家猜测提供反馈,告诉玩家猜测的数字是太高、太低还是正确。该游戏的核心功能包括生成随机数、接收玩家输入、验证输入的有效性、比较输入的数字与目标数字,以及控制游戏流程。导出其函数调用关系图如图 3-3 所示。

从该函数调用关系图(如图 3-3 所示)中,可以得到以下信息。

- 函数之间的调用关系符合设计规格说明书中的要求。

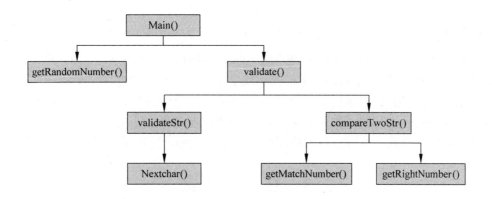

图 3-3 函数调用关系图

- 不存在递归调用。
- 调用层次最深为 4 层。
- 不存在独立的和没有被调用的函数。
- 比较重要的函数有 validate()、compareTwoStr()、validateStr()等。

也可以对每个函数使用模块控制流图，考查每个函数的结构是否合理、是否存在错误等。

## 3.2 动态测试

动态测试是软件测试中最常用的方法之一，通过运行程序来发现错误，并观察代码的执行过程以获取系统行为、变量实时结果、内存、堆栈、线程以及测试覆盖率等信息，以判断系统是否存在问题或发现缺陷。动态测试分为主动测试和被动测试两种方法。

### 3.2.1 主动测试

主动测试是一种常见的测试方法，测试人员通过向被测试对象发送请求或者利用数据、事件来驱动被测试对象的行为，从而验证其反应或输出结果。在主动测试中，测试人员与被测试对象之间存在直接的相互作用，测试人员完全控制被测试对象处于测试状态，而不是实际工作状态。这种方法通常用于测试环境中，如图 3-4(a)所示。

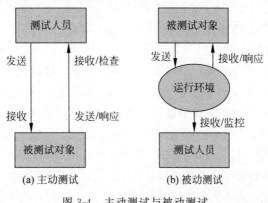

图 3-4 主动测试与被动测试

### 3.2.2 被动测试

被动测试适用于产品的在线测试,特别适用于性能测试和在线监控。在被动测试中,软件产品在实际运行环境中运行,测试人员被动地监控产品的运行,通过一定的机制来获取系统运行的数据,包括输入、输出数据,如图 3-4(b)所示。这种方法常用于嵌入式系统测试和大规模复杂系统的性能测试。相比主动测试,被动测试不需要测试人员设计测试用例,而是通过建立监控程序获取系统运行的各种数据,但数据的完整性可能无法保证。

## 3.3 白盒测试

白盒测试,又称为玻璃盒测试、结构化测试或逻辑驱动测试,专注于深入探究软件产品内部细节和逻辑结构的测试方法。它将被测程序视为一个透明的盒子。白盒测试利用系统构件层设计的一部分来定义控制结构,从而生成测试用例。这需要对系统内部结构和工作原理有清晰的理解。白盒测试的准备时间较长,如果要完成覆盖全部程序语句、分支的测试,一般要花费比编程更长的时间。白盒测试对技术的要求较高,测试成本也比较大。

白盒测试的测试方法有程序插桩法、逻辑覆盖法和基本路径法等。

### 3.3.1 程序插桩法

在程序调试过程中,常常需要在代码中插入特定的打印语句,以输出相关信息,帮助了解程序的动态特性,如程序的执行路径或特定变量在特定时刻的取值。这一思想逐渐演化为程序插桩技术,在软件动态测试中作为基本的测试手段得到了广泛应用。

简而言之,程序插桩技术是通过向被测程序中插入特定操作来实现测试目的的方法。通过向源程序中添加一些语句,可以检测程序语句的执行情况、变量的状态变化等。例如,通过程序插桩技术,可以了解一个程序在某次运行中所有可执行语句的覆盖情况,或者语句的实际执行次数。

通过插入的语句获取程序执行时的动态信息,类似于在机器的特定部位安装记录仪表来了解其动态特性。这些插入的语句可被称为"探测器",用以实现探测和监控的功能。通过在程序的特定部位插入记录动态特性的语句,最终捕获程序执行过程中的重要事件和历史信息。

在设计插桩程序时需要考虑的问题如下。

- 探测信息。需要明确要探测哪些信息,例如,变量值的变化、函数的调用、条件分支的执行、异常的抛出等。
- 设置探测点。在程序的哪些部分设置探测点,通常与测试目标的执行流程一致,如程序块的首个可执行语句之前、循环语句处、条件语句分支处、输入/输出语句后等。
- 探测点数量。需要根据具体情况和程序结构考虑设置多少个探测点,原则上应该设置最少的探测点,但涉及复杂的控制结构时需进行具体分析。

在应用程序插桩技术时,常在程序的特定部分插入用来判断变量特性的语句,称为断言语句。这些语句是程序正确性证明的基本步骤,虽不是严格证明,但在实践中非常实用。一些编译系统支持使用表达式形式的断言语句来进行验证。

## 3.3.2 逻辑覆盖法

逻辑覆盖法也是一类常用的白盒动态测试方法,其基本原理是利用程序内部逻辑结构,通过遍历不同的程序路径来实现对程序测试的覆盖。逻辑覆盖法要求测试人员对程序的逻辑结构有清晰的了解。

逻辑覆盖法涵盖了一系列测试过程,逐渐进行越来越完整的通路测试。根据覆盖的详尽程度,可以分为以下几种覆盖准则:语句覆盖、判定覆盖、条件覆盖、条件判定覆盖、条件组合覆盖和路径覆盖。

### 1. 语句覆盖

语句覆盖是保证代码中的每条语句都至少执行一遍。语句覆盖可以很直观地从源代码推导测试用例,无须详细分析每条判定表达式。但不能检查判断逻辑是否有问题。尽管是最基本的覆盖准则,但语句覆盖仍然是必要的。语句覆盖可以通过测试覆盖率工具,如 TrueCoverage、PureCoverage 等来检查。

语句覆盖率是已执行的语句数与总语句数的比例。高质量软件要求语句覆盖率达到 100%,而对于一般软件,也应该保持在 90% 以上,以确保测试的充分性。

考虑以下程序:

```
if(A>1 and B=0)
X = X/A;
if(A=2 or X>1)
X = X+1;
```

这段代码的程序流程图如图 3-5 所示。

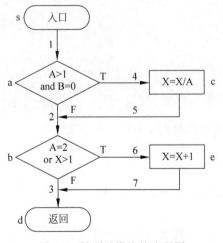

图 3-5 被测试模块的流程图

为了使每个语句都执行一次,程序的执行路径应该是 sacbed。为此,只需要输入下面的测试数据(实际上 X 可以是任意实数)。

A=2,B=0,X=4

语句覆盖对程序的逻辑覆盖很少。在上面的例子中,两个判定条件都只测试了条件为真的情况,忽略了条件为假时的处理错误。此外,语句覆盖也未考虑到判定表达式中每个条件取不同值时的情况。在上面的例子中,为了执行 sacbed 路径,只需两个判定表达式(A>1)and(B=0)和(A=2)or(X>1)都取真值,因此使用上述一组测试数据就够了。但是,如果程序中把第 1 个判定表达式中的逻辑运算符"and"错写成"or",或把第 2 个判定表达式中的条件"X>1"误写成"X<1",使用上面的测试数据就不能查出这些错误。

综上所述,可以看出语句覆盖是很弱的逻辑覆盖标准。为了更充分地测试程序,可以采用下述覆盖准则。

### 2. 判定覆盖

判定覆盖又称判断覆盖、分支覆盖,是比语句覆盖稍强的覆盖标准。它要求设计足够的测试用例,以确保每个判断都获得每一种可能的结果至少一次。虽然判定覆盖在单元测试中很常用,但是判定覆盖准则依然不够严格。

对于上面的例子来说,能够分别覆盖路径 sacbed 和 sabd 的两组测试数据,或者可以分别覆盖路径 sacbd 和 sabed 的两组测试数据,都满足判定覆盖标准。例如,用下面两组测试数据就可做到完全的判定覆盖。

- A=3,B=0,X=3  (覆盖 sacbd)
- A=2,B=1,X=1  (覆盖 sabed)

判定覆盖比语句覆盖强,但是对程序逻辑的覆盖程度仍然不高,如上面的测试数据只覆盖了程序全部路径的一半。

### 3. 条件覆盖

条件覆盖是指程序中每个判断中的每个条件的所有可能的取值至少要都执行一次。它是一种对控制流更敏感的覆盖标准,独立地测量每一个子表达式的执行情况。尽管条件覆盖提供了更细粒度的覆盖度量,但它并不能完全取代判定覆盖。

考虑以下程序:

```
if (a && b) {
    return true;
}else {
    return false;
}
```

通过以下两个测试用例可以得到 100% 的条件覆盖率。

- a=true,b=false
- a=false,b=true

但上述测试用例条件都不会使 if 的逻辑运算式成立,因此不符合判定覆盖的条件。

### 4. 条件判定覆盖

条件判定覆盖是一种综合了判定覆盖和条件覆盖的逻辑覆盖标准。它要求设计足够多的测试用例,以确保每个判定中的每个条件的所有可能取值都至少出现一次,并且每个判定的各种可能结果也至少出现一次。条件判定覆盖综合了判定覆盖和条件覆盖的优点,但它仍然存在一些局限性。例如,它没有考虑单个判断对整体结果的影响,可能会导致某些逻辑错误未被发现。

下面以一段代码为例,说明条件判定覆盖的测试用例的设计过程:

```
int x, y;
double z;
if(x > 0 && y > 0)
    z = z / x;
if(x > 1 || z > 1)
    z = z + 1;
z = y + z;
```

对其设计测试用例的第一步就是绘制出它的程序流程图,如图 3-6 所示。

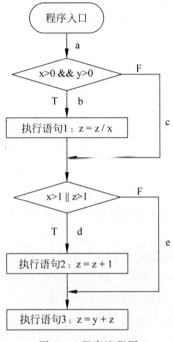

图 3-6　程序流程图

条件判定覆盖的测试用例设计可通过取条件覆盖和判定覆盖的用例的并集来实现。

条件覆盖的核心思想是确保每个判断的所有逻辑条件的每种可能取值至少执行一次。

对于判断语句 x>0 && y>0：

　　条件 x>0 取真为 T1,取假为 −T1。

　　条件 y>0 取真为 T2,取假为 −T2。

对于判断语句 x>1 ‖ z>1：

　　条件 x>1 取真为 T3,取假为 −T3。

　　条件 z>1 取真为 T4,取假为 −T4。

设计测试用例如表 3-1 所示。

表 3-1　条件覆盖的测试用例

| 输　　入 | 通　过　路　径 | 条　件　取　值 |
|---|---|---|
| x=7,y=1,z=3 | a-b-d | T1,T2,T3,−T4 |
| x=−1,y=−3,z=0 | a-c-e | −T1,−T2,−T3,−T4 |

判定覆盖的目标是确保每个判断的取真分支和取假分支至少执行一次。

对于判断语句 x>0 && y>0：取真为 M,取假为 −M。

对于判断语句 x>1 ‖ z>1：取真为 N，取假为—N。
设计测试用例如表 3-2 所示。

表 3-2　判定覆盖的测试用例

| 输　　入 | 通 过 路 径 | 判 定 取 值 |
|---|---|---|
| x=7,y=1,z=3 | a-b-d | M,N |
| x=—1,y=—3,z=0 | a-c-e | —M,—N |

综合表 3-1 和表 3-2，条件判定覆盖的测试用例如表 3-3 所示。

表 3-3　条件判定覆盖的测试用例

| 输　　入 | 通 过 路 径 |
|---|---|
| x=7,y=1,z=3 | a-b-d |
| x=—1,y=—3,z=0 | a-c-e |

**5. 条件组合覆盖**

条件组合覆盖也称为多条件覆盖，要求设计足够的测试用例，以涵盖每个判断条件的所有可能组合。多条件覆盖需要的测试用例是用一个条件的逻辑操作符的真值表来确定的。这种测试方法是一种彻底的测试方法，可以确保对程序逻辑的全面覆盖。

然而，尽管条件组合覆盖是一种全面的测试方法，但它依然存在一些缺点。

- 它可能需要非常冗长乏味的测试用例来确定最小设置，尤其是在处理一些非常复杂的布尔表达式时。
- 对于相似复杂性的条件，需要大量的变化，这可能增加测试用例设计的难度。
- 存在路径遗漏的风险，即使覆盖了各种条件组合，也可能会遗漏某些程序路径。

以上一段代码为例，给出其测试用例的设计过程。
对各判断语句的逻辑条件的取值组合标记如下。

(1) x>0,y>0，记作 T1,T2，条件组合取值 M。
(2) x>0,y≤0，记作 T1,—T2，条件组合取值—M。
(3) x≤0,y>0，记作—T1,T2，条件组合取值—M。
(4) x≤0,y≤0，记作—T1,—T2，条件组合取值—M。
(5) x>1,z>1，记作 T3,T4，条件组合取值 N。
(6) x>1,z≤1，记作 T3,—T4，条件组合取值 N。
(7) x≤1,z>1，记作—T3,T4，条件组合取值 N。
(8) x≤1,z≤1，记作—T3,—T4，条件组合取值—N。

设计测试用例如表 3-4 所示。

表 3-4　多条件覆盖的测试用例

| 输　　入 | 通过路径 | 条 件 取 值 | 覆盖组合号 |
|---|---|---|---|
| x=1,y=3,z=2 | a-b-d | T1,T2,—T3,T4 | (1),(7) |
| x=2,y=0,z=8 | a-c-d | T1,—T2,T3,T4 | (2),(5) |
| x=—1,y=1,z=1 | a-c-e | —T1,T2,—T3,—T4 | (3),(8) |
| x=—2,y=—3,z=0 | a-c-e | —T1,—T2,—T3,—T4 | (4),(8) |
| x=5,y=9,z=0 | a-b-d | T1,T2,T3,—T4 | (1),(6) |

**6. 路径覆盖**

路径覆盖是指测试用例中实际执行的路径数量与被测试模块所有可能执行路径的比率。在路径覆盖中,只需要考虑所有可能的执行路径,对于不可能执行的路径是不考虑的。而且对于一些大型程序,其包含的路径总量是非常庞大的,如果要把所有路径都找出来去覆盖也是不现实的。因此可以借助以下一些方法来寻找程序中的路径。

1) 单个判断语句的路径计算

对于单个判断语句,路径分为判断条件为真和判断条件为假两条路径。在不考虑判断分支中的路径分支时,路径数与判断分支数相等。

2) 单个循环语句中的路径计算

在循环语句中,通常循环的每次迭代都可以看作一条路径,但这样计算出的路径的测试工作量太大,所以通过以下方式简化循环中的路径计算。

(1) 如果循环中的条件始终满足,循环内的语句必定执行,整个循环可视为一条路径。

如以下循环语句:

```
int i, sum;
for(i = 1;i <= 100;i++)
{
        sum += i;
}
```

循环中的条件一定满足,循环语句 sum+=i 一定会被执行,直到 i=101 时循环结束。在这种情况下,整个循环语句可能的执行路径可看作只有一条。

(2) 如果循环中的条件不一定满足,循环内的语句可能被执行,也可能不被执行,循环可视为两条路径:一条循环执行,另一条循环不执行。

如以下循环语句:

```
int sum = 0;
while  (x < 100) {
       sum += x;
       x++;
}
```

在上面的循环中,当 x≥100 时,循环不执行,因此可能的执行路径有两条。

(3) 当循环可能被中断时,每次迭代都有可能产生新的路径,路径数量等于输入参数的等价类的所有组合数量。

如以下循环语句:

```
int GetSum(int maxnum){
     int sum = 0;
     for(int i = 0;i < 50;i++){
           sum += i;
           if(sum > = maxnum){
                 break;
           }
     }
```

```
        return sum;
    }
```

在上面这段程序中,由于参数 maxnum 不同,循环的每次迭代都有两种可能,一种是满足判断条件,另一种是不满足判断条件,所以可以认为路径的数量是 51 条,其中 50 条是 for 循环中的 if 判断条件都满足的情况,另外 1 条是 for 循环中 if 判断条件没有被满足,break 语句没有被执行的情况。实际上,程序中可能执行的路径总数不多于输入参数的等价类的所有组合数量,上例中 GetSum() 函数的输入参数实际上有 51 个等价类,可能的执行路径数量也是 51 条。

(4) 有嵌套判断或循环时的路径计算,对于有嵌套判断或循环的程序,一般先从内层开始计算路径,然后通过相乘得到总的路径数。

下面是有嵌套判断语句的例子。

```
int GetMaxnum(int a, int b, int c){
    if(a >= b){
        if(a >= c)
            return a;
        else
            return c;
    }else{
        if(b >= c)
            return b;
        else
            return c;
    }
}
```

对以上程序的路径统计,先计算出第一个 if 内的路径为 2 条,再计算出 else 中的路径为 2 条,因此相乘得到总路径为 4 条。

### 3.3.3 基本路径法

基本路径法是一种基于程序控制流图的技术,通过分析控制结构的复杂性,导出基本可执行的路径集合,从而设计测试用例。这种方法旨在确保测试用例能够覆盖程序的每个可执行语句至少一次。在基本路径法中,需要使用程序的控制流图进行可视化表达。

控制流图是一种图形化描述程序控制流的方法,圆圈称为控制流图的一个结点,表示一个或多个无分支的语句或源程序语句;箭头称为边或连接,代表控制流。在将程序流程图简化成控制流图时,应注意以下几点。

- 在选择或多分支结构中,分支的汇聚处应有一个汇聚结点。
- 边和结点圈定的区域叫作区域,当对区域计数时,图形外的区域也应记为一个区域。

控制流图表示如图 3-7 所示。

环路复杂度是一种度量程序模块或函数复杂度的指标。它通过计算程序中基本的独立路径数量来量化程序逻辑的复杂性。环路复杂度的核心目的是提供一个测试用例数量的上限,以确保每个语句至少被执行一次。独立路径是指那些在执行过程中不会重复访问之前已访问过的路径。计算环路复杂度通常有以下三种方法。

- 将流图中区域的数量作为环路复杂度的度量。

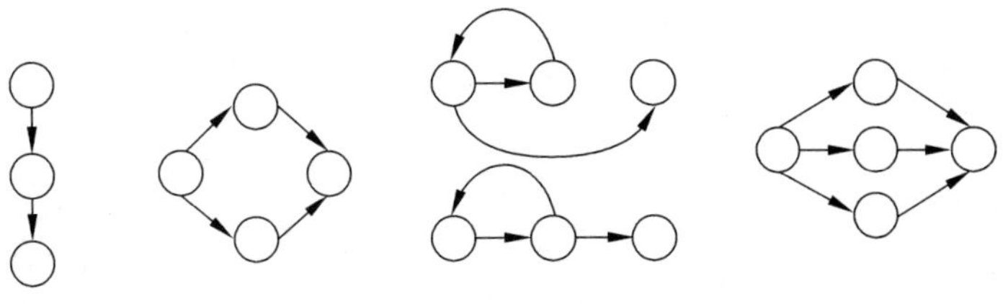

  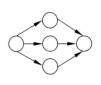

顺序结构　　if选择结构　　while循环结构　　case多分支结构
　　　　　　　　　　　　　until循环结构

图 3-7　控制流图表示

- 给定流图 $G$ 的环路复杂度 $V(G)$，定义为 $V(G)=E-N+2$，其中，$E$ 是流图中边的数量，$N$ 是流图中结点的数量。
- 给定流图 $G$ 的环路复杂度 $V(G)$，定义为 $V(G)=P+1$，其中，$P$ 是流图 $G$ 中判定结点的数量。

基本路径测试法适用于模块的详细设计和源代码级别的测试。其步骤如下。

- 以详细设计或源代码为基础，导出程序的控制流图。
- 计算得出控制流图 $G$ 的环路复杂度 $V(G)$。
- 确定独立路径的基本集。
- 生成测试用例，确保基本路径集中的每条路径至少被执行一次。

测试用例执行后与预期结果进行比较，确保所有可执行语句至少被执行一次。然而需要注意的是，一些独立路径可能与程序的正常控制流相关联，这些路径的测试可能会包含在其他测试路径中。

以下是具体实例的详细解释，以便理解基本路径测试法的细节。

对于下面的程序，假设输入的取值范围是 $1000<year<2001$，使用基本路径测试法为变量 year 设计测试用例，以满足基本路径覆盖的要求。

```c
int IsLeap(int year)
{
    if ( year % 4 == 0)
    {
        if ( year % 100 == 0)
        {
            if ( year % 400 == 0)
                leap = 1;
            else
                leap = 0;
        }
        else
            leap = 1;
    }
    else
        leap = 0;
    return leap;
}
```

根据源代码绘制程序的控制流图如图 3-8 所示。

通过控制流图，计算环路复杂度 $V(G)=$ 区域数 $=4$。

线性无关的路径集为
(1) 1-3-8。
(2) 1-2-5-8。
(3) 1-2-4-7-8。
(4) 1-2-4-6-8。

设计测试用例如下：

路径(1)：输入数据 year=1999，预期结果 leap=0。
路径(2)：输入数据 year=1996，预期结果 leap=1。
路径(3)：输入数据 year=1800，预期结果 leap=0。
路径(4)：输入数据 year=1600，预期结果 leap=1。

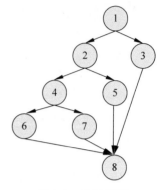

图 3-8 控制流图

## 3.4 黑盒测试

黑盒测试又叫功能测试，它主要关注被测软件功能的实现，而不是其内部逻辑。在黑盒测试中，被测对象的内部结构、运作情况对测试人员是不可见的，测试人员把被测试的软件系统看成一个黑盒子，并不需要关心盒子的内部结构和内部特性，而只关注软件产品的输入数据和输出结果，从而检查软件产品是否符合它的功能说明。黑盒测试有多种方法，如场景法、等价类划分、边界值分析、因果图法、决策表法等。

### 3.4.1 黑盒测试方法

**1. 等价类划分法**

根据软件测试原则，要做到穷举测试通常是不可能的，事实上也是不必要的。因此需要采用有效的测试用例选择方法。

等价类划分法是一种典型的黑盒测试方法，用这种方法设计测试用例可以不用考虑程序的内部结构，基于对程序的要求和说明，即需求说明书来选择测试用例。

等价类划分法的核心思想是确保测试用例的代表性，以覆盖各种可能情况。这是为了在测试中尽可能发现潜在的错误，而不是仅发现与一个特定测试用例相关的错误。

在划分等价类时，有如下一些规则应该遵循。

(1) 如果输入条件规定了取值范围或个数，则可确定一个有效等价类和两个无效等价类。例如，输入值是选课人数，取值为 0~100，那么有效等价类是：0≤学生人数≤100。无效等价类是：学生人数<0；学生人数>100。

(2) 如果输入条件规定了输入值的集合或是规定了"必须如何"的条件，则可确定一个有效等价类和一个无效等价类。例如，输入值是日期类型的数据，那么有效等价类是日期类型的数据；无效等价类是非日期类型的数据。

(3) 如果输入是布尔表达式，可以分为一个有效等价类和一个无效等价类，如要求密码非空，则有效等价类为非空密码，无效等价类为空密码。

(4) 如果输入条件是一组值，且程序对不同的值有不同的处理方式，则每个允许的输入值对应一个有效等价类，所有不允许的输入值的集合为一个无效等价类。例如，输入条件"职称"的值是初级、中级或高级，那么有效等价类应该有三个：初级、中级、高级。无效等价类有一个:其他任何职称。

(5) 如果规定了输入数据必须遵循的规则,则可以划分出一个有效的等价类(符合规则)和若干个无效的等价类(从不同的角度违反规则)。

设计测试用例的步骤可以归结为以下三步。

(1) 对每个输入和外部条件进行等价类划分,画出等价类表,并对每个等价类进行编号。

(2) 设计一个测试用例,使其尽可能多地覆盖有效等价类,重复这一步,直到所有的有效等价类被覆盖。

(3) 为每一个无效等价类设计一个测试用例,确保覆盖不同的无效情况。

下面将以一个测试 NextDate 函数的具体实例为出发点,讲解使用等价类划分法设计测试用例的过程。该函数接收三个输入参数(年、月、日),函数返回输入日期后面一天的日期:1≤月份≤12,1≤日期≤31,1812≤年≤2012。给出等价类划分表并设计测试用例。

划分等价类,得到等价类划分表,如表 3-5 所示。

表 3-5 等价类划分表

| 输入及外部条件 | 有效等价类 | 等价类编号 | 无效等价类 | 等价类编号 |
| --- | --- | --- | --- | --- |
| 日期的类型 | 数字字符 | 1 | 非数字字符 | 8 |
| 年 | 1812~2012 | 2 | 小于 1812 | 9 |
| | | | 大于 2012 | 10 |
| 月 | 1~12 | 3 | 小于 1 | 11 |
| | | | 大于 12 | 12 |
| 非闰年的 2 月 | 日取值为 1~28 | 4 | 日小于 1 | 13 |
| | | | 日大于 28 | 14 |
| 闰年的 2 月 | 日取值为 1~29 | 5 | 日小于 1 | 15 |
| | | | 日大于 29 | 16 |
| 月份为 1 月、3 月、5 月、7 月、8 月、10 月、12 月 | 日取值为 1~31 | 6 | 日小于 1 | 17 |
| | | | 日大于 31 | 18 |
| 月份为 4 月、6 月、9 月、11 月 | 日取值为 1~30 | 7 | 日小于 1 | 19 |
| | | | 日大于 30 | 20 |

为有效等价类设计测试用例,如表 3-6 所示。

表 3-6 有效等价类的测试用例

| 序号 | 输入数据 | | | 预期输出 | | | 覆盖范围(等价类编号) |
| --- | --- | --- | --- | --- | --- | --- | --- |
| | 年 | 月 | 日 | 年 | 月 | 日 | |
| 1 | 2003 | 3 | 15 | 2003 | 3 | 16 | 1,2,3,6 |
| 2 | 2004 | 2 | 13 | 2004 | 2 | 14 | 1,2,3,5 |
| 3 | 1999 | 2 | 3 | 1999 | 2 | 4 | 1,2,3,4 |
| 4 | 1970 | 9 | 29 | 1970 | 9 | 30 | 1,2,3,7 |

为无效的等价类设计测试用例,如表 3-7 所示。

表 3-7 无效等价类的测试用例

| 序号 | 输入数据 | | | 预期结果 | 覆盖范围 |
| --- | --- | --- | --- | --- | --- |
| | 年 | 月 | 日 | | （等价类编号） |
| 1 | xy | 5 | 9 | 输入无效 | 8 |
| 2 | 1700 | 4 | 8 | 输入无效 | 9 |
| 3 | 2300 | 11 | 1 | 输入无效 | 10 |
| 4 | 2005 | 0 | 11 | 输入无效 | 11 |
| 5 | 2009 | 14 | 25 | 输入无效 | 12 |
| 6 | 1989 | 2 | −1 | 输入无效 | 13 |
| 7 | 1977 | 2 | 30 | 输入无效 | 14 |
| 8 | 2000 | 2 | −2 | 输入无效 | 15 |
| 9 | 2008 | 2 | 34 | 输入无效 | 16 |
| 10 | 1956 | 10 | 0 | 输入无效 | 17 |
| 11 | 1974 | 8 | 78 | 输入无效 | 18 |
| 12 | 2007 | 9 | −3 | 输入无效 | 19 |
| 13 | 1866 | 12 | 35 | 输入无效 | 20 |

通过案例可以了解，等价类划分法是一种有效的黑盒测试方法，能够设计出能够充分覆盖程序功能的测试用例，同时避免了测试用例的冗余。然而，要使用等价类划分法，测试人员需要对程序规格说明书进行深入理解，并且合理地划分等价类。有时，规格说明书可能没有明确定义对于无效输入的预期输出，这可能导致测试人员需要花费大量时间来确定这些测试用例的预期输出。因此，这也被认为是等价类划分法的一个局限性。

**2. 边界值分析法**

人们从长期的测试工作经验中得知，大量的错误往往发生在输入和输出范围的边界上，而不是范围的内部。因此，针对边界情况设计测试用例，能够更有效地发现错误。

边界值分析法是一种补充等价类划分法的黑盒测试方法，它不是简单选择等价类中的任意元素，而是选择等价类边界的测试用例。实践证明，这些测试用例往往能取得很好的测试效果。边界值分析法不仅适用于输入范围的边界，还适用于输出范围的边界。

用边界值分析法设计测试用例时应遵守以下几条原则。

- 如果输入条件规定了取值范围，测试用例应包括该范围的边界内及刚刚超范围的边界外的值。
- 若规定了值的个数，应分别以最大、最小个数和稍小于最小和稍大于最大个数作为测试用例。
- 针对每个输出条件，也使用上述原则。
- 如果程序规格说明书中提到的输入或输出范围是有序的集合，应注意选取有序集的第一个和最后一个元素作为测试用例。
- 分析规格说明，找出其他的可能边界条件。

边界值分析法利用输入变量的最小值、略大于最小值、输入范围内的任意值、略小于最大值、最大值设计测试用例。如图 3-9 所示，对于 $n$ 个变量，使除一个以外的所有变量都取正常值，使剩余的变量取上述 5 个值，对每个变量都重复进行。一个 $n$ 变量的函数的边界值有 $4n+1$ 个测试用例。

健壮性测试是边界值分析的一种简单扩展,除了使用 5 个边界值分析取值,还要采用一个略小于最小值和一个略大于最大值的取值。健壮性测试更关注例外情况如何处理,如图 3-10 所示。1 个 $n$ 变量函数的健壮性边界值有 $6n+1$ 个测试用例。

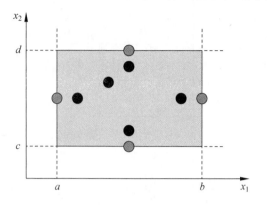

图 3-9　边界值分析测试用例示意图

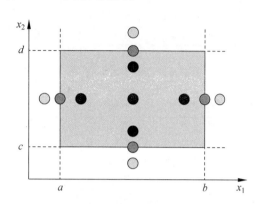

图 3-10　健壮性边界值测试用例示意图

如果对每一个变量,首先取边界值的 5 个取值作为集合,然后对这些集合进行笛卡儿积运算生成测试用例,则称为最坏情况测试。1 个 $n$ 变量函数的最坏情况测试有 $5^n$ 个测试用例。同理,可以进行健壮性最坏情况测试。1 个 $n$ 变量函数的健壮最坏情况测试有 $7^n$ 个测试用例。可以看到,测试的完全度与测试复杂度是成正比的,在实际测试中选择哪种边界值分析法要根据项目具体需要确定。

除了常规的边界条件,在软件内部可能还存在次边界条件。这些条件在用户界面上不明显,但仍然需要测试。次边界条件的发现和确定通常需要测试人员对软件的工作方式和领域知识有一定的了解。

仍以 NextDate 函数为例,用边界值分析法再补充如表 3-8 所示的测试用例。

表 3-8　边界值分析法设计的测试用例

| 序号 | 边　界　值 | 输入数据 | | | 预期输出 | | |
|---|---|---|---|---|---|---|---|
| | | 年 | 月 | 日 | 年 | 月 | 日 |
| 1 | 使年刚好等于最小值 | 1812 | 3 | 15 | 1812 | 3 | 16 |
| 2 | 使年刚好等于最大值 | 2012 | 3 | 15 | 2012 | 3 | 16 |
| 3 | 使年刚刚小于最小值 | 1811 | 3 | 15 | 输入无效 | | |
| 4 | 使年刚刚大于最大值 | 2023 | 3 | 15 | 输入无效 | | |
| 5 | 使月刚好等于最小值 | 2000 | 1 | 15 | 2000 | 1 | 16 |
| 6 | 使月刚好等于最大值 | 2000 | 12 | 15 | 2000 | 12 | 16 |
| 7 | 使月刚刚小于最小值 | 2000 | 0 | 15 | 输入无效 | | |
| 8 | 使月刚刚大于最大值 | 2000 | 13 | 15 | 输入无效 | | |
| 9 | 使闰年的 2 月的日刚好等于最小值 | 2000 | 2 | 1 | 2000 | 2 | 2 |
| 10 | 使闰年的 2 月的日刚好等于最大值 | 2000 | 2 | 29 | 2000 | 3 | 1 |
| 11 | 使闰年的 2 月的日刚刚小于最小值 | 2000 | 2 | 0 | 输入无效 | | |
| 12 | 使闰年的 2 月的日刚刚大于最大值 | 2000 | 2 | 30 | 输入无效 | | |
| 13 | 使非闰年的 2 月的日刚好等于最小值 | 2001 | 2 | 1 | 2001 | 2 | 2 |
| 14 | 使非闰年的 2 月的日刚好等于最大值 | 2001 | 2 | 28 | 2001 | 3 | 1 |

续表

| 序号 | 边界值 | 输入数据 | | | 预期输出 | | |
|---|---|---|---|---|---|---|---|
| | | 年 | 月 | 日 | 年 | 月 | 日 |
| 15 | 使非闰年的2月的日刚刚小于最小值 | 2001 | 2 | 0 | 输入无效 | | |
| 16 | 使非闰年的2月的日刚刚大于最大值 | 2001 | 2 | 29 | 输入无效 | | |
| 17 | 使1月、3月、5月、7月、8月、10月、12月的日刚好等于最小值 | 2001 | 10 | 1 | 2001 | 10 | 2 |
| 18 | 使1月、3月、5月、7月、8月、10月、12月的日刚好等于最大值 | 2001 | 10 | 31 | 2001 | 11 | 1 |
| 19 | 使1月、3月、5月、7月、8月、10月、12月的日刚刚小于最小值 | 2001 | 10 | 0 | 输入无效 | | |
| 20 | 使1月、3月、5月、7月、8月、10月、12月的日刚刚大于最大值 | 2001 | 10 | 32 | 输入无效 | | |
| 21 | 使4月、6月、9月、11月的日刚好等于最小值 | 2001 | 6 | 1 | 2001 | 6 | 2 |
| 22 | 使4月、6月、9月、11月的日刚好等于最大值 | 2001 | 6 | 30 | 2001 | 7 | 1 |
| 23 | 使4月、6月、9月、11月的日刚刚小于最小值 | 2001 | 6 | 0 | 输入无效 | | |
| 24 | 使4月、6月、9月、11月的日刚刚大于最大值 | 2001 | 6 | 31 | 输入无效 | | |

**3. 因果图法**

等价类划分法和边界值分析法都主要考虑的是输入条件,而没有考虑输入条件的各种组合以及各个输入条件之间的相互制约关系。然而,如果在测试时考虑到输入条件的所有组合方式,可能其本身非常大甚至是一个天文数字。因此,我们需要一种方法来有效描述和考虑不同输入条件的组合,并据此设计相应的测试用例。这就需要利用因果图法。

因果图法是一种黑盒测试方法,用于从自然语言的程序规格说明书中识别输入条件与输出、程序状态的因果关系。因果图可以帮助测试人员高效选择测试用例,并指出规格说明书中存在的问题。

在因果图中,用 C 表示原因,E 表示结果,各节点表示状态,取值 0 表示某状态不出现,取值 1 表示某状态出现。因果图包括恒等、非、或、与等关系符号,如图 3-11 所示。

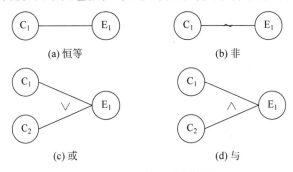

图 3-11 因果图基本符号

- 恒等：若原因出现则结果出现，若原因不出现则结果不出现。
- 非(～)：若原因出现则结果不出现，若原因不出现则结果反而出现。
- 或(∨)：若几个原因中有一个出现则结果出现，若几个原因都不出现则结果不出现。
- 与(∧)：若几个原因都出现结果才出现，若其中一个原因不出现则结果不出现。

为了表示原因与原因之间、结果与结果之间可能存在的约束关系，在因果图中可以附加一些表示约束条件的符号，如图3-12所示。

- E约束(互斥)：表示a和b两个原因不会同时成立，最多有一个可以成立。
- I约束(包含)：表示a和b两个原因至少有一个必须成立。
- O约束(唯一)：表示a和b两个条件必须有且仅有一个成立。
- R约束(要求)：表示a出现时，b也必须出现。
- M约束(强制)：表示a是1时，b必须为0。

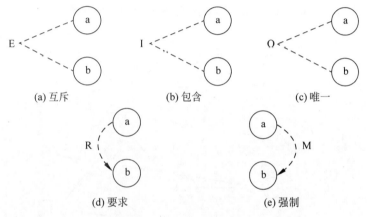

图3-12　因果图约束符号

因果图法设计测试用例的步骤如下。

- 分析程序规格说明书的描述中，确定哪些是原因，哪些是结果。原因通常是输入条件或输入条件的等价类，结果通常是输出条件。
- 分析程序规格说明书中描述的语义内容，并将其表示成连接各个原因与各个结果的因果图。
- 考虑语法或环境的限制，标明因果图上的约束条件，以确保图的合理性。
- 把因果图转换为决策表。
- 根据决策表设计测试用例。

后面两个步骤中提到的决策表，将在下面进行详细介绍。如果项目在设计阶段已存在决策表，则可以直接使用而不必再画因果图。

下面以一个自动饮料售货机软件为例，展示因果图分析方法。该自动饮料售货机软件的规格说明如下。

有一个处理单价为1元5角的盒装饮料的自动售货机软件。若投入1元5角硬币，按下"可乐"、"雪碧"或"红茶"按钮，相应的饮料就送出来。若投入的是2元硬币，则在送出饮料的同时退还5角硬币。

首先从软件规格说明中分析原因、结果以及中间状态。分析结果如表 3-9 所示。

表 3-9　自动饮料售货机软件分析结果

| | |
|---|---|
| 原因 | C1：投入 1 元 5 角硬币<br>C2：投入 2 元硬币<br>C3：按"可乐"按钮<br>C4：按"雪碧"按钮<br>C5：按"红茶"按钮 |
| 中间状态 | 11：已投币<br>12：已按钮 |
| 结果 | E1：退还 5 角硬币<br>E2：送出"可乐"<br>E3：送出"雪碧"<br>E4：送出"红茶" |

根据表 3-9 中的原因与结果,结合软件规格说明,连接成如图 3-13 所示因果图。

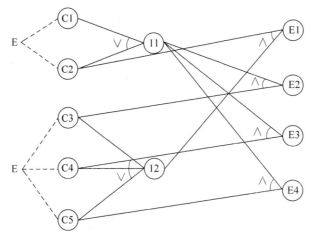

图 3-13　自动饮料售货机软件因果图

**4. 决策表法**

决策表法是用来分析和表达多逻辑条件下执行不同操作情况的工具,在一些数据处理问题中非常有用。决策表通常由 4 部分组成,如图 3-14 所示。

- 条件桩:列出问题的所有条件。
- 条件项:列出所列条件下的取值,在所有可能情况下的真假值。
- 动作桩:列出问题规定可能采取的动作。
- 动作项:列出在条件项的各种取值情况下应采取的动作。

图 3-14　决策表组成

在决策表中,一条规则贯穿条件项和动作项的一列。如果两条或多条规则具有相同的动作,并且其条件项之间存在着相似的关系,可以进行规则合并。

决策表的建立应当根据软件规格说明书,分为以下几个步骤。

- 确定规则个数。
- 列出所有条件桩和动作桩。
- 填入条件项。
- 填入动作项,制定初始决策表。
- 简化,合并相似规则或者相同动作。

在简化并得到最终决策表后,只需选择适当的输入,使决策表每一列的输入条件得到满足,即可生成测试用例。

将前面得到的自动饮料售货机软件因果图转换为决策表,如表 3-10 所示。

表 3-10 自动饮料售货机软件决策表

| | | 1 | 2 | 3 | 4 | 5 | 6 | 7 | 8 | 9 | 10 | 11 |
|---|---|---|---|---|---|---|---|---|---|---|---|---|
| 条件 | C1:投入1元5角硬币 | 1 | 1 | 1 | 1 | 0 | 0 | 0 | 0 | 0 | 0 | 0 |
| | C2:投入2元硬币 | 0 | 0 | 0 | 0 | 1 | 1 | 1 | 1 | 0 | 0 | 0 |
| | C3:按"可乐"按钮 | 1 | 0 | 0 | 0 | 1 | 0 | 0 | 0 | 1 | 0 | 0 |
| | C4:按"雪碧"按钮 | 0 | 1 | 0 | 0 | 0 | 1 | 0 | 0 | 0 | 1 | 0 |
| | C5:按"红茶"按钮 | 0 | 0 | 1 | 0 | 0 | 0 | 1 | 0 | 0 | 0 | 1 |
| 中间状态 | I1:已投币 | 1 | 1 | 1 | 1 | 1 | 1 | 1 | 1 | 0 | 0 | 0 |
| | I2:已按钮 | 1 | 1 | 1 | 0 | 1 | 1 | 1 | 0 | 1 | 1 | 1 |
| 动作 | E1:退还5角硬币 | 0 | 0 | 0 | 0 | 1 | 1 | 1 | 0 | 0 | 0 | 0 |
| | E2:送出"可乐"按钮 | 1 | 0 | 0 | 0 | 1 | 0 | 0 | 0 | 0 | 0 | 0 |
| | E3:送出"雪碧"按钮 | 0 | 1 | 0 | 0 | 0 | 1 | 0 | 0 | 0 | 0 | 0 |
| | E4:送出"红茶"按钮 | 0 | 0 | 1 | 0 | 0 | 0 | 1 | 0 | 0 | 0 | 0 |

可以根据上述决策表设计测试用例,验证适当的输入组合是否能得到正确的输出。特别是在本案例中,利用决策表法能够清晰地验证自动饮料售货机软件的功能完备性。

**5. 正交实验法**

正交实验法是一种有效、合理地减少测试工时与费用的方法,适用于软件测试中测试用例的设计。其核心思想是从大量的可能性中挑选出适量的、有代表性的测试点,以合理安排测试的设计。

日本著名的统计学家田口玄一将正交实验选择的水平组合列成表格,称为正交表。例如,做一个三因素三水平的实验,按全面实验要求,须进行 $3^3=27$ 种组合的实验,且尚未考虑每一组合的重复数。若按 $L_9(3^3)$ 正交表安排实验,只需实验 9 次,按 $L_{18}(3^7)$ 正交表也只需进行 18 次实验,显然大大减少了工作量。因而正交实验设计在很多领域的研究中已经得到广泛应用。

正交表的形式为 $L_{行数}(水平数^{因素数})$。其中,行数表示正交表中的行的个数,即实验的次数,也是通过正交实验法设计的测试用例的个数。因素数是正交表中列的个数,即要测试的功能点。水平数是任何单个因素能够取得的值的最大个数。正交表中包含的值为从 0 到 "水平数-1"或从 1 到"水平数",即要测试功能点的输入条件。

正交表具有以下两个性质。

(1) 每一列中,不同的数字出现的次数相等。例如,在两水平正交表中,任何一列都有数码"1"与"2",且任何一列中它们出现的次数是相等的;如在三水平正交表中,任何一列都有"1""2""3",且在任一列的出现数均相等。

(2) 任意两列中数字的排列方式齐全而且均衡。例如,在两水平正交表中,任何两列(同一横行内)有序对共有 4 种:(1,1)、(1,2)、(2,1)、(2,2)。每种对数出现次数相等。在三水平情况下,任何两列(同一横行内)有序对共有 9 种:(1,1)、(1,2)、(1,3)、(2,1)、(2,2)、(2,3)、(3,1)、(3,2)、(3,3),且每对出现数也均相等。

下面以用户注册功能为例,展示正交实验法设计测试用例的方法。该用户注册页面中有 7 个输入框,分别是用户名、密码、确认密码、真实姓名、地址、手机号、电子邮箱。假设每个输入框只有填与不填两种状态,则可以设计 $L_8(2^7)$ 的正交表,如表 3-11 所示。其中,因素 $C_1 \sim C_7$ 分别表示上述 7 个输入框。表中"1"表示该输入框填写,"0"表示不填。

根据表 3-11 可以得到 8 个测试用例,读者可以根据各因素代表的输入框含义自己生成测试用例。

表 3-11  $L_8(2^7)$ 正交表

| 行 号 | 因 素 | | | | | | |
|---|---|---|---|---|---|---|---|
| | $C_1$ | $C_2$ | $C_3$ | $C_4$ | $C_5$ | $C_6$ | $C_7$ |
| 1 | 1 | 1 | 1 | 1 | 1 | 1 | 1 |
| 2 | 1 | 1 | 1 | 0 | 0 | 0 | 0 |
| 3 | 1 | 0 | 0 | 1 | 1 | 0 | 0 |
| 4 | 1 | 0 | 0 | 0 | 0 | 1 | 1 |
| 5 | 0 | 1 | 0 | 1 | 0 | 1 | 0 |
| 6 | 0 | 1 | 0 | 0 | 1 | 0 | 1 |
| 7 | 0 | 0 | 1 | 1 | 0 | 0 | 1 |
| 8 | 0 | 0 | 1 | 0 | 1 | 1 | 0 |

**6. 场景法**

现代软件通常采用事件触发来控制应用程序的流程,这些事件的触发形成了不同的场景,而它们的不同触发顺序和处理结果也构成了事件流。这种思想也可以应用到软件测试中,通过生动地描绘事件触发时的情形,有助于测试人员更好地执行测试用例,同时也增加了测试用例的可理解性和可执行性。

用例场景是通过描述覆盖从用例的起始点到终点的路径来确定的过程,这个流程包括所有的基本流和备选流,确保所有可能的情况都能在测试中被覆盖到。基本流是指经过用例的最简单路径,表示无任何差错,程序从开始执行到结束;备选流则是在某些特定条件下执行的分支流程,可以从基本流开始或另一个备选流开始,也可以终止用例。

应用场景法进行黑盒测试的步骤如下。

- 根据规格说明,描述出程序的基本流和各个备选流。
- 根据基本流和各个备选流生成不同的场景。
- 对每一个场景生成相应的测试用例。
- 对生成的所有测试用例进行复审,去掉多余的测试用例,对每一个测试用例确定测试数据。

以一个经典的 ATM 机为例,介绍使用场景法设计测试用例的过程。ATM 机的取款流程的场景分析如图 3-15 所示,其中,灰色框构成的流程为基本流。

该程序用例场景如表 3-12 所示。

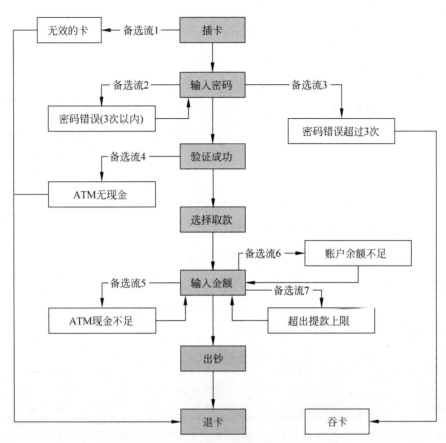

图 3-15 ATM 取款流程场景法分析图

表 3-12 用例场景

| 场景 1 | 成功提款 | 基本流 | |
| --- | --- | --- | --- |
| 场景 2 | 无效卡 | 基本流 | 备选流 1 |
| 场景 3 | 密码错误 3 次以内 | 基本流 | 备选流 2 |
| 场景 4 | 密码错误超过 3 次 | 基本流 | 备选流 3 |
| 场景 5 | ATM 无现金 | 基本流 | 备选流 4 |
| 场景 6 | ATM 现金不足 | 基本流 | 备选流 5 |
| 场景 7 | 账户余额不足 | 基本流 | 备选流 6 |
| 场景 8 | 超出提款上限 | 基本流 | 备选流 7 |

接下来设计用例覆盖每个用例场景,如表 3-13 所示。

表 3-13 场景法测试用例

| 用例号 | 场景 | 账户 | 密码 | 操作 | 预期结果 |
| --- | --- | --- | --- | --- | --- |
| 1 | 场景 1 | 621226XXXXXXXXX3481 | 123456 | 插卡,取 500 元 | 成功取款 500 元 |
| 2 | 场景 2 | — | — | 插入一张无效卡 | 系统退卡,显示该卡无效 |
| 3 | 场景 3 | 621226XXXXXXXXX3481 | 123456 | 插卡,输入密码 111111 | 系统提示密码错误,请求重新输入 |
| 4 | 场景 4 | 621226XXXXXXXXX3481 | 123456 | 插卡,输入密码 111111 超过 3 次 | 系统提示密码输入错误超过 3 次,卡被吞掉 |

续表

| 用例号 | 场景 | 账　户 | 密码 | 操　作 | 预期结果 |
|---|---|---|---|---|---|
| 5 | 场景5 | 621226XXXXXXXXX3481 | 123456 | 插卡,选择取款 | 系统提示ATM无现金,退卡 |
| 6 | 场景6 | 621226XXXXXXXXX3481 | 123456 | 插卡,取款2000元 | 系统提示现金不足,返回输入金额界面 |
| 7 | 场景7 | 621226XXXXXXXXX3481 | 123456 | 插卡,取款3000元 | 系统提示账户余额不足,返回输入金额界面 |
| 8 | 场景8 | 621226XXXXXXXXX3481 | 123456 | 插卡,取款3500元 | 系统提示超出取款上限(3000),返回输入金额界面 |

### 3.4.2　白盒测试和黑盒测试比较

白盒测试和黑盒测试是两种常见的软件测试方法,用于评估软件系统的质量和功能。它们在测试过程中的关注点和方法有所不同,表3-14给出了两种方法的基本对比。

表3-14　白盒测试和黑盒测试的对比

| 测试方法 | 白盒测试 | 黑盒测试 |
|---|---|---|
| 涉及内容 | 考查程序逻辑结构和源代码 | 不涉及程序内部结构 |
| 生成测试用例 | 使用程序结构信息 | 使用软件规格说明书 |
| 适用范围 | 主要适用于单元测试和集成测试 | 从单元测试到系统验收测试 |
| 测试覆盖 | 尝试覆盖所有可能的逻辑路径 | 某些代码段得不到测试 |

白盒测试和黑盒测试各有其优缺点,无法完全取代对方。在实践中,通常会将它们结合使用,以达到更全面的测试覆盖和更高的测试效率。白盒测试能够深入分析代码,发现隐藏的错误,提供更高的测试覆盖率,验证软件的正确性。但是白盒测试通常比黑盒测试成本更高,需要在代码可用之前进行计划;需要更多的工作量,包括确定合适的测试数据和验证方法。相比之下,黑盒测试不需要了解内部结构,能更专注于功能和用户需求。黑盒测试可以通过设计测试用例来尽可能地覆盖代码段。但是,黑盒测试不能保证覆盖所有代码段,可能无法发现一些潜在的程序错误。

此外,灰盒测试是一种结合了白盒测试和黑盒测试要素的测试方法,同时考虑了用户端、特定的系统知识和操作环境。这种方法在评价应用软件的设计时考虑了系统组件的协同性作用。集成测试可以看作一种灰盒测试,重点验证系统的整体功能和性能,确保各组件之间的协同作用正常。

## 小　　结

本章主要介绍了静态测试和动态测试的定义、内容、分类及方法。

白盒测试关注软件产品的内部细节和逻辑结构,可以分为静态测试和动态测试。静态测试不需要执行程序,而是侧重于检查软件的描述与实现是否一致,以及是否存在潜在的冲突或歧义。动态测试需要执行程序,在模拟或真实环境下分析程序的行为,主要用于验证程序在运行时是否正确。本章介绍了白盒测试的常见方法,着重介绍了程序插桩技术、逻辑覆盖法以及基本路径法,并且每种方法都以相关实例进行详细说明。

黑盒测试主要关注被测软件功能的实现,而不是其内部逻辑。本章重点介绍了几种常用的黑盒测试方法,以及相应的案例说明。

## 习 题 3

扫一扫

习题

扫一扫

自测题

# 第 4 章　软件测试过程

软件测试是贯穿软件整个生命周期的一个系统的过程,包括单元测试、集成测试、系统测试和验收测试等阶段。本章将对软件测试过程中的主要测试过程进行介绍。

**本章要点**
- 单元测试的内容及方法
- 集成测试的内容及方法
- 系统测试的内容及方法
- 验收测试的内容及方法

## 4.1　单 元 测 试

单元测试,又称为模块测试,旨在检验软件设计中最小的功能单位——模块。通常情况下,模块具有高内聚性,每个模块专注于完成一个特定的功能,因此单元测试的程序规模较小,便于发现错误。通过单元测试,可以进行程序语法和逻辑检查,以验证程序的正确性。由于其影响范围广泛,单元测试非常重要。如果模块内的函数或参数存在问题,可能会导致后续问题的出现。此外,单元测试的质量还会直接影响集成测试和后续系统测试的进行。因此,做好单元测试是一项至关重要且基础性的工作。

### 4.1.1　单元测试简介

单元测试是开发人员通过编写代码来检验被测代码的某个单元功能是否正确的一种测试方法。它通常用于验证特定条件或场景下某个特定函数的行为。例如,插入一个很大的值到有序表中并验证其位置,或从字符串中删除特定模式的字符后验证结果。

在开发过程中,临时单元测试是一种特殊形式,用于暂时验证特定代码片段或功能的行为。这些测试可能包括一些输出数据,辅助开发人员进行判断,并有可能会弹出信息窗口以提供反馈。虽然临时单元测试具有临时性、特定性、快速性以及解决问题的目的,但仅依赖临时单元测试是不充分的。进行充分的单元测试是提高软件质量、降低开发成本的必要步骤。

单元测试是软件测试的基础,其效果直接影响软件后期的测试,最终在很大程度上影响软件质量。单元测试作为编码工作的一部分,一般由程序员自行完成,有助于验证代码的正确性,为后续测试活动节省时间,发现深层次问题,降低问题的定位和解决成本,从根本上提高软件质量。

执行单元测试的目的是验证代码的行为是否符合预期。经过单元测试的代码被视为已完成的代码,提交产品代码时,应同时提交测试代码。

在单元测试活动中,应该遵守以下几个规范和原则。
- 单元测试进行得越早越好,甚至可以采用"测试驱动开发"的方式。
- 单元测试应该依据详细规格说明书进行。
- 单元测试应该按照单元测试计划和方案进行,排除测试随意性。
- 单元测试用例应该经过审核。
- 针对全新的代码和修改过的代码都应该进行单元测试。
- 应当选择合适的被测单元的大小。
- 单元测试应满足一定的覆盖率要求。
- 测试内容应当包括正面测试和负面测试。
- 当测试用例的测试结果与设计规格说明不符时,应如实记录测试结果。
- 使用单元测试工具。

### 4.1.2 单元测试的内容

单元测试专注于检验模块内部的处理逻辑和数据结构,通过测试重要的控制路径来发现模块内的错误。测试复杂性和错误发现受到测试范围的限制,但允许并行执行多个测试。

图 4-1 描述了单元测试的主要内容,包括模块接口、局部数据结构、控制结构路径、错误处理和边界条件。

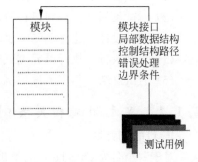

图 4-1 单元测试内容

对模块接口进行测试,核心在于验证进出模块单元的数据流是否正确,是单元测试的基础,应在其他测试之前进行。

局部数据结构,需要检测模块内部局部数据结构的完整性、正确性和相互之间的关系。

控制结构路径,最主要的内容是对独立路径的测试,测试用例应该覆盖每个独立执行路径,以发现计算错误、不正确判定或不正确的控制流等。

错误处理,测试错误处理的有效性。

测试边界条件,确保模块在到达边界值的极限或受限处理的情形下仍能正确执行。

一般情况下,单元测试在代码编写后进行,与代码复审相结合设计测试用例。在进行单元测试时,需要为被测试的单元开发驱动模块和桩模块,以模拟上下级模块的关系。驱动模块用于模拟待测试模块的上级模块,它接收测试数据,在测试中将相关数据传送给待测模块,启动待测模块,并输出相应的结果。桩模块,也称为存根程序,用以模拟待测模块工作过程中所调用的模块。桩模块由待测模块调用,通常只进行少量的数据处理操作,例如,打印入口和返回,以便验证待测模块与下级模块的接口是否正确。

代码审查是单元测试的首要步骤,确保代码逻辑清晰、规范,符合命名规则,并使用静态分析工具进行分析。设计测试用例,确保达到一定的覆盖标准,考虑边界值情况和单元运行效率。可以采用错误推测法列举可能存在的错误,并进行重点测试。

单元测试一般由开发人员在开发组组长的监督下进行。开发组组长负责确保使用适当的测试技术,在合理的质量控制下进行充分的测试。

单元测试环境如图 4-2 所示。

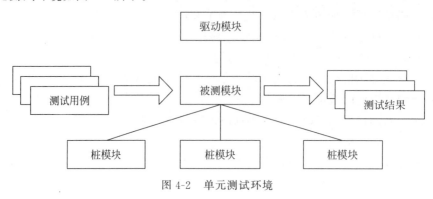

图 4-2　单元测试环境

### 4.1.3　单元测试的过程

单元测试需要在适当的运行环境下使用认可的测试工具进行。通常，测试的运行环境应符合软件测试合同或项目计划的要求，常见的是开发环境或仿真环境。

单元测试的实施步骤如下。

（1）测试准入。进入单元测试必须满足一定的条件，这些条件是测试实施的基础。

（2）测试策划。在详细设计阶段完成单元测试计划。

（3）测试设计。建立单元测试环境，完成测试设计和开发。

（4）测试执行。执行单元测试用例，并详细记录测试结果。

（5）测试总结。判定测试用例是否通过并提交测试文档。

### 4.1.4　单元测试相关案例

**1. 目的和背景**

对于一个名为 Calculator 的类进行单元测试，验证其算术运算功能是否正常。Calculator 类是一个简单的计算器，包括加法、减法、乘法和除法等操作。单元测试的目标是确保每个操作的功能正常运行，同时能够正确处理异常情况。

**2. 待测源代码**

```python
class Calculator:
    def add(self, a, b):
        return a + b

    def subtract(self, a, b):
        return a - b

    def multiply(self, a, b):
        return a * b

    def divide(self, a, b):
        if b == 0:
            raise ValueError("Division by zero is not allowed.")
        return a / b
```

### 3. 代码走查

在代码走查中，检查 Calculator 类的实现，以确保方法和算法的逻辑正确性，同时检查命名规范和注释。

### 4. 基本路径法

基本路径法可以帮助理解每个方法的不同执行情况。我们使用基本路径法来覆盖所有可能的执行路径，包括正常情况和异常情况。在测试中，设计测试用例来覆盖这些不同的路径，以验证 Calculator 类的正确性。

（1）add(a,b) 方法的基本路径。

主路径：直接执行加法操作并返回结果。

（2）subtract(a,b) 方法的基本路径。

主路径：直接执行减法操作并返回结果。

（3）multiply(a,b) 方法的基本路径。

主路径：直接执行乘法操作并返回结果。

（4）divide(a,b) 方法的基本路径。

主路径：执行除法操作，确保分母不为零，然后返回结果。

异常路径：若分母为零，抛出 ValueError 异常。

### 5. 边界值法

使用边界值法测试极端情况，包括最大值、最小值和边界条件。这些情况包括：最大整数值的加法和乘法，最小整数值的减法和除法，除数为零的异常情况。

### 6. 测试执行

我们编写了测试用例，并使用 unittest 框架来执行这些测试用例。创建了一个 TestCalculator 的测试类，包含多个测试方法，用于对 Calculator 类的不同方法进行测试。

```python
import unittest
from calculator import Calculator

class TestCalculator(unittest.TestCase):
    def test_addition(self):
        # 正常的加法路径
        calc = Calculator()
        result = calc.add(3, 2)
        self.assertEqual(result, 5)

    def test_subtraction(self):
        # 正常的减法路径
        calc = Calculator()
        result = calc.subtract(5, 2)
        self.assertEqual(result, 3)

    def test_multiplication(self):
        # 正常的乘法路径
        calc = Calculator()
        result = calc.multiply(4, 3)
        self.assertEqual(result, 12)
```

```python
    def test_division(self):
        #正常的除法路径
        calc = Calculator()
        result = calc.divide(10, 2)
        self.assertEqual(result, 5)

    def test_division_by_zero(self):
        #除数为零的异常路径
        calc = Calculator()
        with self.assertRaises(ZeroDivisionError):
            calc.divide(5, 0)

    def test_max_int_addition(self):
        #最大整数值的加法
        calc = Calculator()
        result = calc.add(2 ** 31 - 1, 1)
        self.assertEqual(result, 2 ** 31)

    def test_min_int_subtraction(self):
        #最小整数值的减法
        calc = Calculator()
        result = calc.subtract(-(2 ** 31), 1)
        self.assertEqual(result, -(2 ** 31) - 1)

if __name__ == '__main__':
    unittest.main()
```

**7. 测试总结**

所有的测试用例都通过了，包括正常的加法、减法、乘法、除法路径，以及异常情况下的零除法。测试覆盖了不同的情况，包括最大整数值的加法和最小整数值的减法。代码覆盖率较高，没有未覆盖的代码路径。没有发现问题或异常情况，Calculator 类的方法在测试中表现正常。单元测试证实 Calculator 类的基本功能是正确的，可以安全地集成到其他模块中。总的来说，Calculator 类通过了单元测试，符合预期的功能和性能要求。

## 4.2 集 成 测 试

将经过单元测试的模块按照设计要求连接起来，组成所规定的软件系统的过程称为"集成"。集成测试也叫组装测试、联合测试，其目的是验证各个软件单元之间的接口是否正确。不同的集成策略有不同的集成测试方法。在实际工作中，经常出现这样的情况：每个模块都能单独工作，但当它们集成在一起时，系统无法正常工作。这主要因为模块间的相互调用可能引入许多新问题。例如，数据可能会在接口传输时丢失；一个模块对另一个模块可能造成不应有的影响；单个模块可以接受的误差，在组装后不断累积，最终达到不可接受的程度。因此，在进行单元测试后，必须进行集成测试，以便发现并解决单元集成后可能出现的问题，从而构建一个符合要求的软件系统。

## 4.2.1 集成测试简介

集成是将多个单元组合成更大的单元的过程。在集成测试中,已通过单元测试的各个单元被整合,然后检查它们之间的接口是否正确。集成测试是一种系统化技术,用于构建软件体系结构,并检测与接口相关的错误。其目标是根据设计规约,以已通过单元测试的构件构建程序结构。

集成测试涉及多个单元的聚合。这些单元被组合成模块,而模块又进一步聚合成更大的部分,如子系统或系统。它是单元测试的逻辑延伸,通常从测试已通过单元测试的两个单元的接口开始。集成测试是基于已通过单元测试的软件单元,按照概要设计规约的要求将它们组装成模块、子系统或系统的过程。在这个过程中,主要检查各部分功能是否达到或实现相应技术指标和要求。其目标是验证软件单元的组合是否正常工作以及与其他组件的集成情况。最终,它还要测试构成系统的所有模块组合是否正常运行。

在进行集成测试之前,必须确保单元测试已经完成,而集成测试的对象应该是已经通过单元测试的软件单元。这一点很重要,因为没有经过单元测试,集成测试的效果会受到影响,并且纠正代码错误的成本将大大增加。单元测试和集成测试所关注的范围不同,因此它们会发现不同的问题,不能相互替代。

集成测试应当尽早开始,并遵守如下一些原则。

- 集成测试应该以概要设计规约为基础尽早开始。
- 集成测试应根据集成测试计划和方案进行,排除测试的随意性。
- 在模块和接口的划分上,测试人员应当和开发人员进行充分的沟通。
- 项目管理者应保证测试用例经过审核。
- 集成测试应按照一定的层次进行。
- 集成测试的策略选择应当综合考虑质量、成本和进度三者之间的关系。
- 所有公共的接口都必须进行测试。
- 关键模块必须进行充分的测试。
- 测试结果应该被如实记录。
- 当接口发生修改时,涉及的相关接口都必须进行回归测试。
- 当测试计划中的结束标准满足时,集成测试结束。

## 4.2.2 集成测试的内容

软件集成测试通常采用静态测试和动态测试方法。静态测试方法包括静态分析和代码审查等,而动态测试方法则分为白盒测试和黑盒测试。通常情况下,静态测试先于动态测试进行。具体测试方法的详细介绍将在后续章节中提供。

在进行动态测试时,应该考虑软件质量的不同子特性,测试内容包括以下方面。

- 全局数据结构。测试全局数据结构的完整性,包括数据内容和格式,并检查内部数据结构对全局数据结构的影响。
- 适合性。逐项测试已集成软件中的每项功能,以确保符合设计文档的要求。
- 准确性。对需要高精度和准确性的功能进行测试,包括数据处理、时间控制等方面的准确性。

- 互操作性。测试两种接口：已集成软件与加入的软件单元之间的接口，以及已集成软件与支持其运行的其他软件、例行程序或硬件设备的接口。测试接口的输入和输出数据的格式、内容、传递方式和协议。
- 容错性。考虑软件对差错输入、中断等情况的容错能力，并通过仿真平台或硬件测试设备模拟异常情况。
- 时间特性。测试已集成软件的运行时间，特别关注算法的最长路径下的计算时间。
- 资源利用性。测试软件运行所占用的内存和外存空间等。

软件集成的总体计划和特定的测试描述应该在测试规格说明中文档化。这些文档包括测试计划和测试规程，并成为软件配置的一部分。集成测试可以分为多个阶段，每个阶段处理特定的软件功能和行为特征。

例如，SafeHome 安全系统的集成测试可以划分为以下内容。

- 用户交互(命令输入与输出、显示表示、出错处理与表示)。
- 传感器处理(获取传感器输出、确定传感器的状态、作为状态的结果所需要的动作)。
- 通信功能(与中央监测站通信的能力)。
- 警报处理(测试遇到警报发生时的软件动作)。

每个集成测试阶段都涵盖了广泛的功能类别，通常与软件体系结构中特定领域相关，因此，每个阶段都需要相应的程序构造来实施。

### 4.2.3 集成测试的过程

在将软件单元与已集成软件组装成新的软件时，应根据各个组件的特点选择适合测试的集成策略。

集成测试的实施步骤如下。

(1) 执行测试计划中规定的所有集成测试，确保每个组件在组装过程中都经过充分的测试。

(2) 分析测试结果，找出产生错误的原因。

(3) 提交集成测试分析报告，以便尽快修改错误。

(4) 进行评审，以确保集成测试结果得到适当的反馈和修正。

### 4.2.4 集成测试的相关策略

将模块组装成软件系统时，存在两种主要的集成方法：非增量集成和增量集成。此外，还需要考虑它们和周围模块之间的关系。为了模拟这些联系，需要设计驱动模块或者桩模块这两种辅助模块。

**1. 非增量集成测试**

非增量集成测试通常倾向于采用"一步到位"的方式来构建程序。这种方法将所有模块连接起来，形成一个整体，然后进行测试。在这种方法下，各个模块经过个别的单元测试后，根据程序结构图将它们连接起来。然而，非增量集成测试可能会导致混乱和错误的积累。在一次集成后，很难确定问题的根本原因，修复错误也可能引入新的问题。

如图 4-3 所示，显示了采用非增量集成测试的一个例子。被测试程序的结构如图 4-3(a)所示，它由 7 个模块组成。在进行单元测试时，根据它们在结构图中的位置，对模块 C 和 D

配备了驱动模块和桩模块,对模块 B、E、F、G 配备了驱动模块。主模块 A 由于处于结构图的顶端,无其他模块调用它,因此仅为它配备了 3 个桩模块,以模拟被它调用的 3 个模块 B、C、D,如图 4-3(b)～图 4-3(h)所示,分别进行单元测试后,再按图 4-3(a)所示的结构图形式连接起来进行集成测试。

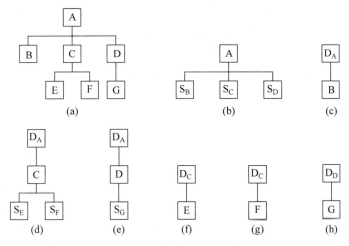

图 4-3 非增量集成测试示例

**2. 增量集成测试**

增量集成测试采用逐步构建和测试系统的方式,每次增加一个模块进行测试。按照实施的不同次序,增量集成测试可以分为自顶向下和自底向上两种方式。

自顶向下增量集成测试的过程是按照结构图自上而下进行的,首先集成主控模块,然后根据软件的控制层次接口向下逐步集成。这种过程可以采用深度优先策略或广度优先策略。

深度优先策略:首先集成一个主控路径下的所有模块,而主控路径的选择通常基于问题的特性而定。这意味着从主控模块开始,然后集成其直接下属模块,以此类推,逐步深入软件结构的各个分支。

广度优先策略:首先沿着水平方向集成模块,即把每一层中所有直接隶属于上一层的模块集成为一个子系统,然后再逐步向下一层。

自顶向下增量集成方式的测试步骤如下。

(1) 以主模块为被测模块,其直接下属模块用桩模块代替。

(2) 采用深度优先或广度优先策略,用实际模块替换相应的桩模块,逐步集成新的子系统。

(3) 针对新形成的子系统进行测试,发现并排除在模块集成过程中引入的错误,并执行回归测试。

(4) 若所有模块都已集成到系统中,则结束集成测试,否则,转到步骤(2)。

自底向上增量集成策略从最底层的模块开始,按结构图自下而上逐步进行集成并逐步进行测试工作。这种策略无须使用桩模块,因为底层模块的功能已经具备,能够作为上层模块的驱动模块。

测试步骤如下。

(1) 为最底层模块开发驱动模块,对最底层模块进行并行测试。

(2) 用实际模块替换驱动模块,与已测试过的直属子模块集成为一个子系统。

(3) 为新形成的子系统开发驱动模块(如果新形成的子系统是主控模块,则不必开发驱动模块),对该子系统进行测试。

(4) 如果新子系统已是主控模块,即最高层模块,则结束集成测试,否则转到步骤(2)。

三明治集成测试是将自顶向下测试与自底向上测试两种模式有机结合起来,采用并行的自顶向下、自底向上集成方式形成的方法。三明治集成测试更强调采取持续集成,软件开发中,根据进度,将已完成的模块尽可能早地进行集成,这有助于尽早发现缺陷,减少在集成阶段处理大量缺陷的风险。同样,自底向上集成时,先完成的模块会成为后期模块的驱动模块,从而在单元测试和集成测试之间出现一定程度的重叠,不仅节省了测试代码的编写,也有利于提高工作效率。

三明治集成测试减少了桩模块和驱动模块的开发工作量,不过在一定程度上增加了定位缺陷的难度。

## 4.2.5 集成测试常用方法

在实际的测试实施中,通常采用一个主导因素作为集成的主线,辅助利用各类集成策略及测试方法进行。以下介绍两种常用的集成测试方法。

**1. 基于功能分解的集成测试**

基于系统功能分解的集成测试方法使用树或文字形式表示功能分解,并深入讨论将要集成的模块顺序。对于增量集成,常见的选择有自顶向下集成、自底向上集成以及三明治集成。所有这些集成顺序都假设单元测试已经通过单独测试,并旨在测试通过单独测试的单元接口。

基于功能分解的方法在直觉上很清晰,都用经过测试的组件构建。只要发现失效,就怀疑最新加入的单元。集成测试很容易根据分解树跟踪(如果分解树很小,随着节点被成功地集成,树逐渐变成节点)。通常可以采用广度优先或深度优先的方式测试分解树。

功能分解更多地满足项目管理的需要,而非软件开发人员的需求。基于功能分解的测试也是如此。整个机制是根据功能分解的结构集成单元。桩模块或驱动模块的开发工作量是这些方法的一个缺点,此外,还有重新测试所需工作量的问题。给定分解树所需集成测试会话数的计算公式为:会话=节点-叶子+边。一个测试会话是指按自顶向下或自底向上方法,使用一套测试集对新集成进来的组件进行一次集成测试的过程。对于自顶向下集成,需要开发(节点-1)个桩模块;对于自底向上集成,需要开发(节点-叶子)个驱动模块。

自顶向下和自底向上测试策略的优缺点相互补充。自顶向下方法的主要缺点是需要开发桩模块以及相关的测试难题。而自底向上集成测试的主要缺点在于,直到加入最后一个模块,一直没有一个作为实体的程序。

集成策略的选择取决于软件的特征,并有时与项目的进度安排有关。通常情况下,采用三明治集成测试方法,即用自顶向下方法测试程序结构较高层,用自底向上方法测试其从属层,可能是最好的折中方案。

在执行集成测试时,测试人员应该能够识别关键模块。关键模块具有以下一个或多个特征。

- 涉及多个软件需求。

- 含有高层控制(位于程序结构相对高的层次)。
- 复杂或容易出错。
- 具有明确的性能需求。

关键模块应尽早地测试。此外,回归测试也应该侧重于关键模块的功能。

**2. 基于调用图的集成测试**

在实际的测试实施中,基于调用图的集成测试是一种常用的方法。相较于基于功能分解的集成测试,它能够减少对功能分解树的依赖,并且向结构性测试方向有了更进一步的发展。基于调用图的集成测试通常使用成对集成测试和相邻集成测试。

成对集成测试的思想是减少桩/驱动模块的开发工作量。相比于使用实际代码集成,成对集成测试将集成限制在调用图中的一对单元上。这样做的结果是对调用图中的每条边进行一次集成测试会话,但可以大大减少桩和驱动模块的开发工作。

如图4-4所示是基于调用图的成对集成,很明显没有了空的集成会话,因为边引用的是实际单元,仍然有桩模块的问题。它可以产生如图4-5所示的build(模块集)序列。build1可以包含主程序和I模块,build2可以包含G模块、V模块,build3可以包含L模块、i模块等。有几条边即有几个模块集的序列。图中一共有7条边,则有7个build。

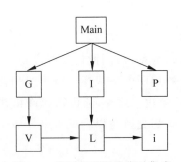

图4-4 基于调用图的成对集成

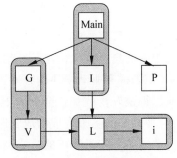

图4-5 build(模块集)序列

相邻集成测试利用了拓扑学中的邻居概念。在调用图中,节点的邻居是具有从给定节点引出的边的一组节点。而在有向图中,节点的邻居包括所有直接前驱节点和所有直接后继节点(请注意,这对应节点的桩和驱动模块的集合)。对于给定调用图,总是可以计算出邻居数量。每个内部节点有一个邻居,如果叶子节点直接连接到根节点,则还要加上一个邻居(内部节点具有非零入度和非零出度)。有:

内部节点＝节点－(源节点＋汇节点)

邻居＝内部节点＋源节点

经过合并,可知:

邻居＝节点－汇节点

相邻集成测试可以大大降低集成测试会话数量,并且避免了桩和驱动模块的开发。这种方法具有与三明治集成(两者稍有不同,因为邻居的基本信息是调用图,而不是分解树)相似的优点,但也具有"中爆炸"集成的缺陷隔离困难。

根据前面如图4-4所示的例子,基于"调用图"的相邻集成可以通过V模块和L模块的邻居进行,接下来可以集成G模块和I模块的邻居,最后可以集成主程序的邻居。请注意,这些邻居构成一种构建序列,如图4-6所示,邻居数为5,因此5次构建序列。

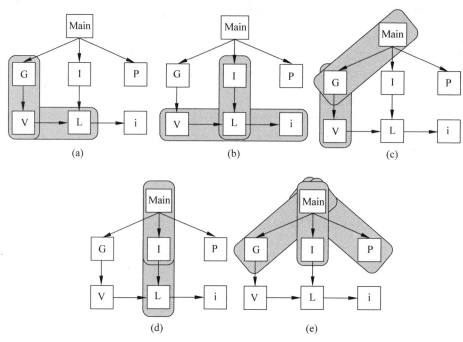

图 4-6 构建序列

基于调用图的集成技术偏离了纯结构基础，转向行为基础，因此底层假设是一种改进。此外，它还减少了桩和驱动模块的开发工作量。基于调用图的集成还与以构建和合成为特征的开发匹配得很好。例如，邻居序列可以用于定义构建。此外，还可以允许相邻邻居合并，并提供一种有序的基于合成的成长路径。所有这些都支持对以合成占主导地位的生命周期开发的系统进行基于邻居的集成。

基于调用图集成测试的最大缺点是缺陷隔离问题，尤其是对有大量邻居的情况。还有一个更微妙但是密切相关的问题：如果在多个邻居的节点（单元）中发现缺陷会出现什么情况（例如，V 模块出现在 5 个邻居的 3 个中）？显然，要清除这个缺陷，但是这意味着以某种方式修改了该单元的代码，而这又意味着以前测试过的包含已变更代码的邻居，都需要重新进行测试。

除了基于调用图的集成测试之外，还存在许多其他集成测试策略，如基于路径的集成测试、核心系统先行集成测试、高频集成测试等。这些策略在不同的情况下可能更加适用，具体选择取决于软件特性和项目进度安排，在此不再一一介绍。

### 4.2.6 集成测试相关案例

本节利用一个实际的集成测试案例"通用仓库管理系统集成测试"的测试计划制订来串讲整章的内容。

**1. 目的**

通用仓库管理系统经过编码、单元测试后形成待集成单元，本集成测试计划主要描述如何进行集成测试活动，如何控制集成测试活动，集成测试活动的流程以及集成测试活动的工作安排等。保证程序连接起来也能正常地工作，保证程序的完整运行。

## 2. 范围

本次测试计划主要是针对软件的集成测试：不含硬件，系统测试，以及单元测试（需要已经完成单元测试）。

主要的任务是：

（1）测试在把各个模块连接起来的时候，穿越模块接口的数据是否会丢失。

（2）测试各个子功能组合起来，能否达到预期的父功能。

（3）一个模块的功能是否会对另一个模块的功能产生不利的影响。

（4）全局数据结构是否有问题。

（5）单个模块的误差积累起来，是否会放大，从而达到不可接受的程度。

主要测试方法是：使用黑盒测试方法测试集成的功能，并且迭代地对之前的集成进行回归测试。

## 3. 术语

入库：商品入库是仓储业务的第一阶段，是指商品进入仓库储存时所进行的商品接收、卸货、搬运、清点数量、检查质量和办理入库手续等一系列活动的总称。商品入库管理包括商品接运、商品验收和建立商品档案二方面。其基本要求是：保证入库商品数量准确，质量符合要求，包装完整无损，手续完备清楚，入库迅速。

出库：商品出库业务，是仓库根据业务部门或存货单位开出的商品出库凭证（提货单、调拨），按其所列商品编号、名称、规格、型号、数量等项目，组织商品出库一系列工作的总称。出库发放的主要任务是：所发放的商品必须准确、及时、保质保量地发给收货单位，包装必须完整、牢固，标记正确清楚，核对必须仔细。

盘点：盘点就是定期或不定期地对店内的商品进行全部或部分的清点，以确实掌握该期间内的经营业绩，并因此加以改善，加强管理，目的是确实掌控货物的"进（进货）、销（销货）、存（存货）"，可避免囤积太多货物或缺货的情况发生，对于计算成本及损失是不可或缺的数据。

测试计划：测试计划是指对软件测试的对象、目标、要求、活动、资源及日程进行整体规划，以保证软件系统的测试能够顺利进行的计划性文档。

测试用例：测试用例指对一项特定的软件产品进行测试任务的描述，体现测试方案、方法、技术和策略的文档。内容包括测试目标、测试环境、输入数据、测试步骤、预期结果、测试脚本等。

测试对象：测试对象是指特定环境下运行的软件系统和相关的文档。作为测试对象的软件系统可以是整个业务系统，也可以是业务系统的一个子系统或一个完整的部件。

测试环境：测试环境指对软件系统进行各类测试所基于的软、硬件设备和配置。一般包括硬件环境、网络环境、操作系统环境、应用服务器平台环境、数据库环境以及各种支撑环境等。

## 4. 测试策划

本系统的集成测试采用自底向上的集成（Bottom-Up Integration）的方式。自底向上集成方式从程序模块结构中最底层的模块开始组装和测试。因为模块是自底向上进行组装的，对于一个给定层次的模块，它的子模块（包括子模块的所有下属模块）事前已经完成组装并经过测试，所以不再需要编制桩模块（一种能模拟真实模块，给待测模块提供调用接口或

数据的测试用软件模块)。选择这种集成方式,管理方便,测试人员能较好地锁定软件故障所在位置。其中:

软件集成顺序采用:自底向上,先子系统,再顶系统。

子系统集成顺序上,功能集成采用先查找、后增加、删除、修改;模块集成采用先入库出库模块,后盘点和管理员界面。

集成测试中的主要步骤如表 4-1 所示。

(1) 制订集成测试计划。

(2) 设计集成测试。

(3) 实施集成测试。

(4) 执行集成测试。

(5) 评估集成测试。

表 4-1 集成测试主要步骤

| 活 动 | 输 入 | 输 出 | 职 责 |
| --- | --- | --- | --- |
| 制订集成测试计划 | 设计模型<br>集成构建计划 | 集成测试计划 | 制订测试计划 |
| 设计集成测试 | 集成测试计划<br>设计模型 | 基础测试用例<br>测试过程 | 集成测试用例测试过程 |
| 实施集成测试 | 集成测试用例<br>测试过程<br>工作版本 | 测试脚本<br>测试过程<br>测试驱动(自底向上) | 编制测试代码更新测试过程<br>编制驱动或桩模块 |
| 执行集成测试 | 测试脚本<br>工作版本 | 测试结果 | 测试并记录结果 |
| 评估集成测试 | 集成测试计划<br>测试结果 | 测试评估摘要 | 会同开发人员评估测试结果,得出测试报告 |

其中,集成元素包括子系统集成、功能集成、数据集成、函数集成等。

1) 子系统集成

入库模块:商品入库是仓储业务的第一阶段,商品入库管理包括商品接运、商品验收和建立商品档案三方面。

出库模块:商品出库业务,是仓库组织商品出库一系列工作的总称。

盘存模块:盘点就是定期或不定期地对店内的商品进行全部或部分的清点。

2) 功能集成

有关增加、删除、修改、查询各个数据的操作。

3) 数据集成

数据传递是否正确,对于传入值的控制范围是否一致,等等。

4) 函数集成

函数是否调用正常。

各个元素的关系如图 4-7 所示。

**5. 测试设计与执行**

在本项目中,集成测试主要涉及以下几个过程。

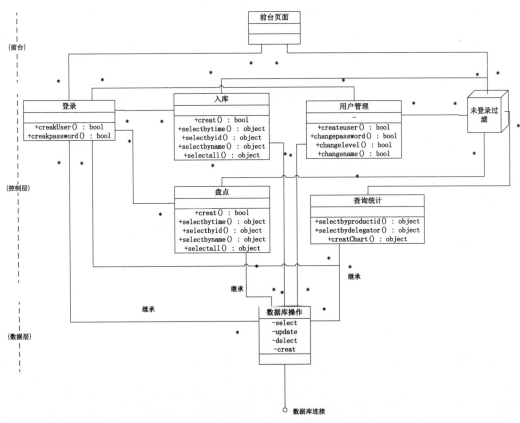

图 4-7 集成测试集成元素关系

1)设计集成测试用例

(1)采用自底向上集成测试的步骤,按照概要设计规格说明,明确有哪些被测模块。在熟悉被测模块性质的基础上对被测模块进行分层,在同一层次上的测试可以并行进行,然后排出测试活动的先后关系,制订测试进度计划。

(2)在步骤(1)的基础上,按时间线序关系,将软件单元集成为模块,并测试在集成过程中出现的问题。这里可能需要测试人员开发一些驱动模块来驱动集成活动中形成的被测模块。对于比较大的模块,可以先将其中的某几个软件单元集成为子模块,然后集成为一个较大的模块。

(3)将各软件模块集成为子系统(或分系统)。检测各自子系统是否能正常工作。同样,可能需要测试人员开发少量的驱动模块来驱动被测子系统。

(4)将各子系统集成为最终用户系统,测试各分系统能否在最终用户系统中正常工作。

2)实施测试

(1)测试人员按照测试用例逐项进行测试活动,并且将测试结果填写在测试报告(测试报告必须覆盖所有测试用例)上。

(2)如果在测试过程中发现 Bug,将 Bug 填写在 BugFree 上(Bug 状态为 NEW)发给集成部经理。

(3)对应责任人接到 BugFree 发过来的 Bug(Bug 状态为 ASSIGNED)。

(4)对于明显的并且可以立刻解决的 Bug,将 Bug 发给开发人员;对于不是 Bug 的提交,集成部经理通知测试设计人员和测试人员,对相应文档进行修改(Bug 状态为 RESOLVED,决定设置为 INVALID);对于目前无法修改的,将这个 Bug 放到下一轮次进行修改(Bug 状态为 RESOLVED,决定设置为 REMIND)。

3) 问题反馈与跟踪

(1) 开发人员接到发过来的 Bug 立刻修改(Bug 状态为 RESOLVED,决定设置为 FIXED)。

(2) 测试人员接到 BugFree 发过来的错误更改信息,应该逐项复测,填写新的测试报告(测试报告必须覆盖上一次中所有 REOPENED 的测试用例)。

4) 回归测试

(1) 重新测试修复 Bug 后的系统。重复 3),直到回归测试结果达到系统验收标准。

(2) 如果复测有问题返回第 2)步(Bug 状态为 REOPENED),否则关闭这项 Bug(Bug 状态为 CLOSED)。

5) 测试总结报告

完成以上 4 步后,综合相关资料生成测试报告。

整个集成的过程如图 4-8 所示。

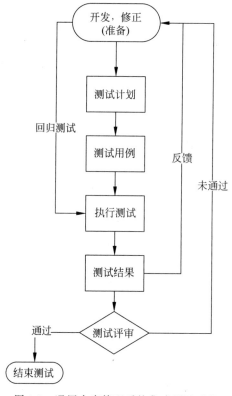

图 4-8 通用仓库管理系统集成测试过程

**6. 集成测试总结**

记录问题:利用 BugFree 平台记录 Bug,并指定相关责任人。更进一步,把 BugFree 和需求设计文档、开发文档、测试文档、测试用例等联系起来,做成一个软件研发工具套件,即可通过一个 Bug 方便找到对应的文档、代码、测试用例等。

解决问题:小组会议以及开发人员协调负责人,协调测试开发之间的工作。
测试结束后,形成测试报告。

## 4.3 系统测试

传统的系统测试是指将通过集成测试的软件系统与计算机硬件、外部设备、支撑软件等其他系统元素组合在一起进行的测试。其主要目的是验证软件系统是否符合需求规范,包括功能和非功能的要求。

### 4.3.1 系统测试简介

系统测试的对象不仅包括软件本身,还包括各种技术文档、管理文档、用户的文档、硬件、外设、某些支持软件等。

系统测试的范围涵盖多方面,包括功能测试、性能测试、压力测试、容量测试、安全性测试、图形用户界面测试、可用性测试、安装测试、配置测试、异常测试、备份测试、健壮性测试、文档测试、在线帮助测试、网络测试以及稳定性测试。

在进行系统测试之前,应该做好如下准备工作。
- 收集各种软件说明书,作为系统测试的参考材料。
- 仔细阅读软件测试计划,最好制订单独的系统测试计划,作为系统测试的指导。
- 收集已编好的测试用例,如果没有现成的系统测试用例,则需要编写测试用例。

在编写测试用例时,应从软件规格和各种文档中获取以下信息。
- 对系统各种功能的描述。
- 系统要求的数据处理和传输效率。
- 系统性能的要求。
- 兼容性的要求。
- 备份和修复的要求。
- 配置的要求。
- 安全方面的要求等。

由于系统测试的主要目标是树立软件系统将通过验收测试的信心,因此测试环境应尽可能接近真实环境,包括硬件、网络配置以及测试数据。

系统测试的目标在于:
- 确保系统测试是按计划进行的,以保持项目的进度和质量。
- 验证软件产品是否与系统需求规格一致,是否满足了用户的需求。
- 建立完善的系统测试缺陷记录跟踪库。
- 确保软件系统测试活动和结果能够及时通知相关小组和个人,以便采取必要的措施。

在遵守以下原则的基础上进行系统测试。
- 测试机构要独立,以确保独立性和客观性。
- 精心设计测试计划,应包含各种类型的测试,如负载测试、压力测试、用户界面测试、可用性测试、逆向测试、安装测试和验收测试,以确保全面覆盖。

- 进行回归测试,以确保已修复的问题不会重新出现,且新功能不会破坏现有功能。
- 遵从经济性原则,系统测试应在资源和时间的限制下进行,以确保测试成本在可接受范围内,并在满足质量标准的前提下尽可能提高效率。

### 4.3.2 系统测试的内容

系统测试的测试范围包括功能测试、性能测试、安装测试、压力测试、容量测试、安全性测试、健壮性测试、可用性测试、用户界面测试、文档测试等。其中,功能测试、性能测试、安装测试、可用性测试等在一般情况下是必需的,而其他的测试类型需要根据软件项目的具体要求进行裁减。

**1. 功能测试**

功能测试是系统测试中最基本的测试类型,其重点在于验证软件的功能是否符合需求规格,而不考虑软件内部的实现细节。功能测试的目标是确认软件的各项功能是否正确、完整,并且满足用户需求。主要检验以下几方面。

- 功能完整性,检查软件是否实现了所有明确规定的功能,避免遗漏。
- 功能是否满足用户需求以及潜在的隐藏需求。
- 能否正确地接收输入,并给出正确结果。

为了成功执行功能测试,测试设计者需要深入了解产品规格、需求文档以及产品的业务功能。他们还必须掌握测试用例设计方法,以有效地创建测试方案和测试用例,以高效地执行测试任务。

在进行功能测试时的步骤有以下几个。

(1) 对需求规格说明书进行分析,包括明确规定的功能需求、可能存在的隐含功能需求以及可能出现的功能异常。

(2) 将需求进行分类,分为关键需求功能和非关键需求功能,以确保核心功能的正确性。

(3) 分析功能进行测试,确定测试的可行性、方法、输入数据和可能输出等。

(4) 制订详细的测试用例,可以将其脚本化或自动化以提高测试效率。

常用的功能测试用例设计方法有:

- 规范导出法。
- 等价类划分法。
- 边界值分析法。
- 因果图。
- 判定表。
- 正交实验设计。
- 基于风险的测试。
- 错误猜测法。

**2. 性能测试**

性能测试对于实时系统和嵌入式系统至关重要。虽然系统可能满足功能需求,但如果性能不佳,如加载时间过长,用户体验将受到影响。性能测试的主要目的是评估软件系统在实际运行环境中的性能表现,发现性能瓶颈,并通过优化来改进系统性能。

性能测试的目的与重要性包括以下几方面。
- 评估系统的能力：确定系统的负载容量和响应时间，以验证系统能力并做出决策。
- 识别体系中的弱点：通过逐渐增加负载，发现潜在的性能瓶颈和薄弱点，为改进提供依据。
- 系统调优：通过重复测试和性能调整，验证性能改进效果。
- 检测软件中的问题：长时间运行的性能测试可揭示软件中的问题，如内存泄漏，提前发现并解决。
- 验证稳定性和可靠性：在生产负载下执行一定时间的测试，用于评估系统稳定性和可靠性。

性能测试通常需要依赖专门的工具来支持，有时还需要自定义接口工具以满足特定需求。商业性能测试工具在 GUI 和 Web 方面提供了广泛的支持，其中包括内存分析工具、指令分析工具等。这些工具能够提供系统性能的相关指标，主要包括系统资源使用率（如 CPU 和内存）和系统行为表现（如响应时间和数据吞吐量）。

收集系统资源使用情况和系统行为表现可以采用两种方式。一是在运行环境中使用性能监视器的方法，在固定时间间隔内收集系统状态信息；二是采用探针的方法，即在系统代码中插入许多程序指令，通过这些指令记录系统状态，并最终整理数据报告。

性能测试的通用步骤如下。

(1) 确定性能测试需求：明确测试范围和性能指标，确保测试目标清晰。

(2) 学习相关技术和工具：性能测试工具的选择应该基于项目的特点和软件架构，因此需要对不同工具进行评估。培训团队成员掌握相关技能。

(3) 设计测试用例：设计包含多个测试要素的测试用例，覆盖多个测试方面，并可由性能测试工具执行。

(4) 运行测试用例：在不同环境和配置下运行测试用例，确保结果准确性。

(5) 分析测试结果：运行测试用例后，收集数据并进行统计分析，找出性能瓶颈。

### 3. 安装测试

安装测试是验证软件在各种条件下（包括正常和异常情况）的正确安装，并确保安装过程不会导致数据或功能丢失。安装测试包括首次安装、升级、完整安装、自定义安装和卸载等多种活动。测试对象包括安装程序代码和安装手册，前者用于创建软件的基础运行环境，后者提供详细的安装指南。

安装测试的主要目标是验证软件的安装过程，确保以下几方面的正常运行。
- 安装程序的正确性和可靠性。
- 安装过程的准确性。
- 软件在安装完成后能正确运行。
- 完整性安装后软件的正确性。
- 软件能正确卸载。
- 软件卸载后系统能复原。

安装测试可分为客户端软件安装测试和基于软件服务模式的安装测试。对于服务模式，安装是在浏览器中完成的，无须下载客户端软件包。此类测试涉及操作系统、浏览器和其他设置等方面。

安装测试的核心目标是验证软件安装的容错性、灵活性和易用性等。

容错性即指安装过程中是否出现不可预见或不可修复的错误,以及系统对此的应对机制。

灵活性即验证软件提供的多种安装模式和操作流程的简便性,包括是否支持回溯、中途退出、更改安装目录等。

易用性即安装过程是否简单直观,系统是否能够自动识别硬件并完成复杂步骤,以及是否提供了友好的提示信息。

**4. 可用性测试**

ISO 9241-11:2018 将可用性定义为"在特定环境下,产品为特定用户用于特定目的时所具有的有效性、效率和主观满意度"。其中,有效性是指任务完成的正确和完整程度;效率是用户完成任务的正确和完成程度与所用资源(如时间)之间的比例;主观满意度则是用户对产品使用体验的主观感受和接受程度。

所谓可用性测试,即是对软件"可用性"进行测试,检验其是否达到可用性标准。可用性测试方法多种多样,包括专家测试和用户测试。也可根据测试所处的软件开发阶段分为形成性测试和总结性测试。形成性测试在软件开发或改进过程中邀请用户测试产品或原型,以收集数据并改进产品或设计;总结性测试的目标是在多个版本或产品之间进行横向比较,输出测试数据。

用户测试法,通过让真实用户使用软件系统,观察、记录和测量他们的交互过程。用户测试可分为实验室测试和现场测试。实验室测试在专门的可用性测试实验室中进行,而现场测试则涉及可用性测试人员前往用户实际使用环境进行观察和测试。

在用户测试后,评估人员收集和汇总测试数据,包括任务完成时间统计信息、用户成功完成任务的百分比以及用户的主观反馈。这些数据随后被分析,根据问题的严重性和紧急性排序,并编写最终的测试报告。开发人员根据测试结果进行修改,然后重新测试,直到达到可用性标准。

用户测试法的流程如图 4-9 所示。

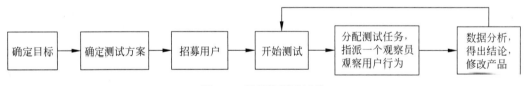

图 4-9　可用性测试过程

在软件开发过程中,开发人员应重点关注可用性问题,以尽量在可用性测试之前避免可能导致用户体验下降的问题。这些问题包括过度复杂的功能或指令、烦琐的安装过程、简单的错误信息、难以理解的语法、非标准的图形用户界面接口、过多需要用户记忆的内容、复杂的登录流程、不足或不明确的帮助文本等。

**5. 压力测试**

压力测试的核心思想是以持续或大负荷运行的方式来评估系统的性能、可靠性和稳定性等特征,而不是在正常操作条件下进行测试。其目的在于发现应用程序性能何时会达到不可接受的水平。

要执行有效的压力测试,需要遵循一些基本原则,以确保在测试过程中不会忽略极端情况。

1) 重复

压力测试的最基本原则是持续重复执行特定操作或功能。验证系统在每次执行时的正常运行,特别是在重复使用某些功能时。

2) 并发

并发是同时执行多个操作的行为,即在同一时间执行多个测试。例如,在对 Web 服务进行压力测试时,需要模拟多个客户端同时访问服务器。因为 Web 服务通常会涉及多个线程间的共享数据,一个线程对这些数据的操作可能会影响到其他线程,这是在功能测试的时候无法发现的问题,并发压力测试可以帮助揭示这些隐藏的错误。

3) 量级

压力测试的另一个重要原则就是要给每个操作增加超常规的负载量。这意味着在操作过程中要尽量增加系统的负担,增加操作的数据量级。单纯重复执行高强度的操作可能无法发现代码错误,但结合并发性和数据量级等其他压力测试方法可以增加错误发现的机会。例如,对于一个 Web 服务允许客户端输入消息的操作,测试人员可以模拟客户端发送超长消息,从而增加操作的数据量级。这个量级通常是特定于应用程序的,但可以通过查找可由用户更改的参数值来确定。例如,数据的大小、延迟的长度、输入速度以及输入的变化等。

4) 随机

压力测试应该具有一定程度的随机性。例如,随机组合前面三种压力测试原则,然后创建出多种测试场景,从而在每次测试运行时探索多个不同的代码路径来进行压力测试。随着测试原则的组合越多,测试运行时间会相应延长,但也会增加发现错误的机会。

压力测试的重要性不可忽视,因为它有助于揭示应用程序在极端情况下的表现,并帮助设计各种极端测试用例。压力测试的重要性体现在以下三方面。

1) 测试应用程序的可靠性

压力测试旨在评估整个应用程序在巨大工作负荷下是否能够可靠执行操作。这包括对单独组件的压力测试,以及整个应用程序及其支持服务的集中压力测试。目标是确保应用程序在可接受的性能范围内能够承受最大负荷,确保其可靠性。

2) 测试应用程序的并发性能

压力测试需要准确估计实际的并发访问量,以确保系统在负载远远超出事先预测的情况下不会崩溃。各种因素可能导致系统崩溃,包括处理能力、存储速度、响应时间、网络带宽等。压力测试的目标是找出软件程序的性能瓶颈,确保应用程序能够应对异常负荷情况,从而维持稳定的性能。

3) 测试应用程序的最大负载能力

压力测试还包括确定应用程序支持的最大客户端数。通过多次运行测试并对运行用户数和错误用户数进行比较,可以确定应用程序能够支持的最大负载访问用户数。最大负载压力测试用于评估应用程序在超过最大负载情况下的性能表现,以帮助发现潜在的问题,如内存泄漏。最大负载能力不仅是技术指标,还是客户验收软件的关键标准之一。

高效的压力测试应遵循以下这几个步骤。

1) 确定测试目标

定义明确的可量化测试目标。例如,确定在系统负载为峰值的 1.5~2 倍时,系统的性能应达到何种水平。最好邀请客户和设计人员参与,确保目标准确。

2）制订压力测试计划

制订详细的测试计划,包括确定测试资源、制订测试进度表和选择适当的测试工具。

3）编写测试用例和设置测试数据

编写全面的测试用例,覆盖最大负荷情况下的测试内容。采用数据驱动方式进行测试,并对测试数据进行参数化。尽量保证测试环境与真实环境接近。

4）结果分析及测试报告

完成压力测试后,整理测试数据和日志,记录在测试报告中。如果测试失败,分析失败原因,如果是软件系统的问题,将问题反馈给开发团队。优化软件程序,再次运行测试,直到满足预期要求或已无法改善。

性能测试和压力测试经常被混淆,但它们有不同的测试目的。

软件性能测试是评估系统在正常负载下的性能指标,以确定系统是否满足基本性能要求。例如,检查一个网站在100人同时在线的情况下的性能指标,每个用户是否都还可以正常地完成操作等。

软件压力测试是评估系统在异常负载下的性能,以找出性能瓶颈和隐藏缺陷。异常情况主要指那些峰值、极限值、大量数据的长时间处理等。例如,某个网站的用户峰值为500,则检查用户数为750~1000时系统的性能指标。

**6. 容量测试**

在进行压力测试时,达到可接受性能水平的极限负载,部分地满足了容量测试的目标。容量测试的主要目的是确定系统在特定条件下能够处理的最大负载或工作量,通常通过测试特定指标的极限值(如最大并发用户数、数据库记录数等)来实现。容量测试的成功标志在于,系统在达到或超过指定的极限条件时不会出现任何软件故障,且主要功能仍能正常运行。举例来说,容量测试可能涉及向系统中添加大量数据,如数十万甚至数百万条数据,以验证系统在这种极端负载下是否能够在用户可接受的时间内执行数据检索操作。容量测试的关键在于确定何时系统的性能达到不可接受的程度。

需要注意的是,容量测试不应简单地为每个指标定义固定的极限值,因为不同情况下系统的性能表现可能会有显著差异。例如,一个网络课堂系统,在一个课堂100人在线和50个课堂每个课堂2人在线的情况下性能表现可能相差很大,尽管总在线人数都是100人。因此,容量测试需要根据具体情况提供相应的容量数据。

软件容量测试有助于软件开发商或用户了解该软件系统的负载承载能力或提供服务的能力。例如,对于某个电子商务网站,容量测试可以帮助确定系统能够同时处理多少在线交易或结算用户。如果测试表明系统的容量不足以满足设计要求,开发者应该寻求新的技术解决方案以提高系统的容量。如果暂时没有解决方案,应该与客户进行透明沟通,以避免潜在的纠纷,并尽早扩大系统的容量。准确的负载预测有助于提高对软件系统在实际使用中性能表现的信心,并帮助用户经济高效地规划和优化应用系统的部署。

**7. 安全性测试**

在计算机系统中,任何涉及敏感信息或可能对个人造成不正当伤害的系统都有可能成为攻击目标。攻击者的范围广泛,包括那些出于技术练习而试图入侵的黑客、内部员工出于报复而试图破坏系统的,以及试图获取非法利益的非法个人甚至组织。

因此,确保IT软件产品的安全性是至关重要的。安全性测试是在IT软件产品的生命周期中进行的,特别是在产品开发基本完成并准备发布之前,用于验证产品是否符合安全需求和产品质量标准的过程。

安全性测试的目的包括:
- 提升 IT 产品的安全质量。
- 尽量在发布前找到安全问题并予以修补,降低成本。
- 评估和度量系统的安全性。
- 验证安装在系统内的保护机制能否在实际应用中对系统进行保护,使之不被非法入侵,不受各种因素的干扰。

在安全性测试中,测试人员通常扮演系统攻击者的角色,尝试各种方案入侵系统,例如:
- 试图获取系统超级密码。
- 使用可能破坏系统防护机制的软件。
- 尝试劫持系统,使别人无法使用。
- 有目的地引发系统错误,使系统崩溃,并从错误的信息以及恢复过程中侵入系统等。

理论上,只要攻击者拥有足够的时间和资源,他们总是有可能找到一种方式侵入系统。因此,系统设计的目标不是试图在理论上杜绝一切攻击,这几乎是不可能的,除非系统不被使用。而是要确保攻击者入侵系统的代价远高于他们可能获取的信息价值。

下面是一些安全性测试中常常要考虑的问题。
- 控制特性是否正常工作。
- 无效或不可能的参数或指令是否被有效检测并被适当处理,如针对注入攻击等。
- 错误和文件访问是否被适当地记录。
- 不正常的登录以及权限高的登录是否被详细记录,常用来追踪入侵者。
- 影响比较严重的操作是否被有效记录,如系统权限调整、增删文件等。
- 是否有变更安全性表格的过程。
- 系统配置数据是否正确保存,系统故障发生后是否可以恢复。
- 系统配置能否正常导入和导出到备份设备上。
- 系统关键数据是否被加密存储。
- 系统口令是否能够有效抵抗攻击,如字典攻击等。
- 有效的口令是否被无误接受,失效口令是否被及时拒绝。
- 多次无效口令后,系统是否有适当反应,这对于抵抗暴力攻击非常有效。
- 系统的各用户组是否维持了最小权限。
- 权限划分是否合理,各种权限是否正常。
- 用户的生命期是否有限制,被限制后用户能够恶意突破限制。
- 低级用户是否可以使用高级别用户的命令。
- 用户是否会自动超时退出,以及退出之后用户数据是否被及时保存。
- 防火墙安全策略是否有效,端口设置是否合理。

除了以上内容,安全性测试中还需要考虑测试机制的性能和安全机制本身的性能。这包括:
- 有效性。安全性控制通常要求比系统的其他部分更高的有效性。
- 生存性。系统应能够抵御错误和灾难,包括在错误期间支持紧急操作模式、备份操作和从错误中恢复。
- 精确性。安全性控制精确性，包括错误的数量、频率和严重性。
- 反应时间。反应时间过慢将会导致用户绕过安全机制，或者给用户的使用带来不便。
- 吞吐量。安全性控制是否支持所需的吞吐量，包含用户和服务请求的峰值和平均值。

安全性测试的用例设计方法有：
- 规范导出法。
- 边界值分析。
- 错误猜测法。
- 基于风险的测试。
- 故障插入技术。

### 8. 健壮性测试

健壮性是指在出现故障的情况下，软件依然能够正常运行的能力。健壮性的概念包括两个重要层面：容错能力和恢复能力，通常包含容错性测试和恢复性测试两部分。

容错性测试主要通过引入异常数据或执行异常操作来检验系统的防护机制。当系统具备良好的容错性时，系统会妥善处理异常情况，提供提示或者在不导致系统崩溃的情况下处理异常。

异常数据举例如下。
- 输入错误的不符合规定的数据类型，如在日期字段中输入"猴"年"马"月。
- 输入定义域之外的数值，如"12时68分"。

异常操作可以使用一些"粗暴"的方法，俗称"大猩猩"测试法。除了不能拳打脚踢嘴咬外，什么招数都可以使出来。例如，在测试客户机/服务器模式的软件时，把网线拔掉，造成通信异常中断。

容错性测试的完成标志是在测试过程中未发现系统出现不可预见的故障。如果发现系统存在某些无法预测的故障，开发人员需要对系统进行改进，以提高其容错性。

这里需要注意的是，提高系统的容错性不仅需要在代码编写阶段考虑各种异常情况并进行相应处理，还可以通过故障转移来隐藏系统故障。例如，当主服务器出现网络断连时，备用服务器可以立即接管，用户无须感知主服务器故障。

恢复测试是通过有意制造系统故障来验证系统的恢复能力，包括数据是否能够完整恢复，以及系统和数据是否能够尽快恢复正常状态。

恢复测试包括以下几种情况。

1) 硬件故障

测试系统对硬件故障的检测和恢复机制，以及系统是否具备冗余和自动切换能力。

2) 软件故障

测试系统的程序和数据备份及恢复机制，确保系统能记录故障前后状态的变化，提供及时完整的提示信息，以及能够在故障发生后自动或人工快速恢复正常。

3) 数据故障

测试数据处理未完成时发生故障后，系统能否对当前数据处理流程进行正确处置，防止被部分处理的脏数据污染整个数据环境。

4）通信故障

测试系统能否从通信故障中恢复，是否有备份系统可替代通信故障的系统，对通信故障采取的措施是否最优等。

需要强调的是，系统的健壮性应该在设计阶段就予以考虑，因为在后期修改由健壮性测试发现的问题成本很高。设计师在系统设计时必须精心考虑各种异常情况的处理。实际上，许多开发项目由于时间、资源等限制，容易忽视健壮性方面的功能，这是软件危机的一个主要原因之一。因此，系统的健壮性是一个优秀系统的必备特质，能够提高用户的满意度并增加市场竞争力。

**9．用户界面测试**

图形化用户接口（Graphic User Interface，GUI）已经越来越成为人们首选的人机交互界面。虽然命令行界面具有非常高的效率和便捷性，但相对于命令行界面，GUI降低了使用难度以及用户的知识储备要求。因此，GUI的质量直接关系用户在使用软件时的体验、效率以及对系统的整体印象。通过严格的GUI测试，软件可以更好地满足用户需求。

GUI测试包含两方面内容：一是验证界面实现与界面设计是否吻合；二是检查界面功能是否正常。GUI测试相对功能测试来说要困难一些，主要有以下原因。

- GUI的接口组合可能庞大而复杂。不同的GUI活动序列可能导致系统处于不同状态，因此测试结果会受活动序列的影响。有时，在某个测试序列下功能正常，但在不同序列下可能出现异常。因此，完全覆盖系统的状态集通常非常具有挑战性。
- GUI具有事件驱动特性。由于用户可以点击屏幕的任何位置，会产生大量用户输入，模拟这些输入通常相对复杂。
- GUI测试的覆盖率理论上不如传统的结构化覆盖率成熟，难以设计出功能强大的自动化工具。
- 界面美学具有很大的主观性。元素的大小、位置、颜色等具有主观成分，不同的人可能有不同的审美标准，因此难以建立统一的标准。
- 糟糕的界面设计会导致界面与功能混合在一起，修改界面可能导致更多错误，增加测试的难度和工作量。

为了更好地进行GUI测试，一般将界面与功能分离设计，如分成界面层、界面与功能接口层、功能层。这样GUI的测试重点就可以放在前两层上。

GUI测试通常遵循"尽早测试"原则，通常在原型开发后即开始GUI测试。测试人员会模拟各种操作和操作序列，扮演用户的角色。由于测试工作相对枯燥，可以使用一些自动化测试工具Selenium、WinRunner、Visual Studio unittest等。自动化GUI测试的基本原理是录制和回放脚本。

设计GUI测试用例时，通常按以下步骤进行。

（1）划分界面元素，并根据界面复杂性进行分层。

一般将界面元素分成三层：第一层为界面原子，即界面上不可再分割的单元，如按钮、图标等；第二层为界面元素的组合，如工具栏、表格等；第三层为完整窗口。

（2）在不同的界面层次确定不同的测试策略。

对界面原子层，主要考虑该界面原子的显示属性、触发机制、功能行为、可能状态集等内容。

对界面元素组合层,主要考虑界面原子的组合顺序、排列组合、整体外观、组合后的功能行为等。

对完整窗口,主要考虑窗口的整体外观、窗口元素排列组合、窗口属性值、窗口的可能操作路径等。

(3) 进行测试数据分析,提取测试用例。

对于元素外观,可以从以下角度获取测试数据。

- 界面元素大小。
- 界面元素形状。
- 界面元素色彩、对比度、明亮度。
- 界面元素包含的文字属性(如字体、排序方式、大小等)。

对于界面元素的布局,可以从以下角度获取测试数据。

- 元素位置。
- 元素对齐方式。
- 元素间间隔。
- Tab 顺序。
- 元素间色彩搭配。

对于界面元素的行为,可以从以下角度获取测试数据。

- 回显功能。
- 输入限制和输入检查。
- 输入提醒。
- 联机帮助。
- 默认值。
- 激活或取消激活。
- 焦点状态。
- 功能键或快捷键。
- 操作路径。
- 撤销操作。

(4) 使用自动化测试工具进行脚本化工作。

GUI 测试的用例设计方法有:

- 规范导出。
- 等价类划分。
- 边界值分析。
- 因果图。
- 判定表。
- 错误猜测法。

**10. 文档测试**

软件产品由程序、数据和文档三部分组成,其中,文档在软件中起着重要作用。因此,在软件测试过程中,文档测试也占据必要的地位。

文档的种类包括开发文档、管理文档、用户文档。

(1) 开发文档：包括程序开发过程中的各种文档，例如，需求说明书和设计说明书等。

(2) 管理文档：包括工作计划或工作报告，这些文档是为了使管理人员及整个软件开发项目组了解软件开发项目安排、进度、资源使用和成果等。

(3) 用户文档：是为了使用户了解软件的使用、操作和对软件进行维护，软件开发人员为用户提供的详细资料。

在这三类文档中，一般最主要测试的是用户文档，因为用户文档中的错误可能会误导用户对软件的使用，而且如果用户在使用软件时遇到的问题没有通过用户文档中的解决方案得到解决，用户将因此对软件质量产生不信赖感，甚至厌恶使用该软件，这对软件的宣传和推广是很不利的。

用户文档包括多种形式。

(1) 用户手册。

用户手册通常是随软件发布的印刷文档，提供了入门指南和基本操作说明。

(2) 联机帮助文档。

联机帮助文档可在软件内部访问，具备搜索和索引功能，用户可以方便地查找所需信息。这种文档类型已成为现代软件的标配。

(3) 指南和向导。

指南和向导可能是印刷文档，也可能是内嵌在软件中的引导程序。它们的目的是逐步引导用户完成特定任务，如程序安装向导。

(4) 示例及模板。

例如，某些系统提供给用户填写的表单模板。

(5) 错误提示信息。

这类信息常常被忽略，但的确属于文档。一个较特殊的例子是，服务器系统运行时检测到系统资源达到临界值或受到攻击时，给管理员发送的警告邮件。

(6) 用于演示的图像和声音。

(7) 授权/注册登记表及用户许可协议。

(8) 软件的包装、广告宣传材料。

### 4.3.3 系统测试相关案例

本节以某酒店管理系统的系统测试总结报告为例，介绍软件项目的系统测试活动是如何组织安排的。

**1. 测试目的**

进行系统测试主要有以下几个目的。

- 通过对测试结果的分析，得到对软件质量的评价。
- 分析测试的过程、产品、资源、信息，为以后制订测试计划提供参考。
- 评估测试执行和测试计划是否符合。
- 分析系统存在的缺陷，为修复和预防 Bug 提供建议。

**2. 术语定义**

出现以下缺陷，测试定义为严重 Bug。

- 系统无响应，处于死机状态，需要其他人工修复系统才可复原。
- 单击某个菜单后出现"页面无法显示"或者返回异常错误。
- 进行某个操作（增加、修改、删除等）后，出现"页面无法显示"或者返回异常错误。
- 当对必填字段进行校验时，未输入必输字段，出现"页面无法显示"或者返回异常错误。
- 系统定义不能重复的字段输入重复数据后，出现"页面无法显示"或者返回异常错误。

**3. 测试概要**

该软件系统测试共持续 35 天，测试功能点 174 个，执行 2385 个测试用例，平均每个功能点执行测试用例 13.7 个，测试共发现 432 个 Bug，其中严重级别的 Bug 68 个，无效 Bug 44 个，平均每个测试功能点 2.2 个 Bug。

本软件总共发布 11 个测试版本，其中，B1～B5 为计划内迭代开发版本（针对项目计划的基线标识），B6～B11 为回归测试版本。计划内测试版本中，B1～B4 测试进度依照项目计划时间准时完成测试并提交报告，其中，B4 版本推迟一天发布版本，测试时通过增加一个人日准时完成。B5 版本推迟发布两天，测试时增加两个人日准时完成。

B6～B11 为计划外回归测试版本，测试时增加 5 个工作人日的资源准时完成。

本软件测试通过 Bugzilla 缺陷管理工具进行缺陷跟踪管理，B1～B4 测试阶段都有详细的 Bug 分析表和阶段测试报告。

1) 功能性测试用例
- 系统实现的主要功能，包括查询、添加、修改、删除。
- 系统实现的次要功能，包括为用户分配酒店、为用户分配权限、渠道酒店绑定、渠道 RATE 绑定、权限控制菜单按钮。
- 需求规定的输入输出字段，以及需求规定的输入限制。

2) 易用性测试用例
- 操作按钮提示信息正确性、一致性、可理解性。
- 限制条件提示信息正确性、一致性、可理解性。
- 必填项标识。
- 输入方式可理解性。
- 中文界面下数据语言与界面语言的一致性。

**4. 测试环境**

本次系统测试的软硬件环境如表 4-2 所示。

表 4-2 系统测试软硬件环境配置

| 硬件环境 | 应用服务器 | 数据库服务器 | 客 户 端 |
| --- | --- | --- | --- |
| 硬件配置 | CPU：Intel(R) Celeron(R) CPU 2.40GHz<br>Memory：1GB | CPU：Intel(R) Celeron(R) CPU 2.40GHz<br>Memory：1GB | CPU：Intel(R) Celeron(R) CPU 2.40GHz<br>Memory：4GB |
| 软件配置 | OS：CentOS 7<br>JDK 8<br>Apache 2.4.3.3<br>Tomcat 5.5.15 | OS：CentOS 7<br>MySQL 5.0.17 Linux | Window 10 1809<br>Chrome 100.0.4896.75 |
| 网络环境 | 10Mb/s LAN | 10Mb/s LAN | 10Mb/s LAN |

本次系统测试的网络拓扑环境如图 4-10 所示。

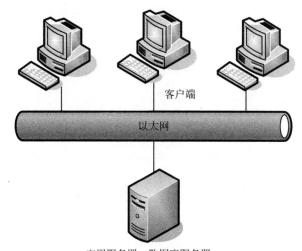

图 4-10　系统测试网络环境配置

**5. 测试结果**

1）Bug 趋势图

此次系统测试总共发布 11 个版本，B1～B5 为计划内迭代开发版本，B6～B11 为回归测试版本，Bug 版本趋势图如图 4-11 所示。

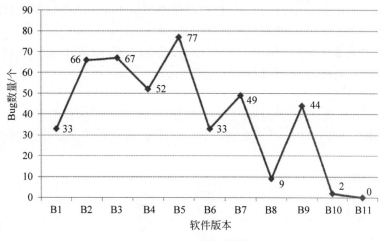

图 4-11　Bug 版本趋势图

（1）第一阶段，增量确认测试。

从 Bug 趋势图中可以看出，B1～B5 版本的 Bug 数的平均值在 60 个左右。

B1：从图中看到 B1 共有 33 个 Bug，因为 B1 版本有一个功能模块在 B2 版本才开始测试，B1 测试模块相对较少，所以 B1 版本 Bug 相对较少。

B2：由于 B1 中的一个功能模块增加到 B2 中进行测试，这一版本除了对 B1 中的 Bug 进行验证，同时对 B1 进行了回归测试，所以 B2 中的 Bug 数相对 B1 出现了明显的增长趋势。

B3：B3 版本因为有 B2 版本的 Bug 验收测试，以及 B1、B2 的回归测试，共发现 67 个

Bug,和 B2 基本保持一致。

B4:B4 版本的 Bug 数有一个下降的趋势,是因为 B4 版本推迟发布,新增加了测试人员参与测试,对系统不够熟悉,以及测试时间紧张,部分测试用例没有执行,测试覆盖度不够,所以发现 Bug 数呈下降趋势。

B5:B5 版本的 Bug 数又有一个增加的趋势,主要是由于开发功能模块多,该版本需求定义不明确。

(2) 第二阶段,Bug 验证和功能回归确认测试。

B6 和 B7 进行了回归测试,B8 没有进行回归测试,只验证了 B1~B7 的 Bug。

B6:进行第一轮回归测试,发现的 Bug 数为 33 个,遗留一个问题,为数据字典种类默认值问题。

B7:进行第二轮回归测试,第一次回归测试没有涉及权限控制菜单按钮的测试,在本次回归测试的时候,重点进行了这方面的测试,又发现了大量的权限相关的 Bug。

B8:B8 没有进行全面的回归测试,只验证了 B1~B7 未通过验证的 Bug,所以该版本的 Bug 数明显比较少。

B9:B9 版本进行了全面的回归测试,同时重点测试了权限控制,所以发现的 Bug 数又呈现上升的趋势。测试发现 44 个 Bug,严重级别的 Bug 为 11 个,严重级别的 Bug 集中在权限控制上,功能性严重 Bug 没有发现,说明权限控制依旧不稳定,但是系统功能已经稳定。

B10:B10 版本验证了 B9 版本发现的 Bug,没有进行全面的回归测试。B10 版本在验证 Bug 的时候,重新打开 Bug 6 个,新增 Bug 2 个,重新打开 Bug 有 5 个为严重级别 Bug,是关于权限控制的 Bug,而新发现的 Bug,没有严重级别的 Bug。说明权限控制还存在问题,需要修改权限管理 Bug,重新发布版本后进行全面的回归测试。

B11:B11 中验证了 B1~B10 未验证的 Bug,重点测试了权限控制,同时进行了查询、添加、删除、修改的功能测试,测试过程中未发现 Bug。

2) Bug 严重程度

如图 4-12 所示,测试发现的 Bug 主要集中在"一般"和"次要"程度,属于一般性的缺陷,但是测试的时候,出现了 68 个严重级别的 Bug,出现严重级别的 Bug 主要表现在以下几个方面。

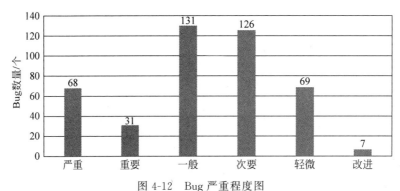

图 4-12 Bug 严重程度图

- 系统主要功能没有实现。
- 添加数据代码重复后,出现找不到页面的错误。

- 多语言处理，未考虑非语种代码的情况。
- 数据库设计未考虑系统管理员角色，导致用系统管理员进行操作的时候出现找不到页面错误。
- 权限控制异常。

严重级别 Bug 按版本分布如图 4-13 所示，可以看出，严重级别的 Bug 版本趋势和 Bug 版本趋势基本是一致的，但是，在 B7 和 B9 版本中，严重级别的 Bug 明显增多，主要原因是 B7 和 B9 版本测试了权限控制按钮功能，权限问题出现的严重级别 Bug 比较多。

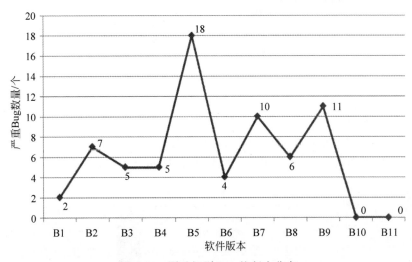

图 4-13　严重级别 Bug 按版本分布

权限 Bug 主要表现在：
- 具有相应按钮操作的权限，页面无相应按钮，无法执行该功能。
- 无相应按钮操作权限，页面有相应按钮，单击按钮能出现权限异常错误。
- 有相应按钮操作权限，有相应按钮，执行该功能出现权限异常错误。

3）Bug 引入阶段

如图 4-14 所示，此次系统测试发现的 Bug 主要为后台编码和前台编码阶段的 Bug，甚至占到了全部 Bug 的 85%。

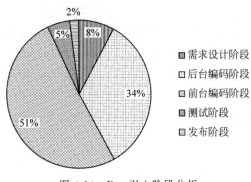

图 4-14　Bug 引入阶段分析

4) Bug 引入原因

如图 4-15 所示,此次系统测试发现的 Bug 主要源于前台编码错误、后台编码错误和易用性不符合要求,甚至接近全部 Bug 的 80%。

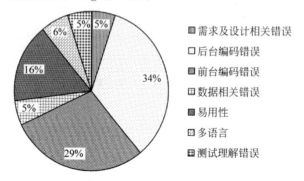

图 4-15  Bug 引入原因分析

5) Bug 状态分布

由如图 4-16 所示 Bug 状态图可以看出,未解决的 Bug 有 4 个,主要是 B8 中新提交的 Bug,是关于用户管理的 Bug,因为用户权限管理需要重新设计,所以该部分的 Bug 暂时没有解决。

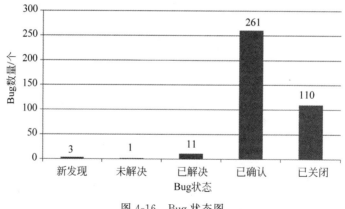

图 4-16  Bug 状态图

### 6. 测试结论

1) 功能性

系统正确实现了通过数据字典管理基础数据的功能,实现了数据内容的多语言功能,实现了中英文界面,实现了基础数据管理、酒店集团管理、酒店基础信息管理、渠道管理、代理管理、用户管理的查询、添加、修改、删除的功能,还实现了将权限控制细化到菜单按钮的功能。

系统在实现用户管理下的权限管理功能时,存在重大的缺陷,权限控制不严密,权限设计有遗漏。

2) 易用性

现有系统实现了如下易用性。
- 查询、添加、删除、修改操作相关提示信息的一致性、可理解性。
- 输入限制的正确性。

- 输入限制提示信息的正确性、可理解性、一致性。

现有系统存在如下易用性缺陷。
- 界面排版不美观。
- 输入、输出字段的可理解性差。
- 输入缺少解释性说明。
- 中英文对应的正确性。
- 中英文混排。

3）可靠性

现有系统的可靠性控制不够严密，很多控制是通过页面控制实现的，如果页面控制失效，可以向数据库插入数据，引发错误。

现有系统的容错性不高，如果系统出现错误，返回错误类型为找不到页面错误，无法恢复到出错前的状态。

4）兼容性

现有系统支持 Windows 下的 IE 浏览器和 Chrome 浏览器，支持 Linux 系统下的火狐浏览器。

现有系统未进行其他兼容性测试。

5）安全性

现有系统控制了以下安全性问题。
- 把某一个登录后的页面保存下来，不进行登录不能单独对其进行操作。
- 直接输入某一页面的 URL 打开页面并进行操作不应该允许。
- 现有系统未控制以下安全性问题。
- 用户名和密码应对大小写敏感。
- 登录错误次数限制。

## 4.4 验 收 测 试

验收测试是软件开发项目中的关键阶段，是验证新建系统产品是否能够满足用户需求，并确保软件符合合同、需求说明书以及相关标准和法规的要求。该测试由用户、测试人员、开发人员和质量保证人员共同参与，用以决定软件产品是否可以被接受。验收测试可分为前期验收和竣工验收两个阶段。

验收测试是依据软件开发商和用户之间的合同、软件需求说明书以及相关行业标准、国家标准和法律法规的要求，对软件的功能、性能、可靠性、易用性、可维护性、可移植性等特性进行严格的测试，以验证软件是否符合用户需求。

### 4.4.1 验收测试简介

验收测试是一个以用户为主导的测试过程，确定产品是否满足合同或用户规定的需求。通常，在软件系统测试完成并完成软件配置审查后，验收测试开始。此过程需要用户、测试人员、软件开发人员和质量保证人员共同参与，根据测试计划和测试结果决定是否接受软件系统。

验收测试的原则主要包括以下内容。
- 确认软件产品是否是按照用户需求开发,评估其是否能够满足用户使用要求、达到设计水平以及功能是否完整。
- 对照合同的需求进行验收测试,验证是否符合双方达成的共识。
- 在验收测试中验证软件的可靠性、可维护性、业务处理能力、容错性和故障恢复能力等特性。
- 要进入验收测试前,需满足一系列条件,如完成软件开发、需求和设计审查、代码审查、测试脚本编写和执行、问题处理流程就绪、软件通过试运行等。
- 被测的新系统应保持稳定,符合技术文档和标准的规定。
- 已制定、评审并批准验收测试完成的标准。
- 合同、附件规定的各类文档齐全。

### 4.4.2 验收测试的内容

验收测试是软件开发结束后、用户实际开始使用软件产品之前的最后一项关键质量检验活动。它的主要目的是确定开发的软件是否满足各项预期要求,以及用户是否满意。验收测试主要侧重于验证软件功能的正确性和需求符合性。相对于单元测试、集成测试和系统测试,这些测试类型的主要目的是发现和修复软件中的错误和缺陷,以确保在交付给客户之前软件的质量。验收测试需要用户或客户的积极参与,其核心目标是确认软件是否符合需求规格,确保它满足用户的实际需求和期望,具体如图 4-17 所示。

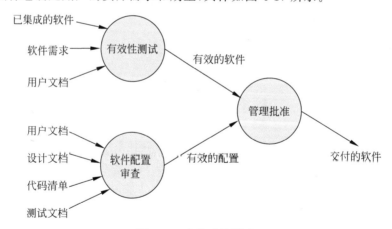

图 4-17 实施验收测试

验收测试主要包括配置复审、合法性检查、软件文档检查、软件代码测试、软件功能和性能测试与测试结果交付等内容。

**1. 配置复审**

确保软件的配置齐全、分类有序,包括维护所需的细节。

**2. 合法性检查**

检查开发中使用的工具和组件是否合法,以确保遵守相关许可和法规。

**3. 软件文档检查**

核对软件文档的完备性、正确性、简明性、可追踪性、自说明性和规范性。必须检查的文档包括项目实施计划、技术方案、需求规格说明书、设计说明书、测试计划、测试报告、用户手册、源代码等。

**4. 软件代码测试**

包括源代码的一般性检查和软件一致性检查。一般性检查关注命名规范、注释、接口、数据类型和限制性条件。一致性检查包括编译、装载、卸载和运行模块的检查。

**5. 软件功能和性能测试**

软件功能和性能测试不仅是检测软件的整体行为表现,也是对软件开发和设计的再确认。可以进行界面测试、可用性测试、功能测试、稳定性测试、性能测试、健壮性测试、逻辑性测试、破坏性测试、安全性测试等。在验收测试中,实际进行的具体测试内容和相关的测试方法应与用户协商,根据具体情况共同确定。

**6. 测试结果交付**

测试结束后,由测试组填写软件测试报告,并将测试报告与全部测试材料一并交给用户代表。具体交付方式由用户代表和测试方双方协商决定。测试报告包括以下内容。

- 软件测试计划。
- 软件测试日志。
- 软件文档检查报告。
- 软件代码测试报告。
- 软件系统测试报告。
- 测试总结报告。
- 测试人员签字登记表。

### 4.4.3 验收测试的过程

具体说来,验收测试内容通常可以包括安装(升级)、启动与关机、功能测试(正例、重要算法、边界、时序、反例、错误处理)、性能测试(正常的负载、容量变化)、压力测试(临界的负载、容量变化)、配置测试、平台测试、安全性测试、恢复测试(在出现掉电、硬件故障或切换、网络故障等情况时,系统是否能够正常运行)、可靠性测试等。一般说来,验收测试按照如图 4-18 所示的流程进行,其中最为重要的过程分别为测试策划、测试设计、测试执行以及测试总结,下面将做详细介绍。

**1. 测试策划**

在这个阶段,测试分析人员根据需求方的软件要求和供应方提供的软件文档,进行充分的分析,并确定测试充分性要求、测试终止的条件、用于测试的资源要求、需要测试的软件特征、测试需要的技术和方法,以及测试准出条件。同时,进行风险分析与评估。基于这些分析结果,编写软件验收测试计划。该计划经过需方、供方和第三方专家的评审后,为下一步的测试设计奠定基础。

**2. 测试设计**

测试设计工作由测试设计人员和测试程序员完成。他们需要根据验收测试计划完成以下工作:设计测试用例、获取测试数据、确定测试顺序、获取测试资源、编写测试程序、建立

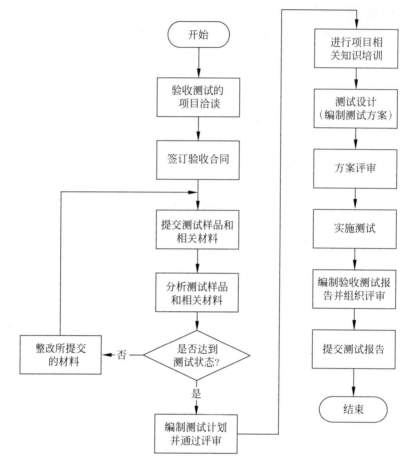

图 4-18 验收测试过程流程图

和校准测试环境,并按照测试规范的要求编写软件验收测试说明等工作。

验收测试说明经过评审后,为测试执行提供指导。

**3. 测试执行**

执行测试的工作主要由测试员完成,测试员的主要任务是按照验收测试计划和验收测试说明中规定的测试项目和内容进行测试。在执行过程中,应认真观察并如实记录测试过程、测试结果和发现的差错,并填写测试记录。

**4. 测试总结**

测试分析员根据需方的软件要求、验收测试计划、验收测试说明、测试记录和软件问题报告单等,分析和评价测试工作。需要在验收测试报告中记录以下内容。

- 总结验收测试计划和验收测试说明的变化情况及其原因。
- 对测试异常终止的情况进行评估,确定未能被测试活动充分覆盖的范围。
- 确定未能解决的软件测试事件及原因。
- 总结测试所反映的软件系统与需方的软件要求之间的差异。
- 将测试结果连同所发现的差错情况同需方的软件要求对照,评价软件系统的设计与实现,并提出改进建议。
- 按照测试规范的要求编写验收测试报告,包括测试结果分析、软件系统的评价和建议。

- 根据测试记录和软件问题报告单编写测试问题报告。

验收测试的执行活动、验收测试报告、测试记录和测试问题报告应进行评审。评审同样应由软件的需方、供方和第三方的有关专家参与。

### 4.4.4 验收测试的阶段

在现实世界中,永远无法完成所有希望进行的测试,甚至不可能完成所有认为必须进行的测试。在软件项目中,项目经理必须不断权衡可靠性、特征集、项目成本以及发布日期等因素。通常,软件项目都会设定一个开发时间基线,其中包含一系列的里程碑,其中最常见的是"α"和"β"。尽管不同的公司可能对这些里程碑的定义有所不同,但一般而言,α版软件是初级的、存在缺陷但可用的软件,β版软件则是近乎完整的软件。图4-19是一个项目时间基线的例子,显示了这些里程碑。

这种基于里程碑的方法很实用。它将编程、测试、手册编写以及其他活动都视为并行进行,并将它们映射到同一时间基线上。在某些公司中,需求编写、原型开发、规格说明等可能与所有这些任务一起映射,然而在其他一些公司中,这些工作可能被认为是初级的,很早就被放在时间基线上。根据项目的时间基线,可以把软件项目划分为软件设计、分段编码、α测试、β测试、预最终测试、最终完整性测试和发布7个阶段,下面将详细介绍α测试、β测试、预最终测试以及最终完整性测试阶段。

图 4-19 项目开发时间基线

**1. α 测试**

α 测试是在开发环境下或者由开发公司内部人员模拟各类用户行为,在即将发布的软件产品上进行的测试。它由开发人员或测试人员进行。在 α 测试中,主要是确认使用的功能和任务,测试的内容由用户需求说明书决定。

α 测试的优点有:
- 测试的功能和特性都是已知的。
- 可以对测试过程进行评测和监测。
- 可接受性标准是已知的。
- 可能发现很多由主观原因引起的缺陷。

α 测试的缺点有:
- 需要资源、计划和管理资源。
- 无法控制所使用的测试用例。
- 最终用户可能沿用系统工作的方式,并可能无法发现缺陷。
- 最终用户可能专注于比较新系统与遗留系统,而不是专注于查找缺陷。
- 用于验收测试的资源不受项目的控制,并且可能受到压缩。

在 α 测试结束后:
- 从项目经理处获得最终支持设备清单,并将其添加到测试计划中。

- 开始第一轮设备测试。到 α 测试末期,应当至少完成一次完全通过的设备(所有打印机、调制解调器等)测试。
- 开始向测试计划中增加回归测试。
- 对资源需求进行评审,并公布测试里程碑。映射任务清单到时间基线上,以显示任务完成的时间。

**2. β 测试**

β 测试由最终用户实施,通常缺乏开发(或其他非最终用户)组织的管理。这种测试是所有验收测试策略中最主观的。测试员负责创建自己的环境,选择数据,并决定要研究的功能、特性或任务,测试方法完全由测试员决定。

β 测试的优点有:

- 测试由最终用户实施,更接近真实使用情境。
- 可利用大量的潜在测试资源。
- 通过试用用户的参与,提高客户对参与人员的满意程度。
- 试用的用户可以发现更多由主观原因造成的缺陷。

β 测试的缺点包括:

- 未对所有功能和特性进行测试,测试流程难以评测。
- 最终用户可能沿用系统工作的方式,可能没有发现或报告缺陷。
- 最终用户可能专注于比较新系统与遗留系统,而不是专注于查找缺陷。
- 用于验收测试的资源不受项目的控制,可能受到压缩。
- 可接受性标准是未知的。
- 需要更多辅助性资源来管理 β 验收测试测试员。

在 β 测试中,项目组需要保持测试状态清晰,并获取已解决的问题报告要点:

- 定期发布总结未解决问题的报告,并提供项目的统计数据和状态更新。
- 应根据问题的优先级和影响进行合理判断,避免过度关注问题的数量。
- 在项目末期增加测试人员需谨慎,避免增加不必要的成本。
- 发布暂缓问题清单,并组织会议评审这些问题,确保及时作出决策。
- 发布用户界面设计问题清单,并在确定设计决策之前组织评审会议,确保设计方案得到充分讨论和考虑。

此外,项目组应在 β 测试阶段前执行所有相关测试,以确保用户手册等文档的质量和准确性。

### 4.4.5 验收测试相关案例

本节给出了为某单位的"食品药品监管信息系统"软件项目进行验收测试的案例,是一种可供参考的验收报告撰写方式。

**1. 项目概述**

软件评测中心受某市食品药品监督管理局的委托,对该单位的"食品药品监管信息系统"软件项目进行了验收测试。

根据该单位提供的需求说明、用户文档等方面的文档说明,依据国家标准 GB/T 17544—1998《信息技术软件包质量要求和测试》、GB/T 16260.1—2006《软件工程 产品质量 第 1 部分:质量模型》、GB/T 16260.2—2006《软件工程 产品质量 第 2 部分:外部度量》以及相关质量评价标准,从软件文档、功能性、可靠性、易用性、效率、维护性、可移植性、安全性8方面对该软件进行了符合性测试和综合的评价。

**2. 系统简介**

"食品药品监管信息系统"采用 J2EE 三层架构,B/S 运行模式,后台使用 IBM WebSphere 中间件和 Oracle 数据库。该系统总体上分为业务监管、辅助办公、数据中心三部分。

业务监管主要包含系统维护、字典管理、许可预受理、许可待办、许可证管理、受理服务、稽查待办、案件查处、案件审核查询、从业人员管理、诚信管理、广告监测、监督检查、抽样检验、动态监控、综合查询、统计分析等子系统;辅助办公主要包含 OA 办公、档案管理、内部网站、外部网站等子系统;数据中心包含基础数据中心和数据交互平台。各子系统间数据共享、功能互通,构成食品药品监管局内部统一的执法协作和业务监管平台。

**3. 测试内容**

测试内容分为三方面,一方面对系统中的每个功能项的输入、输出、处理、限制和约束等进行验证,测试各功能项的功能性、可靠性、易用性等进行逐一检测;另一方面验证业务流程的正确性,即检查系统的业务流程是否满足该市食品药品监督管埋局的要求;同时根据系统对非功能性方面的要求,在对常规质量特性进行测试的同时,重点对性能(效率)、安全性进行了测试。

系统中的许可预受理、许可待办、许可证管理、稽查待办、动态监控等子系统是测试的重点,依据需求说明书,分析许可证受理、稽查办案的处理流程,在此基础上根据业务需求设计出测试方法和用例,测试方法重点考虑了用非法的数据、非法的流程、非法的操作顺序等进行测试,以检查软件的执行过程、方式和结果,验证其容错、健壮、错误恢复能力。

在性能(效率)方面,根据系统的性能需求,进行了性能符合性验证,取负载压力测试工具 LoadRunner,通过进行负载压力测试和疲劳强度测试,验证系统的各项性能指标是否满足要求,是否可以长期稳定地运行。

安全性是该食品药品监督管理局要求重点测试的部分,针对系统的安全性要求,进行了输入验证、身份鉴别、身份认证、敏感数据、配置管理、会话管理、参数维护、错误处理、审计日志、用户登录等方面的安全性测试。

系统中的 OA 办公、档案管理采用了成熟的商品软件,但做了部分适应性的修改,仅对其修改部分进行了测试。

**4. 测试结论**

被测系统为药品产销企业提供了方便、快捷的服务平台,药品产销企业无须登录即可申报业务,且通过正确的序号、密码能够查询申报业务的办理进度;系统能够实时查询企业药品购进、销售、库存情况等信息,可跟踪药品的来源及流向,实现企业药品的动态监控;系统有针对性地对涉药企业实施监管,实现企业诚信信息的维护及查询统计,有利于创造医药市场良好的信用环境。

在测试过程中,共计发现近 400 项问题,从软件的质量特性来看,问题主要集中在软件的可靠性、功能性、效率、安全性上;从软件的业务功能来看,问题主要集中在许可预受理、许可待办、许可证管理、受理服务、稽查待办等子系统。这些在测试中发现的问题,由开发方整改并经回归测试确认后,基本上都得到了较好的解决。但也有部分问题在测试期间未能得到解决,对此我们提出了修改建议。

经过软件评测中心严格的测试,我们认为某市食品药品监督管理局委托测试的"食品药品监管信息系统"与其需求说明、用户文档所述的产品规格及其特点基本符合,该软件的开发已达到预定目标,可以在食品药品的监督管理工作中应用。

# 小 结

本章系统介绍了软件测试过程中的关键阶段,包括单元测试、集成测试、系统测试和验收测试。

单元测试部分,详细介绍了单元测试的概念、原则、方法和过程,并通过案例讲解展示了单元测试的实践操作,使读者能够深入了解其实践意义。

集成测试部分,概述了集成测试的概念、原则、分析要点、内容、过程和策略,并介绍了常用的集成测试方法,包括基于功能分解、基于调用图的方法。

系统测试部分,系统地介绍了系统测试的概念、准备工作、功能测试用例设计方法,以及系统测试的各方面内容,包括功能测试、安装测试、性能测试、压力测试、安全性测试等。

验收测试部分,概述了验收测试的概念、目的、内容和过程,特别阐述了 α 测试和 β 测试各自的测试内容、优点和缺点,为读者提供了深入了解验收测试的基础。

# 习 题 4

扫一扫

习题

扫一扫

自测题

# 第 5 章　软件测试管理

在当今社会,随着软件开发规模不断扩大和复杂性快速增加,寻找软件中存在的问题变得愈发具有挑战性。为了提高软件产品质量,必须加强对测试工作的组织和管理。在项目管理领域,存在众多项目管理理论体系,对项目管理的理解也各不相同,各组织的最佳实践模型更是多种多样。本章将探讨在软件测试项目中需要哪些管理工作,以确保项目的可控性,并朝着成功的方向迈进。

**本章要点**
- 软件测试项目的基本特性
- 软件测试项目管理的特性和原则
- 软件测试管理计划制订
- 主要的软件测试文档
- 软件测试过程控制

## 5.1　软件测试管理概述

### 5.1.1　软件测试项目

软件测试项目是一个在特定组织机构内,利用有限的人力、财力等资源,在指定的环境和要求下完成特定测试目标的阶段性任务。软件测试项目一般具有以下基本特性。

**1. 项目的独特性**

每个测试项目都有自己的目标,明确的时间期限、费用、质量和技术指标等方面的要求。

**2. 项目的不确定性**

软件测试项目常面临目标不明确、质量标准定义不明确、任务边界模糊等不确定性因素。可能导致难以确定测试结束时间,以及在测试项目过程中出现的技术和规模方面的挑战。

**3. 智力和劳动密集性**

软件测试项目通常需要智力和劳动密集工作,项目团队结构、责任和能力对项目影响重大。

**4. 测试项目的困难性**

由于不同公司的测试人员水平、工作内容、工作时间和组织结构的差异,以及软件模块的重要性差异,任务分配可能具有一定难度。并且软件测试项目在变化控制和预警分析方面要求较高。

**5. 测试项目的目标冲突性**

测试项目通常在实施范围、时间和成本方面受到制约，可能会出现目标冲突。

## 5.1.2　软件测试项目管理

软件测试项目管理是以测试项目为管理对象，通过测试人员运用专门的软件测试知识、技能、工具和方法，对测试项目进行计划、组织、执行和控制，并在时间成本、软件测试质量等方面进行分析和管理。测试项目管理贯穿从测试项目启动阶段、计划阶段、实施阶段到收尾阶段的整个测试项目生命周期，是对测试项目的全过程进行管理。

软件测试项目管理虽然涉及诸多的因素，例如，成本、质量、时间、资源等，但实际问题可以归结于人员、问题和过程。

软件测试项目管理具有以下一些基本特性。

**1. 系统工程的思想贯穿软件测试项目管理的全过程**

软件测试项目管理将测试项目视为一个系统，分阶段进行管理，每个阶段的成功与否都直接影响整个项目结果。

**2. 软件测试项目管理的技术手段具有先进性**

软件测试项目管理采用科学、先进的管理理论和方法，如目标管理、全面质量管理、技术经济分析以及先进的测试工具和跟踪数据库，以实现目标和成本的控制。

**3. 需要保持能使测试工作顺利进行的环境**

软件测试项目管理的要点之一是创建并维护一个有利于测试工作顺利进行的环境，确保团队协调合作，涉及项目组内环境、组织环境以及整个开发流程控制的全局环境。

## 5.1.3　软件测试项目范围管理

软件测试项目范围管理就是明确测试项目的全部工作，以确保项目目标的顺利实现，并为其他测试项目管理工作提供指导。

确定项目目标后，下一步是确定需要执行哪些工作来完成该项目目标。通常有两种方法：一种是小型项目可以通过团队头脑风暴，汇总经验，确定工作范围；另一种是对于大型复杂项目，建立工作分解结构（Work Breakdown Structure，WBS）和任务清单。

工作分解结构是范围规划中的关键工具之一，以项目可交付成果为导向，将测试项目任务分组，将整体任务分解成小的、易于管理和控制的子任务或工作单元，以组织和定义整个项目的工作范围。未包括在工作分解结构中的工作将被排除在项目范围之外。工作分解结构的每个层次表示对项目可交付成果的更细致定义和描述。

进行工作分解是十分重要的工作，它在很大程度上决定了测试项目能否成功。具体包括以下作用。

- 简化复杂任务，使项目执行更容易。
- 提供项目任务清单，明确测试项目的工作范围。
- 确保不遗漏任何重要工作或任务。
- 估计每个任务所需的时间和成本，制订全面的项目计划，包括进度和成本预算。
- 通过工作分解，确定所需的技术、人力和资源。
- 落实任务到责任部门或个人，界定职责和权限。

- 促进测试团队成员理解任务性质和方向。
- 能够对测试项目进行有效的跟踪、控制和反馈。

## 5.2 软件测试管理计划

### 5.2.1 软件测试计划制订

软件测试计划是描述测试活动范围、途径、资源和进度安排的重要文档,是全生命周期测试管理的基础。它明确了测试项目的背景、目标、范围、资源、人员、进度安排以及与测试相关的风险等信息。

在制订测试计划时,以下原则将有助于工作顺利进行。

- 尽早开始制订测试计划。
- 保持测试计划的灵活性。
- 保持测试计划简洁和易读。
- 尽量争取多渠道评审测试计划,以确保计划的全面性和有效性。
- 明确资源和时间投入,以帮助项目管理者合理安排资源和进度。

常见的测试计划编制标准包括 IEEE Std 829—1998,IEEE Std 829—2008 和 GB 8567—1988 等。下面以 IEEE Std 829—1998 中的目录模板为例进行介绍。

(1) 测试计划标识符。
(2) 介绍。
(3) 测试项。
(4) 需要测试的功能。
(5) 不需要测试的功能。
(6) 方法(策略)。
(7) 测试项通过/失败的标准。
(8) 测试中断和恢复的规定。
(9) 测试完成所提交的材料。
(10) 测试任务。
(11) 环境需求。
(12) 测试人员的工作职责。
(13) 人员安排与培训需求。
(14) 进度表。
(15) 潜在的问题和风险。
(16) 审批。

制订软件测试计划需要充分理解被测软件的功能特征和应用行业知识,突出关键部分并列出关键风险内容。同时,对测试过程的阶段划分、文档管理、缺陷管理和进度管理提供切实可行的方法。最后,经过测试团队、开发团队和项目管理层的复查或者由相关负责人组成的评审委员会审阅。

### 5.2.2 软件测试计划执行

在测试计划获得审核通过后,需要按照测试设计、测试执行和测试评估三个阶段来执行。

**1. 测试设计**

在测试设计阶段,编写测试方案,包括需求点简介、测试思路和详细测试方法,并进行评审。设计测试用例,测试用例应包含编号、标题、级别、前置条件、输入、操作步骤和预期结果等信息。通过等价类划分和边界值分析等方法设计测试用例,同时注意测试用例的组织结构和迭代更新。

**2. 测试执行**

在测试执行阶段,确保测试用例经过评审且系统可测试,搭建相应的测试环境,执行测试计划和测试用例。

执行过程中要特别注意测试用例的前提条件和特殊说明,并对修复的缺陷进行回归测试。记录测试过程中的详细信息,如输入、输出和问题描述,并提交精简准确的缺陷报告至缺陷管理平台。对于复杂难定位的问题,记录相关日志文件以便开发人员快速定位和修复。

**3. 测试评估**

在测试评估阶段,对测试过程和测试结果进行深入分析和总结。确认测试计划是否完整执行,测试覆盖率、缺陷率等指标是否达到质量标准要求,并在报告中给出测试和产品质量的评估结论。

## 5.3 软件测试文档

测试文档是对要执行的软件测试及测试结果进行描述、定义、规定和报告的书面或者图示信息。软件测试文档在整个软件开发生命周期中起着重要作用,为测试项目的管理、沟通、评估和回顾提供了基础。

### 5.3.1 软件测试文档的作用

测试文档主要有以下几方面的作用。

**1. 有利于管理测试项目**

提供项目计划、进度和资源信息,有助于组织、规划和管理测试项目。

**2. 便于项目组成员交流沟通**

作为测试人员之间以及测试人员与产品开发小组之间相互沟通的基础,促进团队成员之间的沟通和信息传递,提高工作效率。

**3. 验证测试的有效性**

记录测试过程和结果,为评估软件可用性提供依据,确保软件系统达到质量标准。

**4. 为测试资源的检验提供标准**

规定测试过程中的任务和资源,确保测试所需资源的齐备和有效利用。

**5. 方便后期再测试**

对于迭代开发,记录前期测试过程和结果有助于后期的再测试和回归测试。

**6. 为测试工作的总结和评价提供依据**

提供翔实的测试数据,为测试工作的总结和评价提供依据,识别软件的局限性和失效性。

**7. 更好地防范项目风险**

列出可能的测试任务风险,有助于提前准备和防范潜在问题。

### 5.3.2 主要的软件测试文档

软件测试文档标准是保证文档质量的基础,按照一定的标准编写文档可以使测试工作更为流程化和规范化,有助于更有效地进行测试工作。参照 IEEE Std 829—1998 中的标准,给出所有软件测试文档的目录模板,在实际工作中,可以根据需求对模板进行适当的增加、删除和修改。

IEEE Std 829—1998 标准中给出了软件测试文档的目录模板,下面介绍主要的软件测试文档目录模板。

**1. 测试设计规格说明书**

测试设计规格说明书细化了测试计划中的测试方法,并且描述了待测试功能点和测试标准。

(1) 测试设计规格说明书标识符。

(2) 待测试功能点。

(3) 测试方法细化。

(4) 测试标识符。

(5) 功能通过/失败标准。

**2. 测试用例规格说明书**

测试用例规格说明书运用测试设计规格说明书定义了测试用例,描述了测试用例的标准。

(1) 测试用例规格说明书标识符。

(2) 测试项。

(3) 输入规格说明。

(4) 输出规格说明。

(5) 环境要求。

(6) 过程中的特殊需求。

(7) 依赖关系。

**3. 测试过程规格说明书**

测试过程规格说明书指定了执行一组测试用例的步骤,或者说,用于分析软件项目以评估一组功能的步骤。

(1) 测试过程规格说明书标识符。

(2) 目的。

(3) 特殊需求。

(4) 测试过程步骤,包括记录、准备、开始、进行、度量、中止、重新开始、停止、描述恢复环境所需的活动、应急措施等。

**4．测试项记录报告**

测试项记录报告用于记录测试项在测试过程中的传递过程，包括负责人、位置和状态等信息。

(1) 测试项记录报告标识符。

(2) 所记录的测试项。

(3) 物理位置。

(4) 状态。

(5) 审批。

**5．测试日志**

测试日志记录了测试执行情况和时序信息，包括执行情况描述、执行结果和异常事件等。

(1) 测试日志标识符。

(2) 描述。

(3) 活动和事件信息，包括执行情况描述、执行结果、环境信息、异常事件、缺陷报告标识符。

**6．测试缺陷报告**

测试缺陷报告用来描述测试过程中出现的异常情况，包括缺陷描述、影响和修复建议等信息。

(1) 测试缺陷报告标识符。

(2) 缺陷总结。

(3) 缺陷描述，包括输入、预期结果、实际结果、异常情况、日期和时间、测试步骤、测试环境、再现测试、测试人员、观察人员。

(4) 影响。

**7．测试总结报告**

测试总结报告总结了测试项目的完成结果，提供关于测试的评价和活动总结等信息。

(1) 测试总结报告标识符。

(2) 总结。

(3) 差异。

(4) 综合评估。

(5) 结果总结。

(6) 评价。

(7) 活动总结。

(8) 审批。

## 5.4　测试组织和人员管理

测试人员的能力与素质，以及他们是否能够有效协同合作，是决定测试项目成功完成的关键因素之一。测试项目的组织和人员管理在测试项目管理中占据重要地位，直接影响测试工作的效率和软件产品的质量。

## 5.4.1 测试人员及组织结构

高素质的测试人员是测试项目成功的不可或缺的关键因素。测试人员应该具备以下能力。

- 一般性能力：包括沟通表达能力、创新能力、自我督促不断学习的能力、质量意识、责任意识，以及对软件工程中计算机网络、操作系统、数据库、编程技能等专业知识的掌握等。
- 测试的专业技能：包括测试的基本概念和整体流程、测试策略、测试方法、测试工具、测试标准等。
- 测试设计规划能力：包括业务需求分析、测试目标规划、测试计划和设计的评审方法、风险分析及防范等。
- 测试执行能力：包括自动化测试工具的使用、测试数据/脚本/用例的编写、缺陷的记录和处理、测试结果的分析及比较等。
- 测试分析改进能力：包括测试报告撰写、统计分析、测试度量、过程监测分析和持续改进等。

测试管理者除了对测试工作有充分了解外，还需要具备以下能力。

- 了解软件测试相关政策、标准、过程、工具、度量。
- 领导一个独立自主的测试组织，包括领导力、沟通力、控制力等。
- 对优秀人才的吸引和培养能力。
- 快速提出和执行有效解决问题的方案的能力。
- 对测试时间、质量和成本的把控能力。

在测试的组织和人员管理中，以下因素应被充分考虑。

- 集中还是分散：测试人员可以集中管理，也可以分散于各个业务组。分散于业务组有利于了解业务需求，集中管理有利于保持测试的独立性。
- 面向功能还是项目：测试组织可以面向功能，也可以面向项目。
- 垂直还是扁平化：垂直的组织结构是从上级管理者到下面的测试人员之间呈金字塔状，其优点是结构比较简单，责任分明，命令统一。而扁平化的方式减少了管理层次，在测试工作中效率较高。

测试组织结构的形式有很多种，并没有正确或错误之分，根据企业文化、管理水平、成员能力以及软件产品的不同可以选择合适的测试组织结构形式。目前常见的测试组织结构包括独立的测试小组和与开发同属一个部门。选择合适的组织形式取决于企业文化、管理水平和项目需求。

## 5.4.2 测试人员的沟通和激励

良好的沟通是测试项目顺利进行的基础，项目小组成员之间及时又高效的沟通形式通常是以下多种交流方式的有机组合。

- 正式非个人方式：如正式会议等。
- 正式个人之间交流：如成员之间的正式讨论等。
- 非正式个人之间交流：如个人之间的自由交流等。

- 电子通信方式：如 E-mail、QQ、微信、钉钉等。

激励机制就是通过特定的方法与管理体系，将员工对组织及工作的承诺最大化的过程。激励机制在测试组织过程中非常重要，有效的激励机制才能调动测试人员的工作积极性，将潜力充分体现出来。激励机制是多元化的，可以从目标激励、示范激励、尊重激励、参与激励、荣誉激励、关心激励、竞争激励、物质激励、信息激励、文化激励以及自我激励等多方面加以考虑。

作为测试人员，也应遵循下列测试工作的 7 项效率原则。

- 主动思考，积极行动，尽早参与项目，做好前期准备，"有备"才能"无患"。
- 始终牢记目标，不迷失方向，牢记完成任务的时间点。
- 重要的事情放在首位，学会时间管理，保持工作的重心。
- 先理解人，后被人理解，测试的目的是发现缺陷使产品更完美，而不是故意找茬挑剔。
- 寻求双赢，积极配合开发人员工作，赢得彼此的支持。
- 互相合作，追求 1+1＞2，测试团队人员密切配合，促进测试整体进度。
- 持续学习与自我更新，保持学习态度，不断提升自我，适应新的挑战。

### 5.4.3 测试人员的培训

从测试管理的角度来看，为了高效地完成测试任务，测试人员的培训至关重要，以下是测试人员培训的关键方面。

**1. 制订测试人员培训计划**

测试人员培训计划是测试计划中的一个重要组成部分。

- 在制订培训计划前，需要进行充分的培训需求调查和分析，确保培训内容符合实际需要。
- 争取公司高级管理层和各部门主管的承诺及足够资源支持培训计划，尤其是学员培训时间上的承诺。
- 尽量将培训活动安排在测试任务开始之前，以确保团队在项目启动时具备必要的知识和技能。
- 设计多样化的学习方式，以满足员工的需求和个体差异，提高培训效率和参与度。
- 注重培训细节和实效性，确保培训内容贴近实际工作需求，并鼓励团队共同参与，合作学习。
- 及时评价培训效果，对发现的不足进行反思和改进，确保培训计划的持续优化。

**2. 软件测试培训内容**

软件测试培训应涵盖以下内容，以确保测试团队具备必要的知识和技能来应对项目需求。

- 测试基础知识和技能培训。
- 测试设计规划和测试工具培训。
- 所测试的软件产品培训。
- 测试过程、测试管理、测试环境等培训。

## 5.5 软件测试过程控制

在软件测试项目中,有效的测试过程管理和控制是确保软件项目成功的关键,是保证测试过程质量、控制和减少测试风险的重要手段。

### 5.5.1 测试项目的过程管理

软件测试项目的过程管理主要集中在测试项目启动、测试计划、测试设计、测试执行、测试结果分析和测试过程管理工具的有效运用。

**1. 测试项目启动阶段**

当测试项目启动时,确定测试项目组长,组建测试小组,并与开发团队共同参与项目分析、设计等相关会议。

**2. 测试计划阶段**

制订完善的测试计划,涵盖测试活动的范围、资源、进度安排等信息。进行测试计划与实际进度的对比,并采取相应的纠正措施。

**3. 测试设计阶段**

软件测试设计中,要充分考虑测试技术方案、测试用例和测试环境的可行性与完整性。测试设计阶段的关键是将开发设计人员已经掌握的产品相关知识传递给测试人员,同时也要做好开发设计人员对测试用例的审查工作。

**4. 测试执行阶段**

测试执行阶段需建立测试环境,准备测试数据,执行测试用例,并对发现的缺陷进行分析和跟踪。

**5. 测试结果分析阶段**

测试结果分析阶段是对测试结果进行综合分析,确定软件产品的质量状态,为产品的改进和发布提供依据。管理上需做好测试结果的审查、分析会议和测试报告的编写和审查。审查测试整体过程、当前状态,并进行总结评估。

**6. 测试过程管理工具的使用**

使用周报、日报、例会、评审会等多种形式的管理工具进行项目进展状况的了解、跟踪和监控。通过这些方式收集和分析项目的实际状态数据,为管理者决策提供支持。

在测试项目的各个阶段,项目管理人员需充分认识项目的状态,监控项目的发展趋势,发现潜在的问题,从而更好地控制成本、降低风险、提高测试工作质量。

### 5.5.2 软件测试项目的配置管理

软件测试项目的配置管理是标识、控制和管理软件测试项目变更的重要管理方式,以确保在软件测试生命周期中各个阶段都能获得准确的产品配置。它有助于确保软件产品的完整性、一致性和可追溯性,主要包括以下 6 个基本活动。

**1. 配置管理的准备**

在具体实施配置管理之前,配置管理员需要制订配置管理计划和创建项目的配置管理环境。配置管理计划包括配置管理软硬件资源、配置项计划、基线计划、交付计划和备份计划等。该计划需要测试主管或项目变更控制委员会的审核批准。

**2. 配置项的标识**

配置项标识主要涉及测试样品、测试标准、测试工具、测试相关文档和测试报告等配置项的名称和类型。通过统一生成和编号所有配置项,并在文档中记录对象的标识信息,使测试人员更便于了解每个配置项的内容和状态。

**3. 版本控制**

版本控制是配置管理的核心功能。在测试项目过程中,大部分的配置项都要经过多次修改才最终确定。版本控制的目的是按照规则保存配置项的所有版本,避免版本丢失或混淆,并快速准确地查找到配置项的任何版本。

**4. 变更控制**

在整个测试项目过程中,配置项发生变更几乎是不可避免的。变更控制的目的是对变更进行有效的管理,防止配置项被随意修改而导致混乱。功能变更和缺陷修补是变更的来源,必须依据规则执行申请、审批、执行、再评审和结束的流程。

**5. 配置报告**

配置报告根据配置库中的数据操作记录,向管理者汇报测试工作进展情况。报告包括定义报告形式、内容和提交方式,确认记录和跟踪问题报告、配置项更改请求等。

**6. 配置审计**

为保证所有人员遵守配置管理规范而定期执行的过程质量检查活动。通过审计来确保配置管理规范已被切实地执行和实施。审计确定执行人员、时间、范围、内容、发现问题的处理方法等。

配置管理在参与人员众多、变更频繁的项目中尤为重要。它跟踪每个变更的创建者、时间和原因,为测试项目管理提供了可靠的测试项目进度跟踪方式。良好的配置管理可提升软件测试过程的可预测性和可重复性,增强用户和主管部门对软件质量的信心。

### 5.5.3 软件测试的风险管理

软件测试风险是指可能对软件测试工作造成损失的问题,源于测试计划不完备、测试方法或者测试过程偏离预期。软件测试风险管理主要涉及对测试计划执行中的风险进行分析、评估,并制定应急措施以减少其影响。常见的风险主要有以下 7 类。

**1. 测试时间进度风险**

用户需求可能发生重大变更,开发进度可能延误,这可能导致测试时间调整压缩。同时,测试人员、测试环境、测试资源的延迟或无法准时到位,以及可能存在的难以修复的缺陷也会影响测试进度。

**2. 测试质量目标风险**

若测试的质量目标不明确,如易用性测试或用户文档的测试目标存在不同解释,可能出现评估标准的不一致性。

**3. 测试范围认知风险**

对产品质量需求或产品特性理解不准确,可能导致测试范围分析误差,出现测试盲区或验证标准错误。

**4. 测试人员风险**

测试人员或技术支持人员可能被紧急项目调用,无法按计划参与项目,导致测试资源不足或项目延误。

**5. 测试充分性风险**

部分测试用例可能忽略边界条件或深层次的逻辑关系,在执行测试用例时,测试人员可能有意或无意地忽略执行部分测试用例,导致测试不充分。

**6. 测试环境风险**

测试环境无法与生产环境完全一致,致使性能测试的结果存在误差。

**7. 测试工具风险**

测试工具准备可能延迟,测试人员对新工具缺乏熟练运用,影响测试的顺利进行。

对风险的评估主要依据风险描述、风险概率和风险影响三个要素进行。它主要从成本、进度和性能三方面进行风险评估。首先是风险识别,可以通过团队头脑风暴、专家访谈和风险项目检查表来逐项检查风险内容。然后对识别出的风险进行分析,从风险概率分析(如很高、较高、中等、较低、很低等)和风险带来的后果入手,从风险的表现、范围、时间确定风险评估的正确性,根据损失(影响)和风险概率的乘积,来确定风险的优先级别,从而有针对性地制定风险应对措施。

基于风险评估的结果进行风险控制,可采取的措施包括:避免风险,即采取措施预防可避免的风险,通过适当的规划和控制来防止风险的发生;转移风险,即针对可能带来严重后果的风险,考虑通过方法或手段将其转移为影响较小的低风险,减轻其对项目的影响;降低风险,针对无法避免的风险,采取措施降低其发生的可能性或影响程度,以减少其对项目的负面影响。为了有效避免、转移以及降低风险,需要提前做好风险管理计划以及应急处理方案。

在项目规划中留有资源、时间、预算的余地,通过培训提高测试人员素质,实施相互审查等措施,可以有效降低风险。

风险管理的核心是根据评估结果优先处理高概率和高影响的风险,并通过重视和预防风险来减少其发生和影响。

## 5.5.4 软件测试的成本管理

软件测试项目的成本管理旨在充分利用公司资源,确保项目进度和质量满足客户期望,从而提高项目利润。成本管理主要包括资源计划、成本估算、成本预算和成本控制。

**1. 资源计划**

确定软件测试项目所需资源类型和数量,包括人力、设备和物资,并输出资源需求清单。

**2. 成本估算**

近似计算完成软件测试项目所需资源的成本,制订成本管理计划。

**3. 成本预算**

将整体成本估算分配到各项工作,建立衡量绩效的基准计划。

**4. 成本控制**

监控测试项目预算变化,修正成本估算,更新预算,调整成本使用方式并吸取教训。

在实际的软件测试中,成本控制是关键,目标是降低测试开发、实施和维护的成本。质量成本包括一致性成本(预防成本和测试预算)和非一致性成本(返工、补测、延迟等)。

缺陷探测率是衡量测试工作效率的指标。缺陷探测率＝测试发现的软件缺陷数/(测试发现的软件缺陷数＋客户发现并反馈技术支持人员进行修复的软件缺陷数)。缺陷探测率越高就意味着测试发现的缺陷多,发布后用户发现的缺陷少,从而节约总成本,可以获得更高的测试投资回报率。投资回报率表示利润与测试投资之间的关系,即投资回报率＝利润/测试投资×100%。测试投资回报率高意味着更高的经济效益。

软件测试项目成本控制的原则包括坚持成本最低化、全面成本控制、动态控制、项目目标管理以及责任、权力和奖惩相结合。

项目负责人应组织成本管理工作,技术人员应采用先进技术降低成本,财务人员应及时分析财务状况,并对各项费用进行细致分析和控制。

软件测试项目成本管理的目的在于确保项目在预算范围内完成所需活动,应针对性地加强项目的成本管理,进一步节约成本,提高经济效益。

## 小　　结

本章全面介绍了软件测试项目的基本特性、管理原则以及制订和实施软件测试管理计划的方法。从测试人员管理、测试过程管理、测试配置管理、测试风险管理到测试成本管理等多方面,详细讨论了测试组织与管理的要点。

软件测试项目具有独特性、不确定性、智力劳动密集性、困难性和目标冲突性,因此优秀的测试人员和科学的管理是项目成功的关键。测试人员需要具备良好的沟通表达能力、创新能力、持续学习的态度、质量意识、责任感以及扎实的软件工程知识。同时,他们还需要具备测试专业技能、测试设计规划能力、测试执行能力以及测试分析改进能力。

通过将软件测试项目的过程管理、配置管理、风险管理、成本管理与人员管理有效结合起来,可以实现软件测试的可控管理和高效组织,从而提高项目的成功率和质量。

## 习　题　5

# 第 6 章　面向对象软件测试

随着面向对象概念的出现和广泛应用，传统的软件开发方法受到了前所未有的挑战。面向对象编程所具备的特性，如封装、继承、多态等，使得面向对象的软件开发更加有利于实现代码复用，从而缩短软件开发周期，提高质量，并便于后续的维护工作。目前，面向对象的方法已经被广泛地应用。然而，不可否认的是，相较于传统的开发方法，面向对象的开发方法增加了测试的复杂性，导致测试方法和测试过程有着明显的不同。本章将重点探讨针对面向对象软件各个阶段的测试实施方法与策略。

**本章要点**
- 面向对象的基本概念
- 面向对象的测试模型
- 面向对象的单元测试
- 面向对象的集成和系统测试

## 6.1　面向对象技术概述

我们置身于一个充满对象的世界，无论是自然界、人造实体、商业领域还是我们使用的产品，都存在着各种对象。这些对象可以被分类、描述、组织、组合、操作和创建。因此，将面向对象的观点引入计算机软件的构建并不奇怪。这种方法是对世界进行抽象建模的方法，能够帮助人们更好地理解和探索这个世界。

### 6.1.1　面向对象的基本概念

面向对象的概念和应用已经超越了程序设计和软件开发，扩展到很广泛的范围，成为 20 世纪 90 年代以来软件开发的主流。面向对象的软件开发以抽象、继承、封装、多态、重载为基本特征。具体概念和相互关系如图 6-1 所示。

**1. 抽象**

类的定义中明确指出类是一组具有内部状态和运动规律的对象的抽象。抽象是一种从一般的观点看待事物的方法，要求我们集中于事物的本质特征，而非具体细节或实现。面向对象鼓励用抽象的观点看待现实世界，即现实世界是由一组抽象的对象——类组成的。

**2. 继承**

面向对象编程（Object Oriented Programming，OOP）语言的一个主要功能就是"继承"。继承是指这样一种能力：它可以使用现有类的所有功能，并在无须重新编写原来的类的情况下对这些功能进行扩展。

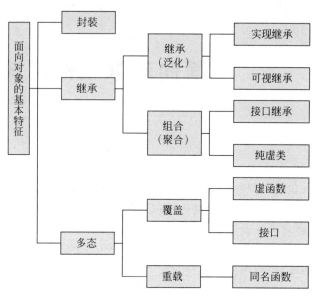

图 6-1　面向对象基本特征图

通过继承创建的新类称为"子类"或"派生类"。被继承的类称为"基类"、"父类"或"超类"。继承的过程,就是从一般到特殊的过程。要实现继承,可以通过"继承"(Inheritance)和"组合"(Composition)来实现。

在某些 OOP 语言中,一个子类可以继承多个基类。但是一般情况下,一个子类只能有一个基类,要实现多重继承,可以通过多级继承来实现。

继承概念的实现方式有三类:实现继承、接口继承和可视继承。

- 实现继承是指使用基类的属性和方法而不需要额外编码的能力。
- 接口继承是指仅使用属性和方法的名称,但是子类必须提供实现的能力。
- 可视继承是指子窗体(类)使用基窗体(类)的外观和实现代码的能力。

在考虑使用继承时,有一点需要注意,就是两个类之间的关系应该是"属于"关系。例如,Employee 是一个人,Manager 也是一个人,因此这两个类都可以继承 Person 类。但是 Leg 类却不能继承 Person 类,因为腿并不是一个人。

抽象类仅定义将由子类创建的一般属性和方法,不能实例化对象,所以抽象类必须被继承,才能被使用。定义抽象类时,使用关键字 abstract class。在 Java 中抽象类表示的是一种继承关系,一个类只能继承一个抽象类,而一个类却可以实现多个接口。

面向对象开发范式大致为:划分对象→抽象类→将类组织成层次化结构(继承和合成)→用类与实例进行设计和实现几个阶段。

继承是类不同抽象级别之间的关系。类的定义主要有两种办法归纳和演绎:由一些特殊类归纳出来的一般类称为这些特殊类的父类,特殊类称为一般类的子类,同样,父类可演绎出子类,父类是子类更高级别的抽象。子类可以继承父类的所有内部状态和运动规律。在计算机软件开发中采用继承性,提供了类的规范的等级结构;通过类的继承关系,使公共的特性能够共享,提高了软件的重用性。

**3. 封装**

封装是面向对象的核心特征之一,它将客观事物抽象为类,允许类仅向可信的类或对象暴露必要的数据和方法,同时隐藏内部的具体实现细节,保证了信息的安全性。

对象间的交互主要通过消息机制完成。这使得对象无须深入了解对方的内部状态或运行方式。在面向对象编程中,类被视为封装良好的模块,它将其说明(用户可见的外部接口)与实现(用户不可见的内部实现)显式地分开,以提供内部实现的保护。类是封装的基本单位,它有效地减少了程序间相互依赖所带来的变动影响。

封装的主要目的之一是降低程序的耦合度,使得系统更容易维护和修改。类的接口定义了对外接收消息的方法,这也是封装的体现之一。

**4. 多态**

多态性(Polymorphism)是指在面向对象编程中,同名的方法可以在不同的类中有不同的实现方式。当父类的方法被子类继承时,该类的行为也可以被表现出来,使得子类的同名方法或行为更具体化,甚至子类可以有与父类不同的行为方式。这样的设计使得程序更加灵活,能够根据对象的实际类型来调用适当的方法,以实现各自的功能需求。

在面向对象编程中,多态性的实现通常有两种方式:覆盖、重载。

- 覆盖,是指子类重新定义父类的虚函数,以满足子类特定的需求。
- 重载,是指允许存在多个同名函数,但这些函数的参数列表不同(参数个数,或参数类型,或许两者都不同)。在编译时,编译器根据函数不同的参数表对同名函数进行名称修饰,使得它们在底层实际上成为不同的函数。例如,有两个同名函数"function func(p:integer):integer;"和"function func(p:string):integer;"。

需要指出的是,重载并不完全属于"面向对象编程"的概念,它更多的是编程语言提供的特性之一。

封装隐藏实现细节,使代码模块化,而继承则扩展已存在的代码模块(类),二者都是为了代码重用。而多态是为了实现另一种目的——接口的重用。多态性的实现在于运行时动态绑定,即通过父类指针或引用调用的方法实际上是根据具体赋值给它的子类对象来执行的。多态性的作用是实现接口的重用,通过统一的接口访问不同类的对象时,能够根据实际对象类型的不同而执行不同的行为,从而提高了代码的灵活性和可复用性。

**5. 重载**

重载是指在类中可以定义多个同名方法,但这些方法在参数列表上有所不同,从而可以根据不同的参数调用实现不同的行为逻辑。在对象相互交互时,即使接收消息的对象采用相同的接收方式,但由于消息内容的具体程度不同,接收消息的对象内部的行为逻辑也可能有所不同。

举例来说,假设老板指示采购员去购买物品,当老板没有具体说明要购买什么时,采购员可能会默认购买地瓜;如果老板指明要采购大米,采购员可能会去最近的超市买 10kg 大米;如果老板具体指明采购员今晚在福州东街口购买 5kg 大米,那么采购员将按照老板指定的时间和地点购买 5kg 大米。这种情况下,采购员根据消息的具体内容做出不同的行动,即使接收方法相同,行为逻辑也可以根据消息内容的不同而不同。

**6. 类和对象**

类是对一组相似对象的通用描述,类似于模板、模式或蓝图。描述类的数据抽象称为属性,而操纵数据的过程称为操作、方法或服务。类封装了数据和操纵数据的过程,使得类的属性被方法所包围。这种设计模式隐藏了信息,减少了因变化而引起的副作用,因为方法通常只操作有限的属性。这种紧密结合的设计使得类与系统中其他元素之间保持松耦合。

从另一个角度来看，类的存在意味着类层次的存在，父类的属性和操作被子类继承，而子类也可以加入自己"私有的"属性和方法。所有存在于类中的对象都继承了其属性和用于操作属性的方法。父类形成了类的集合，而子类则是类的实例。

**7. 属性**

属性依附于类和对象，并以某种方式描述类或对象。Champeaux 及其同事给出了如下关于属性的讨论。

现实的实体经常用指明其稳定特性的词来描述。大多数物理对象具有形状、重量、颜色和材料类型等特性；人具有生日、父母、名字、肤色等特性，特性可被视为在类和某确定域之间的二元关系。

属性的取值通常可以从一个枚举域中定义的值中取得。域是某些特定值的集合，例如，一个类的颜色属性可能有{白、黑、银、灰、蓝、红、黄、绿}等。在更复杂的情况下，域也可以是类的集合。

## 6.1.2 面向对象的开发方法

传统的面向过程开发方法是以过程为中心，以算法为驱动，因此，面向过程的编程语言是程序＝算法＋数据，面向对象的开发方法是以对象为中心，以消息为驱动，因此，面向对象的编程语言是程序＝对象＋消息。

传统的面向过程开发方法存在一些问题。首先，模块之间的耦合度高，难以拆分和扩展，导致软件重用性差。其次，功能模块之间强耦合，修改一个模块可能导致其他模块失效，从而影响可维护性。此外，在需求模糊或动态变化时，传统方法开发的系统往往不能真正满足用户需求，稳定性、可修改性和可重用性都较差。

这些问题的出现主要是由于传统软件开发方法本身存在缺陷，因此面向对象的开发方法逐渐兴起并被广泛采用。当前，面向对象的开发方法已经日益成熟，涵盖了一系列方法，其中包括 Booch 方法，首次描述了面向对象的软件开发基本问题；Coad 方法，从需求角度进一步确定了类和类层次结构；OMT 方法，为大多数应用领域的软件开发提供了高效保障。在软件工程领域，1995—1997 年取得了空前进展，其中最重要的成果之一就是统一建模语言(Unified Modeling Language，UML)的问世。UML 将成为主导地位的标准建模语言，它统一了 Booch、Coad 和 OMT 的表示方法，并进一步发展成为被广泛接受的标准建模语言。UML 是一种定义清晰、表达简便、功能强大且普适性广泛的建模语言，融合了软件工程领域的新思想、新方法和新技术。它不仅支持面向对象的分析与设计，还涵盖了软件开发全过程中的需求分析等环节。

## 6.1.3 面向对象的分析设计

**1. 面向对象的分析**

面向对象的分析(Object Oriented Analysis，OOA)是系统开发过程中的一项重要步骤，它采用面向对象的思维方式来分析问题，基于系统业务调查的资料进行。与结构化分析相比，OOA 注重对系统调查所得资料进行归类分析和整理，而非对管理业务现状和方法的分析。

在具体地分析一个事物时,OOA 通常包含以下 4 个基本步骤。

第一步,明确功能需求。确定系统软件的参与者和主要功能。

第二步,确定系统的对象和类。根据功能和参与者确定系统的对象和类,对象是数据及其处理方式的抽象,类描述了多个对象的共同属性和方法集合。

第三步,确定类的结构、主题、属性和方法。结构涉及问题域的复杂性和连接关系,类成员结构反映了泛化-特化关系,整体-部分结构反映了整体和局部之间的关系。主题描述了事物的总体概貌和总体分析模型。属性是数据元素,用于描述对象或分类结构的实例,在图中给出并对象的存储中指定。方法是在收到消息后必须进行的处理方法,需要在图中定义并在对象的存储中指定。

第四步,建立对象模型。建立对象间的联系,包括关系模型和行为模型。关系模型描述了类与类之间的静态联系,包括关联、泛化、依赖、实现等;行为模型描述了类与类之间的动态联系,指系统如何响应外部事件或激励。

总的说来,面向对象分析的关键是识别出系统功能中的对象,并分析它们之间的关系,最终建立起简洁、精确、可理解的正确模型。

**2. 面向对象的设计**

面向对象的设计(Object Oriented Design,OOD)是根据 OOA 中确定的类和对象,为面向对象编程提供基础的软件系统设计过程。整个设计过程主要包括系统设计和对象设计两个阶段。

系统设计过程包括以下主要步骤。

1) 系统分解

对面向对象分析所得出的需求模型进行补充或修改的过程。

2) 确定并发性

识别对象之间的交互性,以及对象是否同时接收事件,用以确定对象的并发性。

3) 设计人机交互子系统

详细设计系统的人机交互子系统,确定人机交互的细节,包括窗口和报表形式、命令层次等。

4) 设计任务管理子系统

确定各类任务,包括事件驱动型程序、时钟驱动型任务、优先任务、关键任务和协调任务等,并将任务分配给相应的硬件或软件执行。

5) 设计数据管理子系统

数据管理子系统是系统存储或检索对象的基本设施,它包括选择:

(1) 数据存储管理模式。数据存储管理模式分为文件管理系统、关系数据库管理系统和面向对象数据管理系统。根据特点和适用范围选择合适的模式。

(2) 设计数据管理子系统。包括设计数据格式和相应的服务。设计数据格式包括属性表的定义以及所需文件和数据库的定义;设计相应的服务则设计存储数据的方式。

## 6.1.4 面向对象的模型技术

模型是对实体的特征和变化规律的一种表示或抽象,即把对象实体通过适当的过滤,用适当的表现规则描绘出的模仿品。该模型主要关心系统中对象的结构、属性和操作,它是分析阶段三个模型的核心,是其他两个模型的框架。在面向对象的开发中,常用的模型包括对象模型、动态模型和功能模型。

**1. 对象模型**

对象模型描述了系统中的静态结构,着重于对象和类的表现。对象模型包括以下元素。

1) 对象和类

对象模型旨在描述对象和类。这包括对对象的属性、操作和方法进行建模。属性是对象的数值特征;操作是类中对象使用的功能或变换;方法是类的操作的具体实现步骤。

2) 关联和链

关联表示类之间的关系,而链表示对象间的物理或概念上的连接。链是关联的实例,而关联则是链的抽象。在面向对象的设计中,为了确保单一职责原则,一个完整的软件通常包含许多类。运用关联建立类之间关系,运用链建立对象之间的关系。关联具有多重性,即一个类中的多个对象可以与另一个类的一个对象相关联,通常描述为"一对多"或"多对一"。

3) 类的层次结构

类的层次结构包含聚集关系和一般化关系。聚集是"整体-部分"的关系,其中有整体类和部分类之分。聚集具有传递性和逆对称性。一般化关系是在保留对象差异的同时共享对象相似性的一种高度抽象方式。它是"一般-具体"的关系。一般化类称为父类,具体类称为子类,各子类继承了父类的性质,并将一些共同性质和操作归纳到父类中。

**2. 动态模型**

动态模型是与时间和变化有关的系统性质。该模型描述了系统的控制结构,表示瞬间的、行为化的系统控制。这个模型关注系统的控制方式、操作的执行顺序,从对象的事件和状态角度描述了对象之间的相互作用。

动态模型描述了触发事件、事件序列、状态以及事件与状态之间的组织关系,通常使用状态图来进行描述。以下是动态模型中涉及的关键元素。

1) 事件

事件是指系统在某一时刻发生的特定事情。

2) 状态

状态是对象属性值的抽象。它将影响对象重要行为的属性值按性质进行归类,表示对象对输入事件的响应。

3) 状态图

状态图是描述有限自动机的图形表示。在动态模型中,状态图是建立系统动态行为的图形工具。它展现了状态和事件之间的关系。系统接收事件后,下一个状态取决于当前状态和所接收的事件,这种事件引发的状态转变被称为转换。

**3. 功能模型**

功能模型描述了系统中所有的计算过程。它阐明了系统中发生的事情,动态模型强调事件的时间点,而对象模型描述了发生的客体。在功能模型中,重点在于说明计算过程如何将输入转换为输出,而不涉及计算的执行顺序。

功能模型通常由多个数据流图组成。数据流图展示了数据值从源对象流向目标对象的过程,但它不包含控制信息,这些信息在动态模型中描述。同时,数据流图也不展示对象内部值的组织方式,这方面的表达由对象模型负责。在数据流图中,包含处理、数据流、动作对象和数据存储对象等元素。

1）处理

数据流图中的处理用来改变数据值。最低层处理是纯函数,而完整的数据流图是高层次的处理过程。

2）数据流

数据流图中的数据流将对象的输出与处理、处理与对象的输入、处理与处理联系起来。在计算机中,数据流表示中间数据值,但不能改变数据值。

3）动作对象

动作对象是主动参与的对象,通过生成或使用数据值来驱动数据流图。

4）数据存储对象

数据流图中的数据存储是被动对象,其作用是存储数据。与动作对象不同,数据存储本身不产生任何操作,它只响应存储和访问的要求。

这三种模型各自从不同角度描述了待开发系统的特性。功能模型阐明了系统需要"做什么";动态模型明确了何时(处于何种状态)接收何种事件的触发;而对象模型定义了执行任务的实体。因此,在面向对象方法学中,对象模型作为核心为其他两种模型提供了基础和框架。

## 6.2 面向对象软件的测试策略

面向对象软件的测试目标与传统的结构化软件测试相同,即在限定的时间和工作量内尽可能多地发现错误。然而,面向对象软件本身的特点改变了软件测试的基本策略。

面向对象系统测试通常涵盖以下主题。

- 单元测试。
- 类的集成测试。
- 系统测试。
- 回归测试。
- 与面向对象测试的相关模型。

接下来,对面向对象测试的各个主题进行详细说明和描述,通过这些描述来分析面向对象系统测试与传统结构化软件系统测试的异同。在这些主题中,特别着重介绍单元测试和集成测试,因为它们是面向对象系统测试与结构化软件测试需要重点对比的方面。

### 6.2.1 面向对象的单元测试

在考虑面向对象软件时,单元测试的概念发生了显著变化。面向对象软件引入了封装和类的概念,这意味着每个类的实例(对象)包含属性(数据)和处理这些数据的操作(函数)。在单元测试中,封装的类往往是重点,而类中包含的操作是最小的可测试单元。这对单元测试策略带来了挑战。

在传统软件中,单元通常被定义为能够自身编译的最小程序块,一个独立的过程/函数,由一个人完成的小规模工作。在面向对象单元测试中,可以考虑两种观点。

**1. 以方法为单元**

以方法为单元可以将面向对象单元测试归结为传统的(面向过程的)单元测试。方法几乎等价于过程,所以可以使用所有传统的功能性和结构性测试技术。这种方式需要桩和驱动测试程序,以提供测试用例并记录测试结果。对于面向对象的单元测试,需要提供能够实例化的桩类以及起驱动作用的"主程序"类,以提供和分析测试用例。

**2. 以类为单元**

在以类为单元的测试中,不再独立测试单个操作,而是将其作为类的一部分进行考虑。例如,如果一个类的层次结构中的父类定义了操作 A,而一些子类继承了这个操作 A,则需要在每个子类的环境中对操作 A 进行测试,因为每个子类都在其自身定义的私有属性和操作上使用了该操作。

以类作为单元可以解决类内集成问题,但也会带来其他问题,比如不同类的视图问题。第一种视图是静态视图,关注类在源代码中的表示形式。虽然这种视图适用于代码阅读,但它常常忽略了继承关系。通过完全展开扁平化的类,可以解决这个问题。这种经过扁平化的类,可以被称为编译时间视图,即第二种视图。因为继承在编译时实际发生。第三种视图是执行时间视图。关注类在实际运行时的行为和交互。它提供了在程序执行过程中类的行为方式的观察,但无法在编码阶段完全展现。

### 6.2.2 面向对象的集成测试

在面向对象系统中,考虑了类之间的交互和通信。它们不仅是简单的独立对象或类的集合,而且是相互交互、集成,并彼此通信。在面向对象系统设计中,重点在于可重用的组件或类。因此,一旦基类完成了测试,接下来便是测试类是否可以协同运作。与面向过程语言类似,集成测试的单元不再是一个源文件,而是一组关联的文件或类,它们一起完成某一特定功能的测试单元。

在面向过程系统中,测试是通过检验不同数据对控制流路径的影响来完成的。而在面向对象系统中,类之间的通信是通过消息进行的。

消息具有以下格式。

<实例名>.<方法名>.<变量>

实例名称调用指定名称和方法,或者通过适当的变量调用相关类的对象。然而,描述要测试的流程不能仅通过列出要经过的函数名来完成。方法名无法唯一确定控制流。因为存在多态性,即同一个操作在不同条件下有不同行为的性质。这给测试带来挑战,因为它颠覆了传统的代码覆盖和代码静态审查。例如,两个类分别叫作 square 和 circle,并且它们都有一个叫作 area 的方法。虽然这两个方法都叫作 area,接收的参数也相同,但是依据调用方法的不同背景,参数的含义也不同。这表示对于 square 测试了 area 方法并不意味着 circle 的 area 方法也是正确的,需要对它们进行独立的测试。

另一种挑战是动态绑定所带来的多态性,它使得消息接收类在运行时确定。这对测试人员来说更加困难,尤其对于使用指针的语言如 C++。在这种情况下,白盒测试策略,如代码覆盖,在很多情况下并不适用。例如,假设有一个名为 ptr 的指针变量,它指向特定对象,ptr->area(i)在运行时会解析为指向 ptr 所指向的对象类型的 area 方法。这意味着虽然通过用指向一个 Square 对象的 ptr 可以达到对 ptr->area(i)的代码覆盖,但是如果 ptr 没有测试过指向 Circle 对象的情况,那么即使代码中的调用部分已被测试覆盖,计算圆面积的部分却没有被测试。

面向对象系统的集成测试有两种不同的策略。一种是基于线程的测试,针对影响系统某一输入或事件的一组类进行单独的集成和测试。接着进行回归测试以确保没有其他关联产生。另一种方法是基于使用的测试,通过测试很少使用服务类的那些类(独立类)开始构造系统,独立类测试完成后,利用独立类测试下一层的类(依赖类)。继续依赖类的测试,直到完成整个系统的测试。

除了封装和多态性,类集成测试还面临着另一个问题:在什么顺序下将类组合进行测试?这个问题类似于面向过程系统集成测试的挑战。由于面向对象软件缺乏明确的层次控制结构,传统的自顶向下和自底向上的集成策略在面向对象软件测试中不再适用。类之间的直接和间接相互操作,常常使得单独将一个操作集成到类中变得不可行。在面向对象系统的集成测试中需要特别注意:

- 面向对象系统本质上是通过小的、可重用的组件构成。因此,集成测试对于面向对象系统来说更重要。
- 面向对象系统下组件的开发一般更具并行性,因此对频繁集成的要求更高。
- 由于并行性提高,集成测试时需要考虑类的完成顺序,也需要设计驱动器来模拟尚未完成的类功能。

### 6.2.3 面向对象的系统测试

面向对象的系统测试是针对非功能需求的测试,包括所有功能需求之外的需求和注意事项。这种测试涵盖了对整个产品或系统的检验,不仅包括软件本身,还涉及软件所依赖的硬件、外部设备,甚至某些数据、支持软件及其接口等。其目的是确保软件与其各种依赖资源之间能够协调运作,形成一个完整的产品。系统测试是软件测试过程中至关重要的一环,也是面向对象系统测试不可或缺的阶段。

面向对象系统测试有三个主要目的:

- 验证交付的产品组件和系统性能是否达到预期要求。
- 确定产品的容量以及边界限制。
- 识别系统性能瓶颈。

由于系统测试需要模拟与用户实际使用环境相同的测试平台,以保证被测系统的完整性,因此对于暂时缺失的系统设备部件,也需要相应的模拟手段来进行测试。

### 6.2.4 面向对象的回归测试

在软件生命周期的任何阶段,一旦软件发生变更,都可能带来问题。这种变更可能源自发现的错误及其修改,也可能是在集成或维护阶段引入新模块。当发现软件中的错误时,不完善的错误追踪和管理系统可能会遗漏对错误的修改;开发者对错误的理解不足也可能只修复外部表现而未解决问题本身,导致修改无效;修改可能产生副作用,使得原本正常的部分出现新问题。同样,新代码的加入也可能对现有代码产生影响,不仅新代码可能存在问题,还可能对原有代码造成影响。因此,每当软件发生变化时,都需要重新测试现有的功能,确保修改符合预期,并检查是否损害了原有的正常功能。同时,需要补充新的测试用例来验证新增或修改的功能。回归测试是验证修改正确性及其对系统影响的重要手段。

在面向对象系统中,由于依赖于可重用组件,对任何组件的变更可能引入潜在副作用。频繁地运行集成和回归测试用例变得至关重要。此外,面向对象系统中的继承等特性可能导致变更的级联效应,因此尽早捕获缺陷尤为重要。

回归测试需要时间、经费和人力来计划、实施和管理。为了在给定的预算和进度下,有效地进行回归测试,需要维护测试用例库并依据特定策略选择相应的回归测试套件。

## 6.3 面向对象软件的测试用例设计

面向对象体系结构产生了一系列分层子系统,其中包括相互协作的类。每个系统组件(包括子系统和类)都完成系统需求的功能。然而,在类之间的协作和子系统的通信过程中可能会出现错误,因此需要在不同层次上对面向对象系统进行测试,以便发现这些错误。

虽然面向对象测试在方法上与传统测试相似,但它们的测试策略是有区别的。由于面向对象分析与设计模型在结构和内容上与面向对象程序相似,因此测试开始于对这些模型的评审。随着代码生成,面向对象测试涉及设计一系列小型测试用例来验证类操作,并检查类在与其他类协作时是否出现错误。当集成类形成一个子系统时,结合基于故障的方法,运用基于使用情况的测试对相互协作的类进行全面检查。最终,利用用例发现软件确认层的错误。

相对于传统的结构化程序测试侧重于通过软件的"输入"-"处理"-"输出"视图或单个模块的算法细节来设计测试用例,面向对象测试更关注于设计适当的操作序列来检查类的状态。

### 6.3.1 面向对象测试用例设计的基本概念

类经历了从分析模型到设计模型的演变,成为测试用例设计的目标。封装使得从类的外部测试操作变得不太现实,尽管封装是面向对象的基本特征之一,但它有时也会成为测试的障碍。正如Binder所言:"测试需要对象的具体和抽象状态。"然而,封装也给获取这些信息带来了困难,除非提供内置操作来报告类的属性值。

集成也给测试用例的设计带来了额外的挑战。即使已经进行了复用,每个新的使用环境都需要重新测试。此外,多重继承增加了所需测试的环境数量,也让测试变得更加复杂。如果从父类派生的子类实例在相同环境中使用,那么使用父类生成的测试用例集合来测试子类是可行的。但是,如果子类在完全不同的环境中使用,父类的测试用例就不再适用,需要设计新的测试用例。

白盒测试方法可以应用于类中定义的操作。基本路径、循环测试或者数据流技术有助于确保测试每个操作的每条语句。然而,由于类的操作结构通常较简洁,因此通常采用白盒测试方法来测试类的层次。与传统的软件工程方法类似,黑盒测试方法同样也适用于面向对象系统测试。用例可以为黑盒测试提供有用的输入。

### 6.3.2 面向对象编程对测试的影响

面向对象编程可能对测试有几种影响,这取决于面向对象编程的特性。

- 某些类型的故障变得不可能(不值得测试)。
- 某些类型的故障变得更加可能(值得测试)。
- 出现某些新的故障类型。

在面向对象编程中,调用一个操作时很难确定执行的确切代码,因为操作可能属于多个类之一。同样,确定准确的参数类型也是困难的,因为获取的值可能不是预期的值。

传统函数调用可以帮助理解这种差异:

X = func(y);

在传统软件中,测试人员需考虑所有 func 的行为,其他则不考虑。在面向对象语境下,测试人员必须考虑诸如 Father::func()和 Derived::func()等行为。每次 func 被调用,测试员必须考虑所有不同行为的集合,如果遵循了良好的面向对象设计习惯并限制了父类和子类之间的差异,这会相对容易。对基类和派生类的测试方法实质上是相同的。

测试面向对象的类操作类似于测试一段代码:设置函数参数,然后调用该函数。继承是一种方便地产生多态的方式,在调用点,关注的不是继承,而是多态。

然而,继承不能避免对所有派生类进行全面测试的需要,并且使得测试过程更加复杂。例如,类 Father 包含 copyfile()和 readfile()操作,而类 Derived 重新定义了 readfile()以用于新环境。显然,Derived::readfile()必须测试,因为它代表新的设计和代码,完成不同的操作。

如果 Derived::copyfile()调用了 readfile(),而 readfile()的行为已发生变化,那么 Derived::copyfile()可能有新的行为,因此 Derived::copyfile()也需要重新测试,即使方法的设计与代码没有变化。如果 Derived::copyfile()与 readfile()无关,即不直接或间接调用它,那么派生类中的代码 Derived::copyfile()就不需要重新测试。

面向对象系统的体系结构和构造使得某些类型的故障更可能,例如,由于面向对象操作通常较小,可能存在更多的集成工作和故障机会,使得集成故障变得更可能。

### 6.3.3 基于故障的测试

在面向对象系统中,基于故障的测试旨在设计最可能发现潜在故障的测试方案。因为产品或系统必须满足用户需求,因此,完成基于故障的测试需要从分析模型开始进行初步规划。测试人员寻找可能存在的故障,设计测试用例来检查软件设计或开发代码,以确认这些潜在故障是否存在。

在集成测试中,通过消息传递链路寻找可能存在的故障,在此环境下,会遇到三种类型的故障:非预期结果、错误的操作和消息使用以及不正确的调用。为了确定潜在故障是否可能出现在操作调用时,必须检查操作的行为。

集成测试通过对象的属性赋予的值来定义对象的行为,测试应该检查这些属性,以确定是否提供了适当的值来模拟对象的不同行为类型。

需要注意的是,集成测试试图在客户对象而不是服务器对象中发现错误。以传统的术语来说,集成测试的焦点是确定调用代码中是否存在错误,而不是被调用代码中是否存在错误。通过调用操作作为线索,这种方法可以满足发现调用代码中错误的测试需求。

### 6.3.4 基于场景的测试

基于故障测试虽然有效,但忽略了两种主要的错误类型:一是不正确的规格说明,二是子系统间的交互。不正确的规格说明可能导致产品无法满足用户需求,产生错误行为或遗漏某些功能。当一个子系统的运行环境依赖于另一个系统的正常运作时,如果后者发生故障,可能会导致与子系统交互相关的错误。

基于场景的测试关注的是用户的行为而不是产品的行为。这意味着需要捕获用户必须完成的任务,并在测试中使用这些场景及其变体。场景测试有助于发现交互错误。为达到这一目标,测试用例必须比基于故障测试更复杂且更贴近实际。基于场景的测试通常涉及单个测试检查多个子系统,而用户并不局限于仅使用一个子系统。

### 6.3.5 表层结构和深层结构的测试

表层结构指的是面向对象程序外部可见的结构,即最终用户可以直接观察到的部分。在面向对象系统中,用户可能关注对象的操作方式,而不仅是功能完成情况。尽管接口可能不同,但测试仍然基于用户任务。为了捕捉这些任务,需要理解、观察,并与代表性用户交流。

深层结构指的是面向对象程序内部的技术细节,即通过检查设计和代码了解的数据结构。深层结构测试是检查面向对象软件设计模型中的依赖关系、行为和通信机制。分析模型和设计模型作为深层结构测试的基础。例如,UML 协作图或分布模型描述了对象和子系统间不对外可见的协作关系。测试用例设计者需要考虑这些测试用例是否涵盖了协作图中记录的协作任务。如果没有,需要思考原因。

## 6.4 面向对象的软件测试案例

### 6.4.1 HelloWorld 类的测试

**1. 类说明**

HelloWorld 是一个简单的示例,几乎每本编程语言学习书籍都会以 HelloWorld 作为第一个示例。首先以 HelloWorld 为例说明如何进行面向对象的单元测试。代码如下。

```java
//HelloWorld.java
package HelloWorld ;
public class helloWorld {
    public String sayHello( ) {  //返回测试字符串的方法
        return str;
    }
    private String str;
}
```

**2. 设计测试用例**

为了对 HelloWorld 类进行测试,可以编写以下测试用例,这也是一个 Java 类文件。代码如下。

```
//HelloWorldTest.java;
package hello.Test ;
import helloWorld. * ;
public class HelloWorldTest {
        boolean testResult; //测试结果
        public static void main ( String args[] ) {
        //实现对 sayHello()方法的测试
                private static final String str = "Hello Java!";
                protected void setUp ( ) {
                //覆盖 setUp()方法
                        HelloWorld JString = new HelloWorld ( ) ;
                }
                public void testSayHello ( ) {
                //测试 SayHello()方法
                        if ( "Hello Java!" == Jstring.sayHello ( ) )
                        testResult = True;
                        else
                        testResult = False;
                        //如果两个值相等,测试结果为真,否则为假
                }
}
```

这里的测试方法是比较期望输出与"Hello Java!"字符串是否相同。如果相同则将 testResult 赋值为真,否则为假。后续会介绍单元测试工具 JUnit,读者可以发现通过 JUnit 这一工具可以更为方便快捷地进行单元测试。

## 6.4.2 Date.increment 方法的测试

### 1. 类说明

CRC(Class-Responsibility-Collaborator,类-责任-协作者)是目前比较流行的面向对象分析建模方法。在 CRC 建模中,用户、设计者、开发人员共同参与,完成对整个面向对象工程的设计。

CRC 卡是一个标准索引卡集合,包括三部分:类名、类的职责、类的协作关系,每张卡片代表一个类。类名写在 CRC 卡的顶部,表示卡片描述的类名;类的职责包括类对自身信息的了解以及信息的应用方式,这部分在 CRC 卡的左侧;类的协作关系表示与其他相关类的连接,用于获取所需信息或进行相关操作,位于 CRC 卡的右侧。

我们使用"类-责任-协作者"(CRC)卡对 Date 类进行说明,然后根据 Date 类的伪代码,分析出程序图如图 6-2 所示。

首先对于类 CalendarUnit,它提供一个方法在所继承的类中设置取值,提供一个布尔方法说明所继承类中的属性是否可以增 1。伪代码如下。

```
class CalendarUnit{
//abstract class
        int currentPos;
        CalendarUnit(pCurrentPos){
                currentPos = pCurrentPos;
        }//End CalendarUnit

        setCurrentPos(pCurrentPos){
```

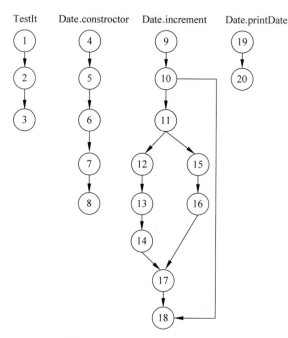

图 6-2 testIt 和 Date 类的程序图

```
            currentPos = pCurrentPos;
       }//End setCurrentPos

            abstract protected boolean increment();
}
```

为了测试 Date.increment() 方法,需要开发一个名为 testIt 的类用作测试驱动,它会创建一个测试日期对象,然后请求该对象对其本身增 1,最后打印新值。伪代码如下。

```
class testIt{
       main(){
              testdate = instantiate
Date(testMonth, testDay, testYear)
              testdate.increment()
              testdate.printDate()
       }
}//End testIt
```

下面给出 Date 类的 CRC 卡中的信息如表 6-1 所示。

表 6-1 Date 类的 CRC 卡

| 类名:Date | |
|---|---|
| 责任:Date 对象由日期、月份和年对象组成。Date 对象使用所继承的 Day 和 Month 对象中的布尔增量方法对其本身增 1;如果日期和月份对象本身不能增 1(例如月份或年的最后一天),则 Date 的增量方法会根据需要重新设置日期和月份。如果是 12 月 31 日,则年也要增 1。printDate 操作使用 Day、Month 和 Year 对象中的 get() 方法,并以 mm/dd/yyyy 格式打印出日期 | 协作者:testIt,Day,Month,Year |

Date 类的伪代码如下。

```
class Date {
1      private Day d;
2      private Month m;
3      private Year y;
4      public Date(int pMonth, int pDay, int pYear) {
5          y = instantiate Year(pYear);
6          m = instantiate Month(pMonth, y);
7          d = instantiate Day(pDay, m);
8      }//End Date constructor
9      increment() {
10         if (!d.increment()) {
11             if (!m.increment()) {
12                 y.increment();
13                 m.setMonth(1, y);
14             }
15             else
16                 d.setDay(1, m);
17         }
18     }//End increment
19     printDate() {
20         System.out.println(m.getMonth() + "/" + d.getDay() + "/" + y.getYear());
       }//End printDate
}//End Date
```

**2. 设计测试用例**

正如黑盒测试部分所提及的,等价类测试是处理逻辑复杂单元的明智选择。Date.increment()操作处理日期的三个等价类如下。

D1={日期：1≤日期＜月的最后日期}

D2={日期：日期是非 12 月的最后日期}

D3={日期：日期是 12 月 31 日}

实际上,对应 Date.increment()程序图中的以下三条路径。

P1：9-10-18

P2：9-10-11-12-13-14-17-18

P3：9-10-11-15-16-17-18

这些路径构成了 Date.increment()的基路径,因此 Date.increment()程序图的圈复杂度为 3。然而,这些等价类的定义可能有些模糊,特别是 D1,它引用了没有具体月份说明的最后日期,没有明确指明是哪个月份。因此,这个问题进一步转换为对 Month.increment()方法的测试。

# 小　　结

本章简要介绍了面向对象的基本特征、分析与设计方法以及相关模型。探讨了面向对象的单元测试、集成测试、系统测试和回归测试的策略,并介绍了面向对象软件测试用例设计的相关内容。最后,对 HelloWorld 类和 Date.increment()方法的测试案例进行了说明。

面向对象的基本特征包括抽象、继承、封装、重载和多态。这些特征构成了面向对象系统的基础,为软件测试提供了一种新的视角。而面向对象系统测试涵盖了单元测试、类的集成测试、系统测试和回归测试等主题。介绍了相关的测试模型,如用例、类图、序列图和活动图,这些模型有助于测试人员更好地理解和设计测试方案。面向对象编程可能对测试产生多种影响,包括使某些类型的故障变得不可能或不值得测试,使某些类型的故障更可能或值得测试,以及可能引入新的故障类型。

　　在面向对象系统中,常用的测试方法包括基于故障的测试、基于场景的测试,以及针对表层结构和深层结构的测试。

# 习　题　6

# 第 7 章　软件质量保证

在当今数字化和信息化的时代,软件已经成为人们日常生活和工作中不可或缺的一部分。然而,随着软件的广泛应用和复杂性的增加,用户对软件质量的要求也越来越高。因此,软件质量保证作为确保软件产品满足用户期望并符合高标准的重要手段,已经成为软件开发过程中不可或缺的一部分。

**本章要点**
- 软件质量概述
- 软件质量保证在软件开发周期中的角色
- 质量保证计划和策略
- 质量度量和监控
- 软件评审
- 持续集成和持续交付

## 7.1　软件质量保证概述

质量保证(Quality Assurance,QA)是管理中至关重要的活动,旨在确保产品或服务达到预定的质量标准和客户需求。该过程涵盖了一系列计划、实施、监控和改进的活动,以持续维护和提升产品或服务的质量水平。

### 7.1.1　软件质量的定义

软件质量是指软件产品或服务在满足预期需求的同时,符合一系列的质量属性和标准。Roger S. Pressman 对软件质量的定义为:软件要符合显式声明的功能和性能需求,显式文档化的开发标准以及专业人员开发的软件所应具有的所有隐含特性。

实际上,在评价软件质量时,常从多方面来考察,这些方面称为软件的质量属性。根据其在运行时是否可观察,可以分为两类:运行时可观察到的包括正确性、性能、安全性、可用性、易用性;运行时不可观察到的包括可修改性、可移植性、可测试性、可集成性、可重用性等。

- 正确性:软件能够做正确的事情,并且能够正确地运行。
- 性能:系统的响应时间和硬件资源的占用率。
- 安全性:在对合法用户提供服务的同时,阻止未授权用户的使用企图。
- 可用性:能长时间正确地运行并快速地从错误状态恢复到正确状态。
- 易用性:最终用户容易使用和学习。
- 可修改性:系统很容易地被修改从而适应新的需求或采用新的算法、数据结构的能力。

- 可移植性：软件可以很简单地在平台间移植。
- 可测试性：软件能够被测试的容易程度。
- 可集成性：让分别开发的组件能够正确地协同工作。
- 可重用性：已有的组件能够在新系统中被有效使用。

### 7.1.2 质量保证的定义

质量保证是指在软件开发生命周期中，通过一系列的计划、实施、监控和改进的活动，以确保软件质量的方法。它是一种全面的管理方法，覆盖了产品或服务生命周期的各个阶段，从规划、设计、开发、测试、交付到维护和持续改进，确保软件按时交付、高质量、可靠且易于维护。为实现这一目标，质量保证采用了多种有效的软件工程技术，包括正式的技术评审、多层次的测试策略以及对软件文档和修改的控制。

质量保证的核心原则是通过预防、检查和改进来确保产品或服务的质量，强调了预防质量问题的重要性。质量保证包括制定质量政策、建立标准操作程序、过程监控、质量审核和持续改进等活动。

### 7.1.3 质量保证与软件测试的关系

质量保证和软件测试虽然密切相关，但它们在概念和实践上存在明显差异。

软件测试作为质量保证的重要组成部分，是一种具体的技术活动，用于验证软件的功能、性能和可靠性。通过执行测试用例、评估软件的行为和性能，测试发现潜在的缺陷和问题，并确保软件符合规范和质量标准。

质量保证的角色在于支持和确保测试活动的有效实施。它包括规划和监控测试活动，提供测试资源，确保测试满足质量目标，并与测试团队合作以确保整体质量目标的实现。

### 7.1.4 质量保证的重要性

质量保证对组织和项目的成功至关重要，具体体现在以下几方面。

（1）提升客户满意度。质量保证确保提供高质量的产品或服务，满足客户的需求和期望，从而增强客户的满意度和忠诚度。满足客户需求是保持业务竞争力的重要因素。

（2）降低成本。通过预防质量问题，减少缺陷和重工，质量保证有助于降低总体成本。成本节省可用于投资于其他关键领域，改进产品或服务。

（3）有效风险管理。质量保证有助于降低项目风险，减少不合规的风险，并避免声誉损害。管理风险是确保项目成功的必要条件。

（4）推动持续改进。质量保证强调不断改进的原则，有助于组织识别和纠正问题，提高质量管理体系和流程。持续改进是保证竞争优势的关键。

## 7.2 质量保证在软件开发周期中的角色

### 7.2.1 质量保证在软件开发生命周期中的作用

质量保证在软件开发生命周期中扮演着关键角色，从项目规划到最终交付和维护，都需要其支持和协助。以下是质量保证在不同开发生命周期阶段的具体作用。

**1. 项目规划阶段**

在项目规划阶段中质量保证的关键活动如下。

（1）制定质量政策和目标：确保项目的质量目标明确并与项目的整体目标一致，与项目管理团队合作制定政策和目标，包括功能性要求、性能标准、安全要求等。

（2）制订质量计划：质量保证团队制订质量计划，其中包括质量目标、质量控制活动、测试策略等，指导后续阶段的质量保证活动。

（3）风险评估：质量保证团队与项目团队合作，评估可能对质量产生影响的风险，并采取预防措施，以确保项目顺利进行。

**2. 需求分析和设计阶段**

在需求分析和设计阶段，质量保证的关键活动如下。

（1）需求审查：参与需求审查，确保需求明确、一致，并满足质量标准。检查需求规范，提供反馈和建议。

（2）设计审查：确保设计满足质量标准，包括性能、可维护性和可扩展性等方面的要求。

（3）制订测试计划：包括测试策略、测试用例和测试环境的规划，为后续测试活动做准备。

**3. 开发和编码阶段**

在开发和编码阶段，质量保证的关键活动如下。

（1）代码审查：进行代码审查，确保编码符合编程标准、性能要求和安全性要求。

（2）单元测试：支持开发团队进行单元测试，确保代码的基本功能正确。

（3）持续集成和构建自动化：建立持续集成和构建自动化流程，减少集成问题的风险。

**4. 测试阶段**

在测试阶段，质量保证的关键活动如下。

（1）执行各类测试：包括功能测试、性能测试、安全测试等，验证软件的各方面质量特性。

（2）问题跟踪和管理：跟踪测试中发现的问题，协助开发团队解决问题，并确保问题得到妥善处理。

（3）测试报告：生成测试报告，提供关于质量水平的见解，为交付提供建议。

**5. 交付和维护阶段**

在交付和维护阶段，质量保证的关键活动如下。

（1）监测和性能分析：监测软件的性能和运行状况，及时发现潜在问题。

（2）问题修复和改进：协助开发团队进行问题修复，更新和改进软件，以提高质量。

（3）客户反馈分析：分析客户反馈，了解客户的需求和提供改进的方向。

### 7.2.2 敏捷开发中的质量保证

敏捷开发是一种广泛应用于现代软件开发的方法，其核心理念是根据需求变化和客户反馈灵活调整项目，以更好地满足客户的需求。敏捷开发的快节奏和迭代方式对质量保证提出了新的要求和挑战。

（1）设定质量标准和目标：在敏捷开发中，质量保证团队与开发团队和产品负责人合作,明确项目的质量标准和目标,这确保了团队对可接受的质量水平有清晰的认识,并将质量作为项目的核心价值之一。

(2) 测试自动化:由于敏捷开发的迭代周期短,测试自动化变得尤为重要。质量保证团队致力于建立自动化测试框架,以确保在短时间内完成全面的测试,减少手动测试的负担,并提高测试的可靠性和效率。

(3) 持续集成和交付:敏捷开发中强调连续集成和交付。质量保证团队负责确保代码的连续集成,并在每个迭代中进行持续测试。这有助于及早发现和解决问题,降低质量问题的风险,并确保每个迭代的交付是可靠的。

(4) 质量审查和反馈:质量保证团队与开发团队一起进行质量审查,并提供及时反馈。通过及时发现和解决问题,团队可以保持项目的进展顺利,并确保质量问题不会在后续迭代中累积。

(5) 敏捷测试方法:质量保证团队通常采用敏捷测试方法,如行为驱动开发(BDD)、测试驱动开发(TDD)和探索式测试,以确保开发是按照需求进行的,同时提高测试覆盖率。

(6) 问题跟踪和管理:质量保证团队负责跟踪测试中发现的问题,并确保问题得到及时解决。这有助于保持团队的透明度和高效。

(7) 质量文档管理:敏捷开发中通常会减少过多的文档,但仍需要管理质量相关的文档,如测试计划、测试用例和测试报告。质量保证团队确保这些文档的正确性和及时更新。

(8) 持续改进:质量保证团队通过收集和分析数据,提供质量改进建议,并与开发团队合作,持续改进流程,降低缺陷率和提高产品质量。

在敏捷开发中,质量保证是确保项目成功的关键因素,需要灵活应对快速变化的需求和环境,与其他团队紧密合作,持续改进和提高产品质量。

## 7.3 质量保证计划和策略

### 7.3.1 质量保证计划和策略的定义

质量保证计划和策略在软件开发项目中扮演着关键角色,为确保项目质量提供了重要的框架和指导。质量保证计划规定了管理和确保项目质量的具体步骤,以满足预设的质量目标和标准。而质量保证策略则更为广泛,描述了组织整体的方法和理念,以确保产品或服务的质量达到期望水平。这两者的结合为项目提供了明确的质量方向,并确保整个团队在实现项目目标时保持一致性。

质量保证计划通常包括以下几个要素。

- 质量目标的明确定义:确定项目的质量目标,明确项目的期望质量水平,并与项目管理团队共同制定实现这些目标的具体措施。
- 质量标准的制定:确立项目质量的评判标准和指标,以便对项目的质量进行客观评估和衡量。
- 质量活动的计划:规划质量保证活动的具体执行步骤和时间表,确保各项活动有序进行,并按计划达成质量目标。
- 资源的分配:确定负责执行质量保证活动的团队成员,并分配必要的资源和支持,以保证质量活动的顺利开展。

- 风险管理策略：分析和评估可能影响项目质量的风险，并制定相应的风险管理策略，以便及时应对可能的风险事件。
- 沟通计划。建立有效的沟通机制和渠道，确保项目团队成员之间的信息共享和沟通畅通，以便及时解决质量相关的问题和挑战。

相对应地，质量保证策略则包括组织的质量愿景、政策、目标、策略和持续改进原则，有助于建立质量文化，确保组织在项目和产品的各个阶段都能注重质量。

### 7.3.2 质量保证计划示例

在电商平台项目启动阶段，制订质量保证计划。计划中明确定义项目的质量目标，包括用户体验、网站性能和交易安全性等方面。具体规定测试策略、测试用例设计方法、质量控制活动和风险管理策略等。具体示例如下。

**1. 质量目标和标准**

- 确保每日网站访问量不低于 100 000 次，每月交易量不低于 10 000 笔，交易成功率不低于 98%。
- 确保网站平均加载时间不超过 3s，交易页面响应时间不超过 1s，每月不超过三次系统宕机。
- 用户体验评分不低于 4.5 分（满分 5 分）。

**2. 质量活动计划**

- 每周进行功能测试，包括用户故事验证、界面测试和功能兼容性测试。
- 每月进行性能测试，包括网站负载测试、响应时间测试和并发用户测试。
- 每季度进行安全测试，包括漏洞扫描、渗透测试和数据加密性测试。

**3. 资源分配**

- 三名测试工程师，负责执行测试活动。
- 一名质量分析师，负责收集、分析和报告质量数据，并提供质量改进建议。

**4. 风险管理策略**

- 每月召开风险评估会议，评估可能影响项目质量的风险，并制定相应的风险应对措施。
- 针对高风险项目，每季度进行一次深度风险分析，以确保及时应对潜在的质量风险。

**5. 沟通计划**

- 每周召开一次质量保证会议，团队成员分享测试进展、质量问题和改进建议。
- 每月发布一次质量报告。总结上月的质量情况、问题和改进计划，并提出下月的质量目标。

## 7.4 质量度量和监控

### 7.4.1 质量度量和监控概述

度量质量是使用各种指标和方法来评估产品或服务的质量水平，包括性能、可用性、安全性和功能完整性等方面。质量度量通常借助各种质量指标，如缺陷率、可靠性和可维护性等，帮助项目团队了解项目当前状态，及时发现问题，并支持决策制定。

监控质量则是在项目整个生命周期中跟踪度量结果，以确保项目始终保持质量水平，并在必要时采取纠正措施。监控质量的过程通常包括定期审查和报告，以确保项目团队了解质量的趋势和变化。一旦度量结果显示质量问题，项目团队就可以采取纠正措施，以改善质量水平。

持续改进质量是质量管理的核心原则之一，强调通过监控质量并采取纠正措施来不断提高质量水平。这包括分析问题的根本原因，制订改进计划，培训团队成员，并确保改进措施的有效执行。通过持续改进，项目团队可以不断提高产品或服务的质量，提高客户满意度，以及提高组织的绩效水平。

### 7.4.2 质量度量和监控示例

**1. 度量质量**

通过多种指标评估电商平台的质量。每日监测网站的访问量、用户注册量和交易量等指标。定期进行网站性能测试，包括页面加载速度、交易响应时间和系统稳定性。同时，收集用户评价和投诉，用于评估用户满意度和产品质量。

- 网站访问量和交易量：每日使用网站流量监测工具（如百度统计 Baidu Analytics）监测网站访问量和交易量，确保每日网站访问量和交易量达到质量目标。
- 用户评价：每月定期收集用户评价和投诉，通过在网站页面设置反馈表单或发送满意度调查电子邮件来收集用户反馈。
- 性能测试结果：每月使用 LoadRunner 或 JMeter 等工具执行性能测试，包括页面加载速度、交易响应时间和服务器响应时间等性能指标，确保网站性能符合质量标准，并及时采取优化措施。

**2. 监控质量**

部署监控系统来实时跟踪网站的运行状况。监控包括服务器性能、数据库连接和网站响应时间等方面。当监控系统发现异常时，立即触发警报并通知质量保证团队，以便及时解决问题。

- 服务器监控：使用 Prometheus 或 DataDog 等工具监控服务器的关键性能指标，包括 CPU 利用率、内存使用率和磁盘空间占用情况。
- 网站日志监控：使用 Elasticsearch、Logstash 和 Kibana 构建实时日志监控和分析系统，用于收集、存储和分析网站日志，帮助排查问题和优化性能。

## 7.5 软件评审

软件评审是确保质量的重要方法，有助于发现和纠正潜在的问题。评审是一个系统性的过程，通过在项目的不同阶段进行审查，识别问题并确保产品或服务符合质量标准。

### 7.5.1 软件评审概述

软件评审包括一系列活动，例如，需求审查、设计审查和代码审查等。这些审查通常由项目团队的成员共同参与，共同检查和评估软件文档和代码。评审的目标是发现问题、确保符合质量标准，并提供反馈和改进建议。

## 7.5.2 不同类型的软件评审

不同类型的软件评审如下。
(1) 需求审查:审查需求文档,以确保其明确、一致和可验证。
(2) 设计审查:审查系统设计文档,以确保设计满足需求和质量标准。
(3) 代码审查:审查源代码,以查找潜在的错误、安全问题和最佳实践的遵守。
(4) 测试用例审查:审查测试用例,以确保测试覆盖了所有需求和潜在问题。

通过软件评审,团队能够提前发现和解决问题,降低后期修复成本,并提高产品或服务的质量水平。这种系统性的审查过程在整个软件开发周期中发挥关键作用,为项目的成功和用户满意度奠定了坚实基础。

## 7.5.3 软件评审示例

**1. 代码评审**

每次代码提交前进行严格的代码评审。通过 GitHub 或者 GitLab 进行代码审查,开发人员相互审查代码,确保代码质量和安全性。同时,引入静态代码分析工具,自动检测代码中的潜在问题和安全漏洞。

常用工具如下。

GitHub Pull Request/GitLab Merge Request:用于进行代码审查和讨论,确保代码质量。

SonarQube 工具:用于进行静态代码分析,检测代码中的潜在问题、安全漏洞和代码规范性,以提高代码质量和安全性。

**2. 功能评审**

每个迭代周期结束时,召开功能评审会议,由产品经理、开发人员和测试人员共同参与,对新增功能进行功能测试和评估,以确保满足用户需求。

常用工具:使用 Microsoft Teams、Zoom、飞书等进行远程会议和协作,共享屏幕并记录会议内容。

# 7.6 持续集成和持续交付

持续集成和持续交付(CI/CD)代表了现代软件开发和交付的前沿方法,其核心原则在于自动化和频繁地集成、测试和交付。这一方法论不仅有助于确保软件的质量和可靠性,还能够显著缩短软件的交付周期,从而提高开发效率和用户满意度。

## 7.6.1 CI/CD 的概念和原则

在持续集成(Continuous Integration,CI)的理念中,开发团队致力于频繁地将代码集成到共享存储库中,并通过自动化测试来验证新代码的质量。这确保了团队能够快速、及时地发现和纠正问题,同时确保新代码的集成不会破坏现有的功能。

持续交付(Continuous Delivery,CD)则进一步扩展了这一概念,着重于自动化的部署和交付流程,以便团队随时能够交付可部署的软件。这意味着团队可以随时将新的、经过测试的软件版本部署到生产环境,从而实现快速反馈和持续交付的目标。

CI/CD 的实施原则包括自动化、频繁性、一致性和持续改进。自动化测试和部署流程是 CI/CD 的基石,它们确保了整个开发过程的高效性和可靠性。频繁地集成、测试和交付则有助于团队快速响应变化、减少问题和风险,并提高软件的质量和稳定性。一致性原则确保了开发流程的规范性和可预测性,而持续改进原则则鼓励团队不断寻求提高的机会,不断优化 CI/CD 流程和实践。

### 7.6.2 实施 CI/CD 的好处

**1. 获得更快的反馈**

借助 CI 工具,可以实现对每次代码提交的快速测试,从而获得更快的反馈。这种方式能够及时发现潜在问题,避免在后续阶段出现严重的错误,提高代码质量和项目的整体可靠性。

**2. 提升运行过程的可视性**

通过建立 CI/CD 管道,可以清晰地了解新版本的整个流程、测试结果以及可能存在的问题。这种透明度使得开发人员能够准确把握构建过程中的变化,并及时应对潜在的挑战,从而降低业务受到的影响。

**3. 早期错误检测**

通过各种类型的自动化测试,可以在开发早期发现并解决问题,避免在后期阶段出现意外情况。这种优化可以有效减少开发周期,并增强系统的稳定性和可靠性。

### 7.6.3 CI/CD 管道阶段

CI/CD 管道通常包括以下阶段。

**1. 代码提交阶段**

开发人员将代码提交到版本控制系统(如 Git),触发 CI/CD 流程的启动。

**2. 持续集成**

在这个阶段,新特性或者新的代码会被集成,借助质量平台进行代码质量检查并获取反馈,同时 CI/CD 工具会执行一系列单元测试和其他有效的测试,确保代码质量和功能的稳定性。

**3. 构建阶段**

在这一阶段,会执行编译、打包和构建应用程序的过程,生成可部署的软件包或者容器镜像。

**4. 部署阶段**

一旦构建成功,就会将应用程序部署到预定的目标环境中,可以是开发、测试、预生产或生产环境。

**5. 自动化测试**

在部署后,会执行更广泛的自动化测试,包括端到端测试、性能测试、安全测试等,以确保应用程序在各种情况下都能够正常运行。

**6. 监控与反馈**

在整个 CI/CD 过程中,会实时监控应用程序的运行状态和性能指标,并将相关信息反馈给开发团队,以便及时调整和改进。

## 7.6.4 CI/CD 工具的选择

**1. Jenkins**

Jenkins 是一个流行的开源持续集成和持续交付工具,如图 7-1 所示。Jenkins 具有以下特点。

- Jenkins 能够很好地支持各种编程语言的项目构建,为开发团队提供了广泛的灵活性。
- 它完全兼容多种第三方构建工具,如 Ant、Maven、Gradle 等,使得开发人员可以选择适合自己项目的构建方式。
- Jenkins 能够与不同的版本控制系统(如 SVN、Git)无缝集成,方便团队在不同的项目中灵活选择适用的版本控制工具。
- Jenkins 拥有庞大的插件生态系统,经过多年的技术积累,为用户提供了丰富的插件选择,满足各种不同的需求。同时,在国内大部分公司都有使用 Jenkins,因此可以获得更多的社区支持与经验分享。

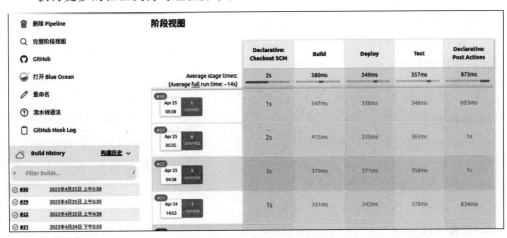

图 7-1  Jenkins 工具

**2. GitLab CI**

GitLab CI 是 GitLab 8.0 版本之后自带的持续集成系统,其核心思想是当每次推送代码到 GitLab 时,都会触发一系列自定义的脚本执行,包括测试、编译、部署等。GitLab 界面如图 7-2 所示。

- 自动化触发,GitLab CI 通过 Webhook 检测到代码变化后,会自动触发相应的 CI/CD 流程,无须人工干预,提高了开发团队的工作效率。
- 用户可以自定义脚本来执行各种操作,包括测试项目、编译和部署等,从而满足不同项目的特定需求。
- Runner 支持,GitLab CI 需要配合自定义安装的 GitLab Runner 来执行脚本,用户可以根据项目的需要配置不同的 Runner,实现并行执行和负载均衡。
- GitLab CI 与 GitLab 平台紧密结合,使得开发团队能够在同一个平台上完成代码管理、持续集成、持续交付等一系列操作,简化了开发流程,提高了团队的协作效率。

Jenkins 和 GitLab CI 都是优秀的 CI/CD 工具,选择适合自己团队的工具取决于项目

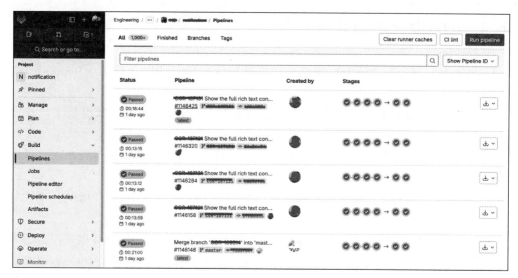

图 7-2　GitLab CI 工具

需求和团队的偏好。Jenkins 提供了丰富的插件和成熟的生态系统，适合对定制性要求较高的团队；而 GitLab CI 则是 GitLab 平台的一部分，提供了完整的解决方案，适合需要整体集成和简化工作流程的团队。

### 7.6.5　持续集成和持续交付示例

**1. 持续集成**

项目中，持续集成（CI）流程采用了 Jenkins 作为核心工具。每当开发人员向版本控制系统（如 Git）提交代码时，Jenkins 会自动触发一系列操作，包括代码检查、编译、单元测试、集成测试和端到端测试等。我们使用 JUnit、Pytest 和 Selenium 等自动化测试工具来执行这些测试，并确保代码的功能正确性、性能稳定性和用户体验。

**2. 持续交付**

为了实现持续交付，项目中采用了 Docker 和 Kubernetes 技术。首先，将应用程序和其所有依赖项打包到一个独立的 Docker 容器中，实现了环境隔离和一致性。随后，利用 Kubernetes 作为容器编排工具，可以轻松地管理和扩展应用程序的实例，并确保在不同环境中的一致性运行。同时，使用 Ansible 来管理应用程序的配置和部署过程，确保了部署的一致性和可靠性。这一整套 CI/CD 流程确保了每次代码变更都能自动部署到生产环境，大大提高了交付速度和可靠性，同时降低了部署过程中的人为错误风险。

## 小　　结

本章介绍了质量保证的基本概念，质量保证与软件测试之间的关系，以及质量保证在项目成功中的重要性。探讨了质量保证在项目规划、需求分析与设计、开发与编码、测试、交付与维护等阶段的作用。在敏捷开发中，质量保证的角色和实践需适应快节奏、迭代式的开发方式，重视质量标准和目标设定、测试自动化、持续集成和交付、质量审查和反馈等方面的工作。同时，本章还介绍了质量保证计划和策略的重要性，以及质量度量和监控的实践帮助团队及时发现和解决质量问题,确保项目在整个生命周期中保持质量水平。接着,还深入探讨了软件评审最为重要的质量保证方法,以及持续集成和持续交付(CI/CD)在现代软件开发和交付中的应用,强调了自动化和频繁集成、测试和交付的重要性,以提高质量和可靠性,并加速软件的交付周期。

## 习 题 7

# 第8章　敏捷项目测试

"敏捷"的核心是快速、灵活地响应变化。将敏捷应用到软件开发领域,给软件开发带来了变革;其中,测试不再是像瀑布式开发中的一个阶段,而是整个开发流程全程参与。

**本章要点**
- 敏捷项目简介
- 敏捷项目管理
- 敏捷测试

## 8.1　敏捷项目简介

敏捷软件开发(Agile Software Development),也称为敏捷开发,是一种自20世纪90年代开始逐渐引起广泛关注的新型软件开发方法。它强调快速响应变化的需求,与传统的"非敏捷"方法相比,更加注重程序员团队与业务专家之间的紧密协作、面对面的沟通、频繁交付新的软件版本、紧凑而自我组织型的团队,以及更好地适应需求变化的代码编写和团队组织方法。

在敏捷开发中,要求敏捷团队是高度跨职能的,开发人员、测试人员、业务分析人员和其他人员在整个迭代过程中全力协作。不同于传统模式,优秀的敏捷团队通过持续构建产品来培育质量,及时地集成新进展,特别强调自动化测试和整体团队思维。

敏捷项目管理的特点包括尽早交付、持续改进、灵活管理、团队投入和充分测试。敏捷管理应对能力强,改进效率高,更多以经验来控制项目。敏捷项目按照迭代(RUP模型)的方式运行,把项目分段完成,甚至把需求切分成更小的片段来完成,定期对项目进行评估。这要求每个参与敏捷项目的成员清楚地了解自己的任务,迅速处理和调整每个细节问题,明确不清晰的地方,以确保下个迭代能够顺利进行。尽管项目的灵活性提高,但团队的投入也相应提高,工作量并没有减少。

敏捷开发的产品运作后在质量控制上有多方面的优势,例如:
- 从高级需求向低级需求运作,大大提高了软件发布后的产品期望值。
- 产品在开发过程中有很多的需求变更,这种敏捷颗粒式开发大大降低了变更成本。
- 如果需求变更影响了项目计划,可以通过后续迭代中的低级需求来进行置换。
- 个体间的互动将更加频繁,需求传递的准确性大幅提高。
- 阶段性和碎片化的迭代,使得项目评估更具针对性。

在敏捷团队中,主要的角色包括以下几种。
- 业务人员:项目中所有属于"业务"一方的人(业务分析师、产品经理)。编写用户故事和需求发布的功能集。
- 项目 IT 人：参加发布代码的任何人（包括测试人员、程序员、架构师等）。
- 敏捷指导：在敏捷推广初期指导敏捷流程和提出改进建议。

典型的敏捷开发过程如图 8-1 所示。

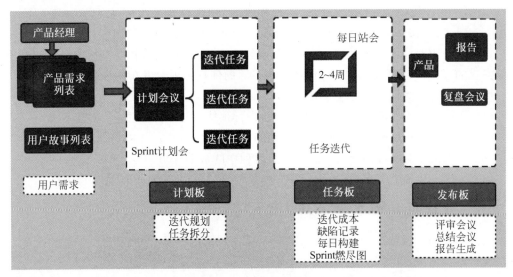

图 8-1　敏捷开发过程

## 8.2　敏捷项目管理

### 8.2.1　敏捷项目需求的管理

在敏捷项目中，需求管理是关键的一环，需要尽早地开发有价值的需求，并持续满足客户的要求以体现软件的价值。成熟的敏捷产品能够在短期内持续发布有价值的产品。

将本次版本的需求按价值和风险等级进行划分，优先处理高价值和高风险的需求，以迭代方式逐步完成。对于无法在一次迭代中完成的需求，进行拆分迭代处理。在明确好本次迭代需要做的需求后，做好需求基线，确定需求范围，召开迭代计划会议，做好详细的迭代计划。

需求的分配也不再是由项目经理指定任务给某人，而提倡需求领取的方式，鼓励团队成员自主认领需求，以增强团队的责任感和主动性。项目经理应对技能不足的员工提供关注和指导。

产品经理编写用户故事，内容主要是：As a…（作为什么角色），I want…（我希望需求如何），So that…（目的是什么）。还要写出该需求的验收标准。

在项目中的需求变更是不可避免的，可以是初期设计缺陷或客户主动提出的变更。而敏捷项目中提到的提倡需求变更，指的是用户主动提出的需求变更，为的是响应市场变化，提升需求价值。在敏捷项目过程中，人力和时间是不改变了，需求变更和客户确认后，应尽量减少本次迭代计划的调整，充分利用预留的 15% 的缓冲时间来应对变更，确保下个迭代的计划不受影响。

## 8.2.2 敏捷项目的时间管理

敏捷开发采用时间盒(Time Boxing)的方法，即限定时间而不限定范围。特性可以调整，但是不过度地去承诺，所以迭代一般不会延期，因为在迭代终点会放弃未完成的用户故事(Story)。在迭代中，需要预留15%的缓冲时间，用于处理突发需求和应对不可预见的情况。

敏捷项目中时间是固定的，要在时间盒内创造有价值的产品，就要不断地评估和调整所能够完成的任务。在项目开始前考虑各种项目间的依赖和项目发布的风险。

影响项目计划时间的因素常见的有：

(1) 需求估算的不确定性，需要依靠经验进行预估，因此计划时间存在偏差。

(2) 人员技能不足可能导致任务完成时间延长，团队应注重技能培训和资源分配。

(3) 需求设计漏洞可能导致需求在开发过程中的被动变更。

(4) 客户主动变更需求，这是我们需要积极配合的，以提升产品的价值和价格。

## 8.2.3 敏捷项目的质量管理

软件测试的一系列活动，其最终目的就是保证产品的质量，也就是说，质量的管理是在整个测试过程中决定的。

在敏捷项目中，在团队建设的初期，会有敏捷教练的角色加入。敏捷教练是熟悉敏捷运作流程的专业人士，指导项目团队的流程运作。例如，如何开展站立会议，如何计划迭代周期，如何做好迭代的持续更新，监控流程活动是否有效进行，对每个活动环节是否有效进行，对每个环节做持续指导和对应的优化建议，以改善流程中的活动来提高产品开发效率和质量。

软件测试人员除了具有专业知识、测试技能，还要对敏捷项目的运作深入理解和把控。在敏捷项目中，面对面的沟通高于文档的管理，计划会议和设计的讨论都需要测试人员的参与，包括产品经理最早对需求的澄清会议，也需要测试人员参与交流。测试人员还要具有良好的沟通能力，理解能力和全面的专业技能。

敏捷项目的质量还需要提高自动化测试的比重。敏捷项目相比于传统项目迭代周期要短，对于新开发的需求有可能对周边代码带来影响，有必要做核心功能和基本功能的重复性测试。持续集成的自动化测试就显得必不可少。敏捷项目管理者应考虑制订长期的自动化测试规划和培训计划，以确保团队具备必要的技能和资源来实施自动化测试。

# 8.3 敏捷测试

## 8.3.1 敏捷测试概述

敏捷开发的特点是高度迭代，有周期性，并且能够及时、持续地响应客户的频繁反馈。敏捷测试以沟通、简单、及时反馈、勇气和尊重为核心价值观，在敏捷软件开发过程中开展的测试称为敏捷软件测试。敏捷测试不断修正质量指标，正确建立测试策略，以确保客户的有效需求得以圆满实现，并确保整个生产过程安全、及时地发布最终产品。敏捷测试人员在活动中需要关注产品需求、产品设计和源代码，同时独立完成各项测试计划和测试执行工作，还要积极参与几乎所有的团队讨论和决策。质量的保证不仅是测试人员的责任,整个项目组里的每个成员都应对质量负责。测试人员的任务不是纠正开发人员的错误,而是帮助他们实现项目的最终目标。成为一名优秀的敏捷测试人员应遵循以下法则。

- 提供持续反馈。
- 为客户创造价值。
- 进行面对面沟通。
- 勇气。
- 简化流程与文档。
- 持续改进。
- 响应变化。
- 自我组织。
- 关注人。
- 享受乐趣。

敏捷测试不仅是测试软件本身,而是包括软件测试的过程与模式,敏捷项目测试的核心目标是尽可能使得发布的功能与客户预期一致,确保开发、管理过程正确。

敏捷模式和传统模式的区别如图 8-2 所示。

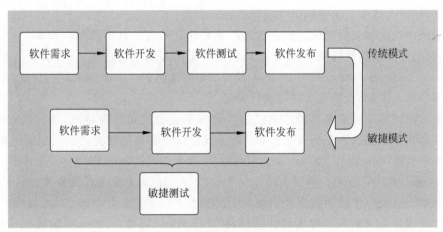

图 8-2　敏捷模式与传统模式的区别

- 传统测试更具有明确的阶段性,包括软件需求评审、软件开发(设计评审和编码)、软件测试(单元测试到集成测试、系统测试等)、软件发布等,而敏捷测试更强调持续测试和持续的质量反馈,阶段性比较模糊。
- 传统测试强调测试的计划性和执行过程,认为没有良好的测试计划和不按计划执行,测试就难以控制和管理,而敏捷测试更强调测试的速度和适应性,侧重计划的灵活调整以适应需求的变化。
- 传统测试通常将"验证"和"确认"两个活动分开进行,而敏捷测试将其统一起来,始终以用户需求为中心,将验证和确认统一处理。
- 传统测试强调任何发现的缺陷要记录下来,以便进行缺陷根本原因分析,达到缺陷预防的目的,并强调缺陷跟踪和处理的流程,区分测试人员和开发人员各自不同的责任。而敏捷测试强调面对面沟通和协作,强调团队整体对质量负责任,不过于强调对缺陷的记录和跟踪。
- 传统测试更关注缺陷,围绕缺陷开展一系列的活动,如缺陷跟踪、缺陷度量、缺陷分析、缺陷报告质量检查等,而敏捷测试更关注产品本身,以及可交付的客户价值。在敏捷开发模式下,由于快速交付的特性,缺陷修复的成本相对较低。
- 传统测试更强调测试的独立性,将"开发人员"和"测试人员"角色分得比较清楚。而敏捷测试可以有专职的测试人员,也可以是全员参与测试,即在敏捷测试中,可以没有"测试人员"角色,强调整个团队对测试负责。
- 传统测试鼓励自动化测试,但其对测试的影响相对较小。而敏捷测试的基础就是自动化测试,具备良好的自动化测试框架支撑,自动化测试在敏捷测试中占据着绝对的主导地位。敏捷测试的持续性迫切要求测试的高度自动化,以便在短时间内完成整个验收测试(包括回归测试),因此可以说,在敏捷环境中,没有自动化就无法实现真正的敏捷。

## 8.3.2 探索式测试

探索式测试是一种自由的软件测试风格,强调测试人员同时开展测试学习、测试设计、测试执行和测试结果的评估等活动,以持续优化测试工作。在探索式测试中,测试人员充分发挥智慧,将精力集中在发现缺陷和验证软件功能上。

探索式测试更加关注测试过程中学习的重要性。测试人员不断学习探索,一次探索结束后,总结前一阶段的执行结果,并依此调整下一个阶段的执行过程。因此,反馈在探索式测试中十分关键。根据学习反馈,测试人员可以更好地进行下一步的测试。因此,探索式测试能够不断深入系统,发现更加深层次的缺陷。

探索式测试并不是漫无目的地尝试各种情况来试图发现软件缺陷,这样会浪费时间。测试人员如何保证测试的充分性呢?对于探索式测试需要使用规范化的机制来对测试工作进行组织和管理,Jon Bach 和 James Bach 提出了基于会话的测试管理(Session-Based Test Management,SBTM)方法。测试人员在一个会话(Session)中完成特定任务的设计、执行、记录和总结。完成一个特定的测试目标,需要通过一个或者几个会话(Session)来完成,而一个特定的会话是一个不受打扰的特定时段(Time-Box,通常是 90min)的测试活动,是探索式测试管理的最小单元。探索测试可以看成"不断地问系统或质疑系统"的过程,一次测试活动可以理解为"测试人员和被测试系统的一次对话"。

下面介绍一下基于旅行者的探索式测试方法。

(1) 商业区(Entertainment District):侧重于测试软件的重要基础特性。
- 指南测试法:根据用户手册或需求文档以及原型设计进行测试。
- 卖点测试法:集中于发现软件最吸引人的特性和功能,确定测试范围。
- 地标测试法:确定关键软件特性,即地标,通过指南测试和卖点测试法确定顺序。
- 极限测试法:进行边界测试,寻找突破点,例如,测试文本框允许输入最大字符串。
- 快递测试法:专注于数据流,验证输入数据后相应的显示是否正确。

(2) 历史区(Historical District):用于测试遗留代码,修复已知缺陷的代码。
- 恶邻测试法:通过重复测试缺陷频繁出现的区域,可以发现由于改动引发的新缺陷。

- 博物馆测试法：针对长时间未修改的老代码，检查是否受到新代码的影响。例如，保存的模板可能因新增字段而失效。

（3）旅游区（Tourist District）：针对新用户具有吸引力的特性和功能，需要覆盖所有路径的功能模块，但无须深入测试。

- 长路径测试法：测试需要多次单击才能激活的特性，深入测试应用程序的深处界面。
- 超模测试法：将被测试对象视为一位超模，关心那些表面的东西（如界面测试）。
- 测一送一法：同时运行多个应用程序实例，测试多个操作的情况。

（4）娱乐区（Business District）：主要测试软件的辅助功能，而不是核心功能。

- 配角测试法：测试与主要功能紧密相关但不是用户主要使用的功能，例如，跳转链接。
- 深巷测试法：测试最不可能被使用的用户特性，例如，位于列表底部的功能。

（5）破旧区（Seedy District）：用于测试输入恶意数据或进行破坏性操作。

- 破坏者：尝试利用各种机会暗中破坏应用程序，例如，通过内存耗尽、权限限制、网络断开、故障注入等方式。
- 强迫症测试：重复输入相同的数据或操作，例如，反复上传相同的文件。
- 反叛测试法：输入最不可能的数据或已知的恶意输入，例如，上传错误的文档格式。

（6）旅馆区（Hotel District）：软件休息时还必须运行的特性和功能。

- 取消测试法：测试启动操作然后停止，验证应用程序是否能正常工作。
- 懒汉测试法：尽量少做工作，接受所有默认值或少填写数据，例如，空白输入/输入框不填写就直接进入下一步等。

### 8.3.3 基于 Scrum 的敏捷测试流程

在敏捷测试中可以采用已有的各种方法，包括白盒方法、黑盒方法；在敏捷测试中可以采用探索式测试，也可以采用基于脚本的测试。敏捷测试是一套解决方案，一类测试操作与管理的框架，一组实践或由一定顺序的测试活动构成的特定测试流程。

基于 Scrum 的敏捷测试模型如图 8-3 所示。

Scrum 角色与流程如下。

**1. 产品负责人**

- 确定产品的功能，负责维护产品 Backlog。
- 决定产品的发布日期和发布内容。
- 对产品的投资回报率（ROI）负责。
- 根据市场价值确定功能优先级。
- 在每个 Sprint 开始前调整功能和调整功能的优先级。
- 在 Sprint 结束时接受或拒绝开发团队的工作成果。

**2. Scrum 教练**

Scrum 教练（Scrum Master）负责确保团队保持 Scrum 的价值观和实践，并且通过阻止团队在一个 Sprint 中承诺过多的任务来保护团队。Scrum Master 组织每日站立会议并负责清除会议上反映出来的障碍。一般来说，Scrum Master 这个角色由项目经理或团队技术

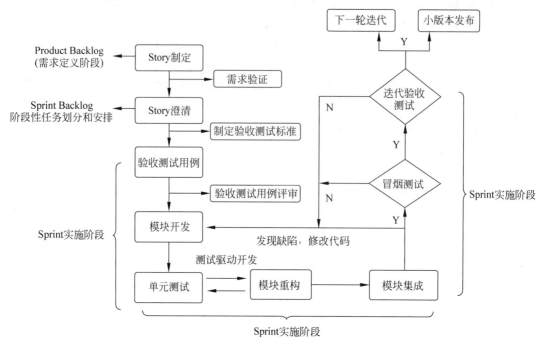

图 8-3 基于 Scrum 的敏捷测试流程

主管担任,但并不限于此。

### 3. Scrum 团队

Scrum 团队的职责是在每个 Sprint 中将产品 Backlog 中的条目转换为潜在可交付的功能增量。Scrum 团队通常控制在 5~9 人,是一个跨职能、自组织的团队。

### 4. Sprint

Sprint 的本意是冲刺,在 Scrum 中,一个 Sprint 就是一个迭代,Sprint 的长度通常为 2~4 周,它是一个时间箱,在项目进行过程中不允许延长或缩短 Sprint 长度。

### 5. Sprint 计划会议

Sprint 计划会议规划 Sprint 中需要完成的内容,标志着一个 Sprint 的开始。在计划会议上要依次完成以下内容。

- 团队决定在接下来的 Sprint 中要完成的用户需求,如果对需求存在疑问,团队应和产品负责人进行澄清和确认。
- 针对所选择需求的实现,进行简单和必要的沟通、分析。
- 分别将每个需求分解成设计、开发和测试等任务,并估计每个任务所需的工作量。

### 6. 每日站立会议

团队每天 15min 的检视和调整会议称为每日站立会议。会议上每个团队成员需要回答以下三个问题。

- 从上次会议到现在都完成哪些工作?
- 下次站立会议之前准备完成哪些工作?
- 工作中遇到了哪些障碍?

### 7. Sprint 评审会议

Sprint 结束时要举行 Sprint 评审会议。产品负责人确定完成了哪些工作和剩余哪些工作。团队讨论在 Sprint 中哪些工作进展顺利、遇到了什么问题、问题是如何解决的。团队演示完成的工作并答疑。

### 8. Sprint 回顾会议

在 Sprint 评审会议之后下一个 Sprint 计划会议之前，Scrum 团队需要举行 Sprint 回顾会议。回顾会议旨在对前一个 Sprint 周期的人、关系、过程和工具进行检验。检验应当确定并重点发展那些进展顺利的和那些如果采用不同方法可以取得更好效果的条目。回顾意味着采取行动，进行实验，并根据结果完成后续工作。

### 9. 产品 Backlog

产品 Backlog 是一个产品或者项目期望的、排列好优先级的功能列表。其中，Story 的制定需要参与项目的所有团队成员，包括项目经理、研发和测试人员共同讨论制定。这充分体现了在敏捷模型中测试人员提前介入的思想，避免了传统测试中的测试人员介入过晚的弊端。

### 10. Sprint Backlog

Sprint Backlog 是阶段性任务划分和安排阶段。Story 的澄清是为了让测试人员能深入地了解各个 Story 的内部系统设计。一个优秀的测试人员会站在最终用户的角色，多以怀疑的态度去考查每个 Story 的内部设计，这样可以让测试人员尽早发现问题，及时识别项目中潜在的风险。这一阶段后，团队应制定项目验收测试标准，并对测试用例进行评审和验收。

### 11. Sprint 实施阶段

在单元测试与模块重构阶段中，最常用到的就是测试驱动开发的方法（Test Drive Develop，TDD）。TDD 的基本思想是：开发人员依据项目的需求先撰写测试代码，此后再根据测试代码来编写开发代码，即通过测试来驱动开发。先考虑如何对预期目标功能进行测试和验证，同时编写测试代码，然后根据测试代码编写满足且仅满足的这些测试用例的功能代码，直到测试通过。至此，还将展开两种测试。测试内容如下。

（1）冒烟测试。在完成 Story 的代码和模块集成之后，需要把所有 Story 模块聚合起来一起进行冒烟测试。冒烟测试通常使用自动化测试，测试的主要目的是在最短的时间里面检查系统是否正常运行。仅仅是检查最基本的系统运行情况，并不深入检查模块内部功能的细节，因此只需要执行最基础功能的自动化测试用例。

（2）迭代验收测试。主要是根据项目初期制定的测试标准进行迭代验收测试。迭代验收测试通过后，即可提交一个可执行的小版本。本次迭代结束，可进入下一个迭代周期，但是测试的工作并没有结束。如果客户要求提前发布临时版本，该小版本可以随时提交给客户。

### 12. Sprint 燃尽图

在项目完成之前，对需要完成的工作的一种可视化表示，向项目组成员和相关方提供工作进展的一个公共视图，如图 8-4 所示。

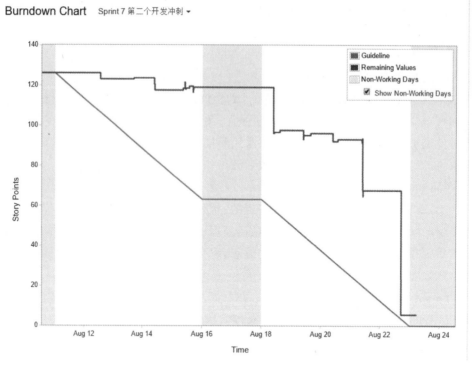

图 8-4　Sprint 燃尽图

## 小　　结

本章主要介绍了敏捷项目,敏捷项目管理以及敏捷测试的相关内容。敏捷开发是一种能应对快速变化需求的软件开发能力,更注重软件开发中人的作用。敏捷项目管理需要在需求管理,时间管理和质量管理方面开展。在敏捷测试中,更强调自动化测试和探索式测试的作用。还介绍了探索式测试中基于旅行者探索的测试方法,以及基于 Scrum 的敏捷测试流程。

## 习　题　8

扫一扫

习题

扫一扫

自测题

# 第二部分
# 工 具 应 用

　　软件自动化测试是软件测试技术的一个组成部分,能够帮助完成很多手工测试难以胜任的工作。合理地运用软件自动化测试可以节省测试资源和成本,提高测试效率和质量。它依赖各类软件测试工具的支持,正确选择并熟练使用这些工具是成功进行软件自动化测试的基本保证。本书的第二部分"工具应用",主要介绍软件自动化测试的一些基本概念,同时对几种常用的软件测试工具进行概述。并针对其中使用极为广泛的几款软件进行详细的介绍,包括缺陷跟踪软件、单元测试软件、接口测试软件、性能测试软件等。

# 第 9 章　软件测试自动化

随着软件开发技术的迅速发展,软件设计和编码效率有了巨大提升。然而,与过去相比,软件测试的工作量并未减少,相反,在整个软件生命周期中所占比例逐步上升。为了提高软件开发的效率和质量,采用测试自动化来替代部分手工测试显得尤为必要。软件测试自动化是通过开发软件和利用工具来执行测试的过程,涉及测试流程、测试体系、自动化编译、持续集成、自动发布测试系统以及自动化测试等方面。本章将重点讨论软件测试自动化的相关内容。

**本章要点**
- 自动化测试的概念
- 自动化测试与手工测试的比较
- 自动化测试的生命周期
- 如何开展自动化测试
- 自动测试方案的选择
- 自动化测试工具的分类

## 9.1　软件测试自动化概述

根据软件质量工程协会对自动化测试的定义:自动化测试就是利用策略、工具等来减少人工介入的非技术性、重复性、冗长的测试活动。

简单来说,软件自动化测试是通过某种程序设计语言编写的自动测试程序,来控制被测试软件的执行,模拟手动测试步骤,从而实现全自动或半自动的测试。

### 9.1.1　手工测试与自动化测试

手工测试是一种通过测试人员手动操作来安装、运行被测软件,执行测试用例,并观察软件运行结果是否正常的测试过程。然而,在实际软件开发生命周期中,手工测试存在以下局限性。
- 手工测试无法覆盖所有的代码路径,测试覆盖率有限。
- 针对重复性高的测试任务,手工测试工作量大且容易出错。
- 难以捕捉到与时序、死锁、资源冲突、多线程等有关的错误。
- 在负载、性能测试和模拟大量数据或并发用户的测试场景下,手工测试效率低,难以实现。
- 无法满足系统长时间运行的测试需求。

- 在短时间内难以完成大量的测试用例。
- 回归测试时,手工测试难以做到全面测试。

表9-1是手工测试和自动化测试的比较结果。尽管在测试计划制订时,自动化测试可能耗费更多的时间,但在其他方面,自动化测试相对手工测试都有明显的效率提升。

表 9-1 手工测试和自动化测试比较

| 测 试 步 骤 | 手工测试/h | 自动化测试/h | 改进百分率 |
| --- | --- | --- | --- |
| 测试计划制订 | 22 | 40 | −82% |
| 测试程序开发 | 262 | 117 | 55% |
| 测试执行 | 466 | 23 | 95% |
| 测试结果分析 | 117 | 58 | 50% |
| 错误状态/纠正监视 | 117 | 23 | 80% |
| 报告生成 | 96 | 16 | 83% |
| 总持续时间 | 1090 | 277 | 75% |

## 9.1.2 自动化测试的优缺点

在软件开发中,自动化测试解决了手工测试中的重复性和单调性问题,提高了测试效率和准确性,并能够模拟复杂的测试条件。以下是自动化测试的优点。

- 提高测试执行的速度和节省时间。
- 提升测试效率。特别是在软件开发的后期,随着功能的不断增加,手工测试容易遗漏检查点。同时,面临发布日期压力,手动进行回归测试很难在短时间内完成大面积的测试覆盖。
- 提高准确度和精确度。自动化测试工具能够以无误的方式重复执行测试,避免人为分散注意力或产生错误。
- 更有效地利用资源。自动化测试能够全天候运行,不受地域和时区限制。全球不同地点的团队可以监控和控制测试,提供全球时区的覆盖。
- 能够模拟复杂的测试条件。当需要大量人力或模拟苛刻条件的测试用例时,自动化测试工具能轻松应对,而手工测试难以达到这种模拟。
- 具有一致性和可重复性,有利于解决测试与开发之间的矛盾。

自动化测试的好处虽然有很多,但也不是万能的,也存在着一定的局限性。

- 不能完全替代人的智力性的手工测试。
- 需要人工介入进行测试用例设计和错误判断。
- 界面和用户体验测试,人类的审美观和心理体验是工具不可模拟的。
- 正确性的检查,人类对是非的判断和逻辑推理能力是工具不具备的。
- 可能会降低测试的效率,特别是在技术、组织和脚本维护方面存在问题时。
- 并非像测试工程师所期望的那样能发现大量的错误。

因此,自动化测试最适用于重复的机械性操作,如界面操作、计算、数值比较和搜索等。我们应该充分利用自动化测试工具,以快速执行基本测试用例,从而提高回归测试速度和覆盖率。然而,我们需要理性地对待自动化测试,明白它并非能完全替代手工测试,其存在并不能单纯地保证测试质量。自动化测试的目的在于解放测试人员,使他们将更多精力投入到探索性测试等有价值的工作中。如果测试工程师缺乏必要的技能,测试也可能遭遇失败。

## 9.2 自动化测试的原理方法

软件测试自动化实现的基础是可以通过设计特殊程序来模拟测试工程师对计算机的操作过程,或编译系统对程序的检查。其原理和方法主要包括以下几种。

### 9.2.1 代码分析

代码分析是白盒测试的自动化方法。代码分析类似于高级语言编译系统,针对不同的高级语言构建相应的分析工具。这些工具定义了类、对象、函数、变量等规则和语法规范。在分析过程中,对代码进行语法扫描,找出不符合编码规范的部分,并根据特定的质量模型评估代码质量,最终生成系统的调用关系图。

### 9.2.2 捕获和回放

捕获和回放是自动化测试中的一种黑盒测试方法。在捕获阶段,记录用户的每一步操作。有两种方式:一种是记录程序界面的像素坐标或显示对象(如窗口、按钮)的位置,另一种是记录操作、状态或属性的变化。这些记录会被转换为脚本语言描述的过程,以模拟用户操作。

在回放阶段,这些脚本语言描述的过程会被转换为屏幕上的操作,记录被测系统的输出,并与预设的标准结果进行比较。捕获和回放可极大地减轻黑盒测试的工作量,尤其适用于迭代开发中的回归测试。

### 9.2.3 录制回放

自动化负载测试常采用录制/回放技术。首先由人工执行需要测试的流程,期间记录客户端和服务器端的通信信息,如协议和数据,形成特定的脚本程序。然后在系统的统一管理下同时生成多个虚拟用户,并运行该脚本,监控硬件和软件平台的性能,并提供分析报告或相关资料。通过这种方式,几台机器就能模拟出成百上千的用户,对应用系统进行负载能力的测试。

录制回放的测试示例脚本过程如图 9-1 所示。测试工具读取测试脚本,启动被测试软件,并执行脚本中描述的操作。被测试软件根据脚本指令读取初始数据,执行命令,然后将结果输出到编辑文档中。在测试过程中,日志文件记录了关键信息,包括运行时间、执行者、比较结果以及测试工具输出的任何信息。

### 9.2.4 脚本技术

脚本是一组测试工具执行的指令集合,也是计算机程序的一种形式。它可以通过录制测试的操作产生,并在需要时进行修改,以减少编写脚本的工作量。测试脚本语言通常可分为以下几类。

- 线性脚本:由录制手工执行的测试用例生成的脚本。

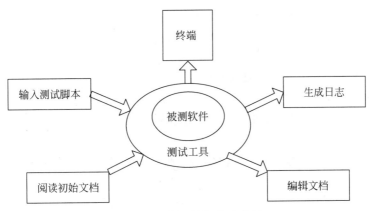

图 9-1 录制回放脚本示意图

- 结构化脚本：类似于结构化程序设计，包含不同逻辑结构（如顺序、分支、循环），而且具备函数调用功能。
- 共享脚本：某个脚本可被多个测试用例使用，即脚本语言允许一个脚本调用另一个脚本。
- 数据驱动脚本：将测试输入存储在独立的数据文件中。
- 关键字驱动脚本：是数据驱动脚本的逻辑扩展。

脚本中包含的是测试数据和指令，一般包括如下信息。

- 同步信息：指示何时进行下一个输入。
- 比较信息：用于比较内容和比较标准。
- 捕获屏幕数据及存储位置。
- 数据源和数据读取信息。
- 控制信息。

脚本技术在自动化测试中起着重要作用，可根据需求选择不同类型的脚本，以实现测试目标并提高测试效率。

## 9.2.5 自动化比较

在软件测试中，自动化比较是至关重要的活动之一，用于检验软件功能、性能等方面的表现。不同测试工具在实现自动化比较时采用了不同的技术手段，但其核心是如何有效地进行比较。例如，在图像比较方面，一些工具逐位按像素进行比较，而其他工具则可能会对图像进行预处理，再与基准图像比较。还有一些工具，通过对两个图像的像素点进行异或运算，若相同，则生成一片空白的第三个图像。不同的比较技术影响着比较的质量和效率。

自动化比较的前提是准备期望输出，根据输入计算或估计所产生的输出，然后对期望输出和实际输出进行对比。然而，比较错误可能源自期望输出本身的错误，导致测试报告显示比较结果出现差异，这并非软件错误，而是测试错误。此外，自动化比较相对于手工比较缺乏灵活性，每次测试都会盲目地重复相同的比较。如果软件发生变化，就需要相应更新测试用例，这会带来较高的维护成本。但考虑到大量数字、屏幕输出、磁盘输入或其他输出形式的比较是烦琐的，使用自动化比较替代手工比较是一种便捷方式，类似于汽车车间中由机器人完成的焊接工作。

总的来说,自动化比较包括:
- 静态比较与动态比较。
- 简单比较与复杂比较。
- 敏感性测试比较和健壮性测试比较。
- 比较过滤器。

这些方面的比较涵盖了自动化比较的不同应用场景和技术要求。

## 9.3 自动化测试的开展

在考虑自动化测试前,需关注 5 个关键因素。这些因素不仅是成功进行自动化测试所需的考量要素,还可用于评估项目是否适合进行自动化测试。

**1. 测试自动化类似于软件开发过程**

自动化测试不仅是录制和回放脚本,它需要测试人员具备开发知识和编码技巧,以应对多样化的自动化测试需求。

**2. 测试自动化是长期的过程**

长期运行是展现自动化测试价值的关键,短期内不宜期望发现大量缺陷。同时,购买工具和录制脚本并不意味着一切顺利。脚本维护成本也会随着应用程序功能增加和修改而急剧增加。

**3. 确保测试自动化的资源,包括人员和技能**

拥有专门的自动化测试工程师至关重要。他们负责设计测试框架,解决脚本结构和开发问题,并确保自动化测试的计划、设计和有序开发、维护。

**4. 循序渐进地开展自动测试**

不要一开始就设想完美的自动化测试。应逐步发展,先熟悉工具和基本技能,实现一些基本的自动化测试用例,如冒烟测试类型。先从相对稳定和易实现的功能模块开始,逐步扩展和补充其他功能模块。

**5. 确保测试过程的成熟度**

自动化测试的成功与企业的测试和项目管理过程成熟度有关。在开始自动化测试之前,需要评估各方面的管理能力,如测试独立性、配置管理和进度控制等。若成熟度较低,盲目引入自动化测试可能不合适。

### 9.3.1 自动化测试的引入原则

软件测试自动化并不是一件容易的事情,它需要周密的计划和大量的工作。在实施自动化测试之前,需要确定哪些测试过程适合自动化,明确自动化测试的预期结果和优势,并选择适合的自动化测试工具。以下几条可作为引入自动化软件测试的原则。

**1. 自动化回归测试**

回归测试是自动化测试的首要目标。自动化工具的重复利用是软件测试自动化的核心优势所在。

**2. 自动化重复性测试**

若某测试频繁且手工操作不便,考虑将其纳入自动化测试范围。

**3. 自动化现有手工测试用例**

在进行软件测试自动化之前，通常会有大量翔实的手工测试用例可供选择，应选取适合自动化的用例进行自动化测试。

**4. 自动化稳定应用测试**

在对特定应用进行自动化测试之前，确保该应用已达到足够的稳定性。

**5. 自动化性能测试**

对软件进行性能测试是必要的，尤其是在不同负载下的测试。这些测试通常适合借助工具完成，可有效进行自动化。

### 9.3.2 自动化测试的生命周期

软件自动化测试是复杂的，并且有其自身的生命周期，类似于软件开发项目。它经历需求定义、测试计划、测试设计、测试开发等一系列活动，应被视为完整的软件开发过程。Elfreide Dustin 提出的自动化测试生命周期方法（Automated Testing Lifecycle Methodology，ATLM）为成功实施自动化测试指明了方向。ATLM 包括 6 个主要过程：自动化测试决策，自动化测试工具获取，自动化测试引入过程，自动化测试计划、设计和开发，自动化测试的执行和管理，以及自动化测试项目评审。具体情况如图 9-2 所示。

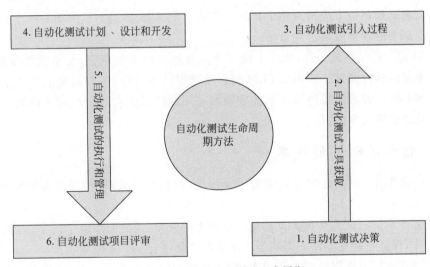

图 9-2 软件自动化测试生命周期

**1. 自动化测试决策**

在此阶段，企业需根据自身实际情况分析是否引入自动化测试，并树立正确自动化测试期望。测试工程师列出备选自动化测试工具，以获得管理层的支持。

**2. 自动化测试工具获取**

获得决策者的支持后，测试工程师需选择适用的自动化测试工具。首先，审查企业系统并建立评审标准，确保所选测试工具与内部操作系统、编程语言及其他技术环境兼容。接着，评估可获取的测试工具，从中选择一个或多个适用的工具。最后，确定所选工具，并与供应商联系，进行产品演示，并尽可能为所有测试人员提供工具培训。

### 3. 自动化测试引入过程

自动化测试引入过程主要是分析测试过程的目标、目的和策略,然后验证测试工具是否能够满足大多数项目的测试需求。测试过程分析确保整体测试过程和策略的适应性,并在必要时进行改进,以顺利引入自动化测试。在测试工具考察阶段,测试工程师会基于测试需求、可用的测试环境和人力资源、用户环境、平台以及被测应用的特性,研究引入自动化测试工具或使用程序对项目的益处。

### 4. 自动化测试计划、设计和开发

在测试计划阶段,关注确定测试文档,并制订支持测试目的和测试环境的计划,编制测试计划文档。它包括风险评估、识别和确定测试需求优先级,估计测试资源需求,制订测试项目计划,并分配测试小组成员的职责。在测试设计阶段,需要确定执行的测试数目、方法,以及必须执行的测试条件,同时建立和遵循的测试设计标准。在测试开发阶段,即开发自动化测试脚本,必须定义和遵循测试开发标准,以确保自动化测试可重用、可维护和可扩展。

### 5. 自动化测试的执行和管理

在这个阶段,测试人员根据日常安排执行测试脚本,并对这些脚本进行改进。同时,评审测试结果以避免错误。系统问题需记录在系统问题报告中,并协助开发人员理解和解决这些问题。最后,测试团队需要进行回归测试以跟踪和关闭问题。

### 6. 自动化测试项目评审

自动化测试项目评审应贯穿整个自动化测试生命周期,促进测试活动的持续改进,并建立相应标准来衡量评审效果。

ATLM 是一种结构化方法,规定了测试方法和执行测试的流程,使得软件专业人员能够进行可重复的软件测试。应用 ATLM 到自动化测试项目中,一方面规范了测试流程,便于测试管理;另一方面使得测试团队能在资源有限的情况下有效组织和执行测试活动,以达到最大化测试覆盖率的目的。

## 9.3.3 自动化测试的成本

成功开展自动化测试必须综合考虑成本问题,包括测试人员、测试设备和测试工具等因素。

- 需要专职的测试人员负责自动化测试脚本的开发,且他们不应干扰手工测试人员的工作,保证自动化测试不影响手工测试的正常进行。
- 自动化测试可能需要额外的设备支持,如执行测试的机器、文件服务器、数据库等。必须做好相应的准备工作。
- 引入测试工具或开发测试工具都有成本预算,没有合适的工具支持自动化测试是不可行的。在启动自动化测试项目前,要做好测试工具引入准备工作,并进行相关培训。
- 一些项目中使用了大量第三方或自定义控件,难以测试,这会导致自动化测试的成本大幅上升,因此可能不适合进行自动化测试。

## 9.3.4 自动化测试的导入时机

自动化测试的优势需经多次运行才能显现,持续运行自动化测试能有效预防缺陷,减轻

测试人员手工回归测试的负担。然而,在某些情况下不适宜进行自动化测试。
- 在短期、一次性项目中并不适宜进行自动化测试,因其无法展现其效果和价值。
- 在紧迫进度的项目中也不宜推行自动化测试。因为自动化测试需要时间投入,并且可能导致项目进度滞后。
- 对于早期界面不稳定的项目,过早进行自动化测试也会增加维护成本,因为界面通常会频繁变动。

### 9.3.5 自动化测试的人员要求

自动化测试工程师需要具备一定的基础知识,包括自动化测试工具的基础和自动化测试脚本的开发知识。他们需要了解各种测试脚本的编写和设计方法,知晓在何时选用何种测试脚本开发方式,并掌握测试脚本的维护方法。此外,还需要具备一定的编程技能,熟悉某些测试脚本语言的基本语法和使用方式。

除此之外,自动化测试工程师与手工测试工程师类似,需要掌握设计测试用例的基本方法和能力,并理解基本的软件设计业务。他们需要有能力将测试用例转换为自动化测试用例。熟悉各种编程语言、编程工具以及各种标准控件和第三方控件也会对编写自动化测试脚本有所帮助。

### 9.3.6 自动化测试存在的问题

在实施软件测试自动化过程中,常见的问题如下。

**1. 不现实的期望**

一般来说,业界对于任何新技术的解决方案都深信不疑,认为可以解决所有问题。对于测试工具也不例外,但事实上,如果期望不现实,无论测试工具如何,都无法得到满足。

**2. 缺乏经验**

如果缺乏测试的实战经验,测试组织差,文档较少或不一致,测试发现缺陷的能力就差。因此,首先要做的就是改进测试的有效性,而不是改进测试效率。只有手工测试经验积累到一定程度了,才能做好自动化测试。

**3. 期望自动化测试发现大量的缺陷**

首次运行测试时通常最有可能发现缺陷,如果测试已经运行,再次运行能发现更多缺陷,但再次运行相同测试时发现新缺陷的概率较低。回归测试的目的是验证修复的问题,而不是发现新问题。

**4. 安全性错觉**

自动化测试未发现缺陷并不意味着软件没有问题。测试设计可能存在缺陷,导致测试本身存在问题。

**5. 自动化测试的维护性**

软件修改后,测试也需要相应修改。自动化测试设计时应考虑到这一点,避免维护成本过高。

**6. 技术问题**

商业测试工具虽然强大,但也存在局限性和缺陷。必须了解工具的适用范围,并为使用者提供培训。

**7. 组织问题**

自动化测试的实施需要组织的支持和良好的管理。确保团队获得必要的支持和资源是至关重要的。

## 9.4 自动化测试的方案选择

在自动化测试方案的选择之前，首先需要明确自动化的对象和范围，以及决定采用何种自动化测试方案和指导测试脚本开发的方法。

### 9.4.1 自动化测试对象分析

在产品开发中，需求变更是常见的情况。因此，在选择自动化测试对象时应优先考虑不受需求变更影响的部分。这些部分通常是产品的基本功能，适合作为"回归测试"和"冒烟测试"的基础。

某些测试类型本身适合自动化，如压力、可靠性、可伸缩性和性能测试。这些测试通常需要在不同环境下长时间运行，难以由大量用户手动进行。

回归测试是反复执行的，覆盖产品开发的各个阶段。由于这些测试用例需要不断重复，自动化测试长期来看会极大地节省时间和工作量。这种节省的时间可以被重新配置，用于更富创造性和灵活性的测试，如探索性测试。

功能测试可能需要复杂的设置，尤其是考虑到定期的增强和维护发布版本，好的产品通常具有长期的生命周期。这为自动化测试提供了在发布周期内多次执行测试用例的机会。一般经验表明，如果某个测试用例在接下来的一年内需要至少执行 10 次，并且自动化的工作量不超过手动执行这些测试用例的 10 倍，那么考虑自动化这些测试用例是可行的。当然，具体选择哪些测试用例还需要考虑许多其他因素，如团队是否具备所需的技能、是否有足够的时间来设计自动化测试脚本（尤其是在紧张的发布日期压力下）、工具的成本以及是否有必要的支持等。

在开始自动化测试之前，需要获得管理层的承诺和支持。自动化是一项长期的工作，需要投入大量资源和时间。管理层的承诺是确保自动化持续进行的关键。

考虑投入与回报的平衡，需要向管理层提供明确的预期投入回报。关注点应该放在能够快速覆盖多个测试用例的领域上，优先考虑需要较短时间且易于自动化的测试用例。

根据"重要的事情先做"的原则，应该首先自动化产品的关键和基本功能。测试用例按照优先级进行分类，优先考虑高优先级的测试用例。

### 9.4.2 确定自动化测试方案

选择适当的自动化测试方案，需要综合考虑以下几方面的因素。

（1）项目的影响：自动化测试是否对项目进度、覆盖率、风险等方面产生积极影响？是否有助于提高开发的敏捷性？

（2）复杂度：自动化测试方案是否易于实现（包括数据和其他环境的影响）？

（3）时间投入：实施自动化测试需要多少时间？

（4）早期需求和代码的稳定性：早期需求或代码是否相对稳定或在一定范围内变化？

(5) 维护工作量：代码是否能长期保持相对稳定？功能特性是否会进化？
(6) 覆盖率：自动化测试能否覆盖程序的关键特性和功能？
(7) 资源：测试团队是否拥有足够的人力、硬件和数据资源来支持自动测试？
(8) 自动测试执行：负责执行自动测试的团队是否拥有足够的技能和时间去运行自动测试？

自动测试项目和普通软件开发项目一样，包含编码阶段。自动测试的编码阶段通常通过以下几种方法实现测试脚本的开发。

**1. 录制与回放**

测试工程师使用简单的录制与回放方法来自动化系统流程或某些系统测试用例。这种方法记录键盘输入或鼠标单击的动作序列，并在以后按照录制的顺序重新执行这些操作。这样做可以避免重复性的工作，因为录制的脚本可以多次回放。几乎所有测试工具都提供了录制回放的功能。然而，这种方法也存在一些缺点。录制的脚本可能包含硬编码的取值，使其难以执行通用类型的测试。例如，如果测试需要当前日期和时间，录制的脚本可能无法满足这种需求。处理错误条件通常留给测试人员，因此回放脚本可能需要手动干预来检测和修正错误。而且，当应用程序发生变更时，所有的录制脚本都需要重新录制，这增加了测试维护的成本。因此，如果系统经常变更，或者测试用例的重用和重新运行的机会有限，那么这种自动化方法的效果可能会受到限制。

**2. 结构化**

结构化脚本编写方法使用结构控制，让测试人员能管理测试脚本或测试用例的流程。此方法允许在脚本中使用条件语句，例如，"if-else""switch""for""while"等，以实现判定、循环任务和调用其他通用功能的函数。结构化脚本编写方法的特点如下。

- 测试用例在脚本中定义。
- 编程的成本要比录制回放编写方法略高一点。
- 需要测试员的调整编码技巧。
- 需要某种程度的计划、设计。
- 测试数据也是在脚本中被硬编码。
- 相对稳定，因此脚本维护成本相对较低，需要的维护工作比录制回放脚本编写方法少。
- 除了编程知识外，还需要一些脚本语言的知识。

**3. 数据驱动**

数据驱动脚本编写方法将数据从脚本中分离出来，存储在外部的文件中。这样，脚本就只包含编程代码。脚本在测试数据改变的情况下也不需要修改代码。有时，测试的期待结果值也可以跟测试输入数据一起存储在数据文件下。以下是数据驱动脚本编写方法的特点。

- 脚本是以结构化的方式编程的。
- 测试用例在测试数据或脚本中定义。
- 由于脚本参数化和编程成本较高，与结构化脚本编写方法相比，开发成本较高。
- 测试人员需要较高的代码调整和编程技巧。
- 需要更多的计划和设计。

- 数据独立存储在数据表或外部文件中。
- 脚本维护成本较低。
- 推荐在需要测试正反数据的时候使用。

**4. 关键字驱动**

关键字驱动脚本编写方法把检查点和执行操作的控制都维护在外部数据文件中。因此,测试数据和测试操作序列控制都是在外部文件中设计好的,除了常规的脚本外,还需要额外的库来翻译数据。关键字驱动脚本编写方法是数据驱动测试方法的扩展,其特点如下。

- 综合了数据驱动脚本编写方法、结构化脚本编写方法。
- 测试用例有数据定义。
- 开发成本高,因为需要更多的测试计划和设计、开发方面的投入。
- 要求测试人员有很强的编程能力。
- 最初的计划和设计、管理成本会比较高。
- 数据在外部文件中存储。
- 维护成本较低。
- 需要额外的框架或库,因此,测试员需要更多的编程技巧。

**5. 行为驱动**

行为驱动测试技术使得即使是非专业人员也能创建自动化测试用例。这种测试用例的执行无须提供输入或预期输出条件。而是基于自动化定义的一般控件集来进行自动化测试,捕捉应用程序中的所有行为。这些行为被表示为对象,可被重复利用。用户只需要描述操作(例如登录、下载等),其他方面会以自动化的方式生成和应用。输入和输出条件会被自动生成和应用,使用这一代自动化测试工具,测试执行的场景可以动态地在测试框架中变更。行为驱动脚本编写方法涵盖两个主要因素:测试用例自动化和框架设计。其特点如下。

- 测试用例由框架自动生成。
- 开发成本更高,需要框架的设计、开发的多方面投入。
- 要求测试人员有很强的编程能力。
- 最初的计划和设计、管理成本很高。
- 维护成本较低。
- 需要有创建框架的设计和体系结构技能。
- 需要有多个产品的通用测试需求。

总结来看,随着脚本编写方法从录制回放到行为驱动的转变,开发成本不断增加;然而,维护成本却相对降低。编程技能要求方面,随着脚本编写方法的改变,对测试人员编程技能的要求也在增加。在设计和管理方面,随着脚本编写方法的演变,对自动化测试项目的设计和管理要求也在提高。

因此,合理选择自动化测试脚本的开发方法至关重要。在适当的时机和场景下,选用适当的脚本开发方法。

## 9.5 自动化测试的工具

近年来,软件已成为商业中不可或缺的一环。减少软件开发成本、提升测试质量已成为行业的关键目标。因此,各个组织都在为此付出大量努力,不少公司也成功地研发了一系列软件测试工具。

### 9.5.1 自动化测试工具的特征

一般来说,一个好的自动化测试工具,应该具有以下关键特性。

**1. 支持脚本化语言**

这是最基本的要求,脚本语言具备类似编程语言的语法结构,可编辑和修改已录制的脚本。具体而言,应该至少具备以下功能。

- 支持多种常用的变量和数据类型。
- 支持数组、列表、结构以及其他混合数据类型。
- 支持各种条件逻辑。

脚本语言功能越强大,测试开发人员就能获得更灵活的使用空间,甚至可能使用复杂语言构建比测试软件更复杂的测试系统。因此,必须确保脚本语言的功能能够满足测试需求。

**2. 对程序界面对象的识别能力**

自动化测试工具必须能够识别测试程序界面中的所有对象,并对其进行标记。这样录制的测试脚本才能具备更好的可读性、灵活性和可维护性。仅通过位置坐标来区分对象会降低工具的灵活性,并可能导致脚本在界面布局变动时失效。

对于用一些比较通用的开发工具写的程序,如 PB、Delphi 和 MFC,大多数测试工具都能区分和标识出程序界面里的所有元素。但对于不常见的开发工具或库函数,测试工具的支持会受到影响。因此,开发语言的支持在测试工具开发中显得尤为重要。

**3. 支持函数的可重用**

测试工具若支持函数调用,便能建立通用的函数库。这意味着在程序修改时,只需调整原有脚本中的相应函数,而无须修改所有相关脚本,从而节省大量工作量。

在实现这项功能时,测试工具有两个关键方面需要考虑:首先确保脚本能够轻松调用函数;其次是支持脚本与被调用函数之间的参数传递。例如,对于用户登录函数,每次调用可能需要使用不同的用户名和口令,因此需要通过参数传递相关信息至函数内部进行执行。

**4. 支持外部函数库**

除了针对被测系统建立库函数外,一些外部函数同样可以为测试提供更强大的功能,如 Windows 程序中对文件的访问,或 C/S 程序中对数据编程接口的调用等。

**5. 抽象层**

抽象层的作用是将程序界面中的所有对象实体映射成逻辑对象,有助于减少测试维护工作量。有些工具称此层为 TestMap、GuiMap 或 TestFrajne。例如,一个用户登录窗口,可能需要输入两个信息,程序中分别标识为 Name 和 Password,在多个脚本里都有登录操作。然而,在软件的下一个版本中,登录窗口中两条输入信息的标识变成了 UserName 和 Pword。此时,只需要修改抽象层中这两个对象的标识。脚本执行时通过抽象层会自动使用新的对象标识。测试工具可以通过程序界面的自动搜索建立所有对象的抽象层,当然也可以手动创建或进行一些定制化操作。

### 9.5.2 自动化测试工具的分类

在实际应用中,测试工具可以根据不同的分类标准进行归类。
- 根据测试方法的不同,自动化测试工具可分为白盒测试工具和黑盒测试工具。
- 根据测试的对象和目的,自动化测试工具可分为单元测试工具、功能测试工具、负载测试工具、性能测试工具、Web测试工具、数据库测试工具、回归测试工具、嵌入式测试工具、页面链接测试工具、测试设计与开发工具、测试执行与评估工具以及测试管理工具等。

下面进行详细介绍。

**1. 白盒测试工具**

白盒测试工具通常用于检测源代码并能定位故障至代码级别。根据工具的工作原理,白盒测试工具分为两种:静态测试工具和动态测试工具。

静态测试工具并非执行程序,而是分析软件特征。它主要集中在需求和设计文档以及程序结构的分析上。这些工具包括代码审查、一致性检查、错误检查、接口分析、输入输出规格说明分析检查、数据流分析、类型分析、单元分析、复杂度分析。

动态测试工具直接执行被测试程序,提供测试活动。它需要运行被测系统,并通过设置断点和插入监测代码来收集程序运行数据(对象属性、变量值等)。动态测试工具类型包括功能确认与接口测试、覆盖测试、性能测试、内存分析等。

常用的动态自动化测试工具如下。
- Jtest:是一个代码分析和动态类、组件测试工具,是一个集成的、易于使用和自动化的 Java 单元测试工具。
- Jcontract:在系统级验证类/部件是否正确工作并被正确使用。它是个独立工具,在功能上是 Jtest 的补充。
- C++Test:C++Test 可以帮助开发人员防止软件错误,保证代码的健全性、可靠性、可维护性和可移植性。C++Test 自动测试 C 和 C++ 类、函数或组件,而无须编写单个测试实例、测试驱动程序或桩调用等。
- Insure++:一个基于 C/C++ 的自动化内存错误、内存泄漏检测工具。
- BoundsChecker:BoundsChecker Visual C++ Edition 是针对 Visual C++ 的错误检测和调试工具。
- TrueTime:TrueTime 能监控程序运行过程,能够提供详细的应用程序和组件性能的分析,并自动定位到运行缓慢的代码位置。
- FailSafe:是 VB 语言环境下的自动错误处理和恢复工具。
- Jcheck:Jcheck 是 DevPartner Studio 开发调试工具的一个组件,可以收集 Java 程序运行中准确的实时信息。
- TrueCoverage:是一个代码覆盖率统计工具。它支持 C++、Java 和 VB 语言环境。
- SmartCheck:是针对 VB 的自动错误检测和调试工具。
- XUnit 系列开源框架:这是目前最流行的单元测试开源框架,根据支持的语言环境不同,可分为JUnit(Java)、CppUnit(C++)、DUnit(Delphi)、PhpUnit(PHP)、AUnit(Ada)、NUnit(.NET)和unittest(Python)。

**2. 功能测试工具**

常用的功能测试工具如下。

- WinRunner:企业级的功能测试工具,用于检测应用程序是否能够达到预期的功能及正常运行,自动执行重复任务并优化测试工作。
- QARun:自动回归测试工具,能在.NET环境下运行,还与TestTrack Pro集成,用于检查应用程序的回归性能。
- Rational Robot:Rational TestSuite中的一员,对于Visual Studio 6编写的程序提供非常好的支持,同时还提供Java Applet、HTML、Oracle Forms、People Tools应用程序的支持。
- Functional Tester:Robot的Java实现版本,是在Rational被IBM收购后发布的。
- QuickTest Pro:Mercury公司出品的B/S系统的功能测试工具。
- Selenium:用于Web应用程序测试的工具,以其强大的功能和可扩展性而闻名。
- SoapUI:广泛使用的用于SOAP和REST API的开源测试自动化工具,它以异步测试、可重用脚本和强大的数据驱动测试而闻名。
- Postman:轻量级接口测试工具,广泛用于API测试和开发者工作流程中。

**3. 性能测试工具**

常用的性能测试工具如下。

- LoadRunner:这是一个负载测试工具,用于预测系统的行为和性能,能够模拟多种用户行为和场景,从而测试系统在不同负载条件下的性能和稳定性。
- QALoad:由Compuware公司提供的负载测试工具,QALoad专注于客户/服务器系统、企业资源配置(ERP)系统和电子商务应用的自动化负载测试工具。
- Benchmark Factory:一种高扩展性的性能测试工具,用于强化测试、容量规划和性能优化,能模拟多种用户访问应用系统,帮助确定系统容量和找出系统瓶颈。
- SilkPerformance:企业级负载测试工具,可以模拟多种协议和计算环境下的成千上万用户,预测电子商务环境的行为。
- JMeter:专门为服务器负载测试设计的工具,是一个纯Java桌面运行程序,可用于运行和测试服务器的负载。
- WAS:是Microsoft提供的免费的Web负载压力测试工具,应用广泛。
- OpenSTA:全称是Open System Testing Architecture,能模拟多用户访问测试网站,功能强大且支持自定义设置。
- PureLoad:完全基于Java的测试工具,使用XML作为Script代码,用于测试系统性能。

**4. 测试管理工具**

常用的测试管理工具如下。

- TestDirector:全球最大的软件测试工具提供商Mercury Interactive公司生产的企业级测试管理工具。集成了需求管理、测试计划、测试执行和错误跟踪等功能,加速了测试过程。

- TestManager：一个开放的、可扩展的架构，统一了所有的工具、制造和数据，而数据是由测试工作产生并与测试工作关联的。在这个唯一的保护伞下，测试工作中的所有负责人和参与者能够定义和提炼他们将要达到的质量目标。项目组定义计划用来实施以符合那些质量目标。而且最重要的是，它提供给了整个项目组一个及时地在任何过程点上去判断系统状态的地方。
- QADirector：分布式的测试能力和多平台支持，允许开发人员、测试人员和 QA 管理人员共享测试资产、测试过程和测试结果、当前的和历史的信息，从而为客户提供了最完全彻底的、一致的测试。
- TestLink：用于进行测试过程中的管理，通过使用 TestLink 提供的功能，可以将测试过程从测试需求、测试设计，到测试执行完整地管理起来，提供测试结果的统计和分析功能，是一个开源项目。作为基于 Web 的测试管理系统，TestLink 的主要功能包括测试需求管理、测试用例管理、测试用例对测试需求的覆盖管理、测试计划的制订、测试用例的执行、大量测试数据的度量和统计功能。
- Bugzilla：一个开源的缺陷跟踪系统(Bug-Tracking System)，管理软件开发中缺陷的提交(new)、修复(resolve)、关闭(close)等整个生命周期。它是 Mozilla 公司提供的一款开源的免费 Bug(错误或是缺陷)追踪系统，适用于建立完善的 Bug 跟踪体系。
- JIRA：Atlassian 公司的项目与事务跟踪工具，广泛应用于缺陷跟踪、客户服务、需求收集、流程审批、任务跟踪、项目跟踪和敏捷管理等工作领域。
- Mantis：基于 PHP 技术的轻量级的开源缺陷跟踪系统，提供项目管理和缺陷跟踪服务，适用于中小型项目管理和跟踪。

### 9.5.3 自动化测试工具的选择

市场上的测试工具种类繁多，没有一种工具能在所有环境下都表现最优。每个工具都有自己的优点和限制，最佳选择依赖于系统工程环境和企业特定需求与标准。因此，在选择自动化测试工具时，测试人员需要考虑以下几方面。

**1. 确定测试生命周期中所需的工具类型**

若要在整个企业范围内实现自动化，需要考虑多方需求，确保工具与各操作系统、编程语言及其他技术环境兼容。

**2. 确定各种系统架构**

了解应用程序的技术架构，包括中间件、数据库、操作系统、开发语言和使用的第三方插件等。

**3. 熟悉被测试应用程序的数据管理方式**

了解应用程序的数据管理方式，并确认自动化测试工具是否支持数据验证。

**4. 了解测试类型**

明确希望工具提供的测试类型，如回归测试、负载测试或性能测试。

**5. 考虑进度问题**

关注工具是否能影响测试进度，确保在限定时间内，测试人员有足够的时间学习和应用该工具。

## 小　　结

本章开篇给出了自动化测试的定义,比较了自动化测试与手工测试的优缺点。然后介绍了自动化测试的原理和方法,包括对代码的静态和动态分析、测试过程的捕获和回放、测试脚本技术、虚拟用户技术以及测试管理技术。接着讨论了在进行软件自动化测试时应该注意的引入原则、生命周期、成本、导入时机和人员要求,也探讨了在实施中可能出现的问题。这为确定自动化测试的对象和范围、选择自动化测试方案以及脚本编写方法奠定了基础。最后,介绍了自动化测试工具的特征、选择标准以及分类。

## 习　题　9

扫一扫　　　　扫一扫

习题　　　　自测题

# 第 10 章　缺陷跟踪管理

在第 1 章中,了解了软件缺陷的定义及其出现原因。为了有效地追踪和管理这些缺陷的处理情况,指导测试团队和开发人员高效地解决问题,我们需要采用一套完整的方法和工具进行管理。缺陷管理(Defect Management)是在软件生命周期中识别、管理和沟通任何缺陷的过程,从缺陷被发现到解决关闭的全过程,确保缺陷得到跟踪和管理,不会被忽视。通常情况下,需要利用缺陷跟踪管理工具来进行全流程管理。本章将详细介绍项目管理工具 Redmine、缺陷管理工具 Bugzilla 和问题跟踪工具 JIRA 在缺陷跟踪过程中的应用。

**本章要点**
- 缺陷管理的目的与意义
- 缺陷管理工具的分类
- 缺陷管理工具的使用

## 10.1　缺陷管理工具概述

### 10.1.1　缺陷管理的目的与意义

缺陷可能导致软件运行中的不期望或无法接受的外部行为结果,因此软件测试过程本质上就是围绕着缺陷展开的。良好的缺陷管理不仅能确保对缺陷进行追踪和解决,还能利用缺陷提供的信息建立组织过程能力基线,实现量化的过程管理。缺陷的跟踪管理通常有以下目的。

- 确保每个发现的缺陷都能够得到处理,处理方式并非仅限于修复,也可以考虑其他方式(例如,将其延后修复或者决定不修复)。关键在于确保在开发组织中对每个发现的缺陷有一致的处理方式。
- 收集缺陷数据,并通过缺陷趋势曲线来识别测试过程的阶段。确定测试过程是否结束有许多方法,其中,利用缺陷趋势曲线来评估测试过程是否结束是一种常用且有效的方法。
- 收集缺陷数据并进行数据分析,将其作为组织过程的一部分。

### 10.1.2　缺陷管理工具的分类

目前流行的缺陷管理工具有 Bugzilla、Mantis、Bugzero、BugOnline、TestCenter、Redmine、JIRA 等。一般可分为以下两类。

**1. 纯粹的缺陷管理工具**

Bugzilla、Bugzero 等属于这一类,它们能够为软件组织建立完善的缺陷跟踪体系,包括报告缺陷、查询缺陷记录并生成报表、处理和解决缺陷等功能。

**2. 包含缺陷管理模块的项目管理工具**

第二类是以 Redmine、JIRA 为代表的项目管理工具，集成了项目计划、任务分配、需求管理和缺陷跟踪等功能，功能强大且易于使用。缺陷管理是其中的一个子功能，但在整个项目管理中起着重要作用。

### 10.1.3 缺陷管理工具的选择

选择合适的缺陷管理工具确实是一个挑战。以下是一些基本的选择注意事项。

（1）缺陷跟踪管理。工具是否能够满足团队的需求是首要考虑的。优秀的缺陷管理工具应该能轻松地查找缺陷的来源、详细信息、严重程度、优先级、负责人、状态以及解决方案等信息。

（2）学习成本。引入缺陷管理工具不应增加开发人员的负担。因此，工具的安装配置应简单，使用也应便捷，这是需要着重考虑的方面。

（3）权限管理。优秀的工具应该提供良好的项目和人员权限管理功能。它们应该支持多项目管理，使每个项目都能够独立管理人员，并针对不同的人员设置不同的权限，以确保管理工作的清晰明了。

（4）资金成本。缺陷管理工具有些是付费的，有些则是免费的。在满足团队需求的前提下，尽量减少对工具的资金投入是很明智的选择。

（5）可扩展性。优秀的缺陷管理工具应该具备良好的可扩展性，能够与其他的过程管理工具进行集成，并支持二次开发功能。这样，当未来工作需求发生变化时，工具可以进行功能扩展以满足新的需求。

## 10.2 项目管理工具 Redmine

Redmine 是用 Ruby 开发的开源的、基于 Web 的项目管理和缺陷跟踪工具。它用日历和甘特图辅助项目进度可视化显示，支持多项目管理、跨平台和多种数据库，提供 Wiki、新闻台等，还可以集成其他版本管理系统和缺陷跟踪系统。

### 10.2.1 Redmine 的特点

（1）多项目和子项目支持。用户能在一个 Redmine 实例中管理所有项目和其下的子项目。每个项目可单独设置不同的用户角色和可见性。

（2）可配置的用户角色控制。方便地设置项目成员角色和相应的访问权限。

（3）可配置的问题追踪系统。支持自定义问题类型和状态，并为每种问题类型和角色分配不同的状态变更权限。

（4）甘特图和日历。根据问题的开始和到期日期自动绘制甘特图和日历，辅助项目进度可视化显示。

（5）时间追踪功能。查看每个用户、问题类型、分类或项目不同阶段花费的时间简报。

（6）自定义字段支持。问题、项目、用户均可支持自定义字段，包括文本、日期、布尔、整数、下拉列表和复选框等格式。

（7）新闻发布、Wiki 文档和文件管理。支持 Blog 形式发布新闻、以 Wiki 形式撰写文档以及管理文件。

（8）项目独立配置的 Wiki 和论坛模块。每个项目可以配置独立的 Wiki 和论坛。

（9）版本库管理。每个项目可关联已有的代码库。用户可浏览代码内容、查看变更信息，并提供了能标注不同版本代码的差异内容的代码阅读器。

（10）订阅和邮件通知。可订阅项目活动、变更集、新闻、问题以及问题变更等内容，实现邮件通知功能。

（11）支持多 LDAP 用户认证。

（12）支持用户自注册和用户激活。

（13）多语言支持。支持包括简体中文在内的 49 种语言。

（14）多数据库支持。

## 10.2.2 Redmine 的缺陷跟踪

问题管理是 Redmine 的核心业务。一个问题绑定到一个项目。由某用户创建，可以关联到某版本，等待。

在问题列表页面，单击问题的链接可查看问题的具体描述。

允许开发者将某问题与其他问题建立关联，从而起到了删除重复问题、简化工作流的作用。当前版本允许建立类型如下。

（1）关联到。

（2）重复：如果问题 B 重复于问题 A，那么关闭 A 将同时自动关闭 B。

（3）阻挡：如果问题 B 阻挡问题 A，A 无法关闭，除非 B 已经关闭。

（4）优先于：如果 A 优先于 B，那么将 B 的起始日期自动设置为 A 的截止日期＋延迟天数＋1。

（5）跟随于：问题 B 跟随于 A(如 A 截止于 21/04，B 开始于 22/04)，这时如果将 A 的截止日期延迟两天，那么 B 的起始和截止日期将自动推迟两天。

单击问题显示页面相关的问题区域的"新增"链接，可根据情况建立不同类型的问题关联，如图 10-1 所示。

图 10-1  问题显示页面

管理员可以定义添加和修改问题关联的权限。

单击问题显示页面关注者区域的"新增"链接按钮，将弹出一个添加关注者的搜索用户窗口，如图 10-2 所示。

管理员可以定义添加和删除关注者的权限。

要创建新的问题，需要有新建问题的权限。创建问题时，最重要的字段是跟踪标签字段，它决定了问题的类型。

Redmine 中可新建跟踪标签，最常用的 3 种跟踪标签是：缺陷、功能和支持。

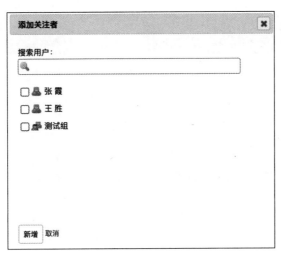

图 10-2　关注者

要更新问题的属性,需要有编辑问题的权限。当更新某问题时,每个更新操作将记录在历史记录中,如图 10-3 所示。

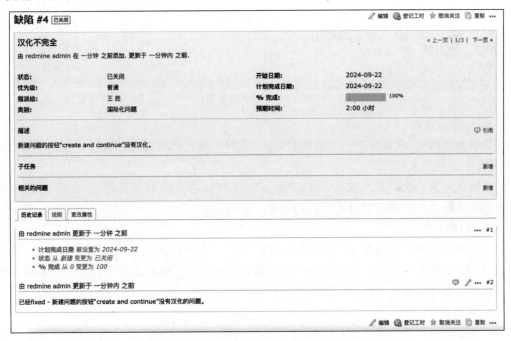

图 10-3　问题更新的历史记录

## 1. 问题列表

1）概述

单击"问题"选项卡可查看项目中所有打开状态的问题,如图 10-4 所示。

2）过滤器的应用

默认显示所有打开状态问题,也可添加过滤器。在"增加过滤器"下拉列表中选中"跟踪",如图 10-5 所示。单击"应用"刷新列表,或单击"清除"删除过滤器。通过单击"＋"按钮为过滤器字段选择多个值,按住 Ctrl 键可选择多个值。

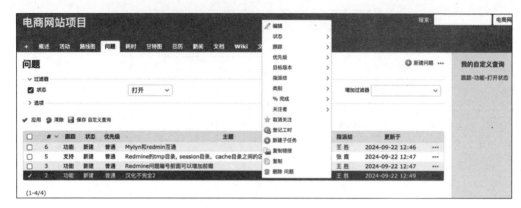

图 10-4 "问题"选项卡

图 10-5 增加过滤器

3）自定义查询

当刷新页面后，刚设置的过滤器就会消失，用户可通过单击"保存"按钮保存设置的过滤器，从而建立自定义查询。

在新建自定义查询界面输入名称，以及过滤器和其他属性的设置，保存之后，新建的自定义查询将显示在问题列表界面的右边栏中。

4）快捷菜单

右击问题可弹出快捷菜单，用于便捷编辑问题。菜单包含编辑、状态、跟踪标签、优先级、目标版本、指派给、类别、%完成、关注者、取消关注、登记工时、新建子任务、复制链接、复制和删除问题等选项。

5）批量编辑问题

可通过选择复选框或按住 Ctrl 键选择多个问题，右键单击弹出快捷菜单，可对多个问题同时编辑。也可通过复选框上的"√"图标全选或取消全选。

6）边栏

问题列表的右侧边栏显示自定义查询区域（如果有自定义查询），列出了所有自定义查询的链接。

**2. 路线图**

如图 10-6 所示，路线图是基于项目版本的高级概览，用于整体把握问题跟踪系统，有助于项目计划和开发管理。

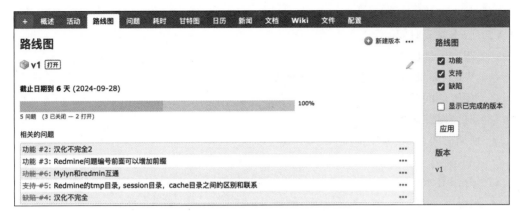

图 10-6 路线图

1）概述

选择"路线图"选项卡，可查看当前项目的进展状态，包括：

- 版本名称。
- 版本的完成日期。
- 进度条：根据问题状态所占的百分比，显示目标版本的完成度。
- 目标版本相关联的问题列表。

2）管理路线图

具备适当权限时，可为版本添加 Wiki 页面，描述当前版本的主要事件。

3）边栏

路线图页面的右边栏提供了以下功能。

- 根据需求选择显示在路线图上的跟踪标签。
- 根据需要选择是否显示已经完成的版本。
- 所有版本的链接。

**3. 版本概述**

如图 10-7 所示，版本概述提供了当前版本详细的状态描述。包括以下信息。

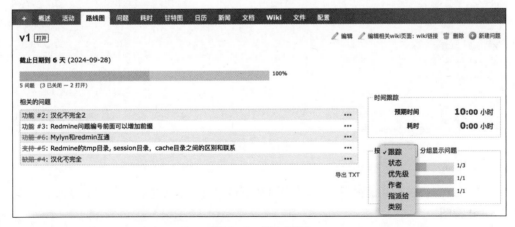

图 10-7 版本概述

（1）版本名称。
（2）版本完成时间。
（3）版本的进度条。
（4）Wiki（如果管理员配置了 Wiki 页面）。
（5）相关的问题列表。
（6）时间跟踪区域。
- 预期时间。
- 耗时。

（7）分组显示区域。
- 跟踪。
- 状态。
- 优先级。
- 作者。
- 指派给。
- 类别。

**4．日历**

如图 10-8 所示，日历功能以月份为单位展示项目的预览情况，允许查看任务状态的起止日期。

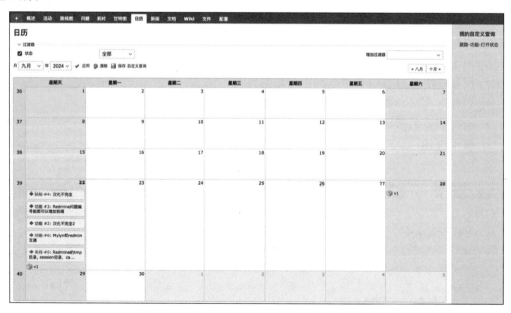

图 10-8　日历

- 过滤器

像 Redmine 提供的其他视图一样，用户可通过设置过滤器决定在日历图上显示的内容。

**5．甘特图**

在导航栏中单击"甘特图"，即可进入甘特图界面，如图 10-9 所示。甘特图以图形方式展示问题的起止日期以及版本的截止日期。

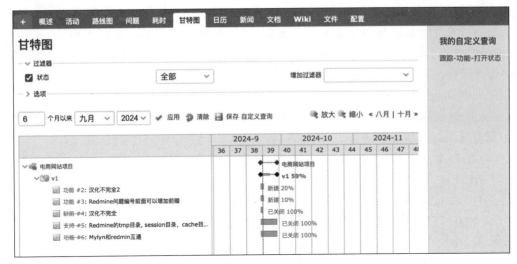

图 10-9 甘特图

## 10.3 缺陷管理工具 Bugzilla

Bugzilla 是 Mozilla 公司提供的一款开源免费的缺陷跟踪工具,被全球许多软件广泛采用,可被安装在 Windows、mac 和 Linux 操作系统上。

作为产品缺陷的记录及跟踪工具,它能够为用户建立完善的 Bug 跟踪体系,包括报告 Bug,查询 Bug 记录并产生报表,处理 Bug 解决以及管理员系统初始化和设置 4 部分。

### 10.3.1 Bugzilla 的特点

Bugzilla 具有如下特点。

(1) 基于 Web 方式,安装简单、运行方便快捷、管理安全。

(2) 提供全面详尽的报告输入项,生成标准化的 Bug 报告。支持多种分析选项和强大的查询匹配能力,帮助获取动态的错误变化信息。

(3) 灵活可配置。Bugzilla 工具可针对软件产品设定不同的模块,为不同的模块设定开发和测试人员;提交报告时可自动发给指定的责任人;设定不同的用户对 Bug 记录的操作权限。能设定不同的严重程度和优先级,有效管理错误的生命周期,从报告到解决都有详细记录。

(4) 自动发送 E-mail 通知相关人员。根据设定的责任人,自动发送最新的动态信息,有助于测试人员和开发人员之间的沟通。

### 10.3.2 Bugzilla 的缺陷跟踪

**1. 创建账户**

在 Bugzilla 的主页头部单击 New Account 链接,输入 E-mail 地址,单击 Send 按钮。邮箱确认注册后,即可用 E-mail 地址和密码登录 Bugzilla。

**2. 录入 Bug**

单击 New 或者 File a Bug 链接,选择发现 Bug 的项目,填写 Bug 详细信息。确认填写的信息无误后,提交 Bug 至数据库。Bugzilla 会自动发送邮件通知负责处理 Bug 的人员。

如果新发现的 Bug 与历史某个 Bug 类似,也可直接在历史 Bug 页面上单击"克隆"按钮,则新生成的 Bug 信息填写表单中会自动填上历史 Bug 的信息,只需要修改一下必要的内容提交即可。

**3. 处理 Bug**

Bug 的修复人员在处理完 Bug 后,进入 Bugzilla 的 Bug 管理界面,选择处理完成的 Bug,填写解决方式和说明信息。

Bug 的解决方式有以下几种。

- FIXED:问题已经修复。
- DUPLICATE:描述的问题与以前的某个 Bug 重复。
- WONTFIX:描述的问题将永远不会被修复。
- WORKSFORME:无法重现 Bug。
- INVALID:描述的问题不是一个 Bug。
- LATER:描述的问题将不会在产品的这个版本中解决。

**4. 查询 Bug**

1) 快速查询

快速查询是一个文本框查询工具,可以在 Bugzilla 的头部和底部找到。使用元字符描述要查找的内容,限定查询范围。例如,输入"foo|bar"可以查询 Summary 和状态面板中含有"foo"或"bar"的 Bug,再加上":ExampleProduct"可以将查询范围限定在 ExampleProduct 项目内。用户也可以直接输入 Bug 的编号或者别名进入特定的 Bug 页面。

2) 简单查询

类似互联网搜索引擎,输入几个关键词即可搜索出相关内容。

3) 高级查询

高级查询中一个 Bug 的所有字段信息都可作为查询条件,选择多个值进行查询,这时 Bugzilla 会返回与任一值匹配的 Bug 记录。

执行某个查询后,可将其保存下来,成为一个"保存查询",显示在查询页的页脚处。如果保存查询的用户在"查询共享组"中,还能将该保存查询分享给其他用户使用。

**5. 生成报表**

除了标准的 Bug 列表,Bugzilla 还提供两种展示 Bug 集的方式——报表和图表。

报表显示查询结果中 Bug 集的当前状态。例如,当用户执行查询并找出某个项目的所有 Bug 后,报表可以展示各模块中 Bug 严重程度的分布情况,有助于发现存在严重质量问题的模块。生成的报表可以在 HTML 表格、条形图、折线图和饼图之间切换展示方式(注意:饼图仅在未定义 y 轴的情况下可用)。

图表展示了一段时间内 Bug 集合的状态变化。用户可以从已有的数据集列表中选择一些数据集并单击 Add To List 按钮来创建图表,每个数据集在图表中呈现为一条线。用户可以定义每个数据集的图例,还能对一些数据集进行求和(比如可以将某个项目中 RESOLVED、VERIFIED 和 CLOSED 的数据集求和用来表示项目中已被解决的 Bug)。如果误添加了某些数据集,也可以单击 Remove 来清除不需要的数据集。如果想要新建数据集,用户可以单击创建图表页面上的"新建数据集"链接,通过定义查询条件告诉 Bugzilla 如何绘制图表。用户还可以在页面底部定义数据集的分类、子分类和名称。默认创建的数据集是私有的,每 7 天汇总一次数据。如果用户有足够的权限,还可以将数据集设为公开,并调整数据采集频率。

## 10.4 问题跟踪工具 JIRA

扫一扫

视频讲解

JIRA 是澳大利亚 Atlassian 公司开发的项目和任务跟踪工具,已被广泛应用于来自 115 个国家的 19 000 多个组织中,涵盖了管理、开发、分析、测试等各个领域的人员。

由于 Atlassian 公司对很多开源项目实行免费提供缺陷跟踪服务,因此在开源领域,其认知度比其他的产品要高得多,而且易用性也好一些。同时,开源则是其另一特色,在用户购买其软件的同时,也就将源代码也购置进来,方便做二次开发。

### 10.4.1 JIRA 的特点

JIRA 具有如下特点。

(1) 灵活可配置的工作流。提供默认和自定义的工作流,支持多种自定义动作和状态。可为每个问题类型单独设置或共用工作流,配置更直观,操作更灵活。

(2) 问题(Issue)管理。支持自定义问题类型和安全级别,可将问题分解为多个子任务,便于多人协作。可分配给相关用户,满足组织管理需求。

(3) 自定义面板。支持添加符合 OpenSocial 规范的小工具,可简单创建、复制多个面板,针对不同项目进行管理。面板布局灵活,操作简便。

(4) 强大的查询功能。支持快速查询和简单查询,可组合多个条件查找符合条件的问题。可将查询条件保存为过滤器,并共享给其他用户。支持 JQL 搜索语言,包括函数如 lastLogin、lastestReleasedVersion、endOfMonth、membersOf 等,支持自动补全。

(5) 安全。支持 LDAP 用户验证,允许匿名访问但需要额外验证管理员权限。每个项目可独立设置安全机制,包括限制用户访问指定问题。通过白名单机制限制外部链接直接访问 JIRA 数据。

(6) 高度可配置的通知方案。可配置在工作流关键阶段自动发送通知邮件。用户可以关注问题,只要有权限即可接收邮件通知。可定期接收指定报告,如超期未解决的问题列表等。

(7) 易于集成。通过 marketplace 插件生态平台,提供 300 多种插件,增强 JIRA 扩展性和易用性。支持将报告的缺陷与源代码关联,以了解缺陷在代码中的修复情况。提供全面的远程 APIs,包括 EST、SOAP、XML-RPC 等。提供开发教程和示例。

### 10.4.2 JIRA 的缺陷跟踪

**1. 录入 Bug**

确保当前登录用户拥有创建 Bug 的权限,如果没有,可以联系管理员添加权限。单击导航栏中的 Create 按钮,打开创建 Bug 对话框。在对话框右上角的 Configure fields 中全选所有字段后,对话框中将显示所有字段,如图 10-10 所示。对话框中字段含义如下。

- Project:Bug 所在项目。

- Issue Type：问题类型，取值可以是 Bug/New Feature/Story 等。
- Summary：一句话概述 Bug 内容。
- Reporter：Bug 的上报者。
- Components：Bug 所在项目的组件。
- Description：对 Bug 的详细描述，包括发现 Bug 的操作步骤、出现的问题、期望结果等。
- Priority：Bug 优先级，取值包括 Highest、High、Medium、Low 和 Lowest。
- Labels：填写该字段有助于以后过滤出特定类型的 Bug。
- Linked Issue：选择依赖或者被依赖的 Bug。
- Assignee：负责解决 Bug 的人。
- Epic Link：Bug 所属的 Epic。
- Sprint：Bug 所属的 Sprint。

图 10-10　填写 Bug 的详细信息

### 2. 处理 Bug

开发人员查看分配给自己的 Bug，处理完成后填写 Bug 的处理情况，处理结果包括以下几种。

- Fixed：已修复。
- Later：在以后的版本中修复。
- Invalid：描述的问题不是一个 Bug。
- Won't Fix：该 Bug 将不会被修复。

- Duplicate：描述的问题与以前的某个 Bug 重复。
- Cannot Reproduce：不能重现该 Bug。

**3. 查询 Bug**

JIRA 拥有强大且有效的搜索功能。用户可以使用多种搜索方式来查找 Bug，涵盖项目、版本、组件等。搜索条件可以保存为过滤器，供以后使用，并能与其他用户共享。

JIRA 有如下几种查询方式。

1）基础查询

基础查询提供了用户友好的界面，用于快速查找 Bug。用户可以在后台执行 JQL（JIRA Query Language）。如图 10-11 所示，单击 More 可以增加查找字段，在各字段中设置相应的查找值。在 Contains text 文本框中输入关键词，用于匹配包含该关键词的 Bug。所有接受文本输入的过滤条件都支持通配符搜索，例如，匹配任意单个字符"te?t"，匹配多个字符"li*"，或布尔运算"bird ‖ fish"。单击"搜索"按钮后，页面将展示符合条件的搜索结果。

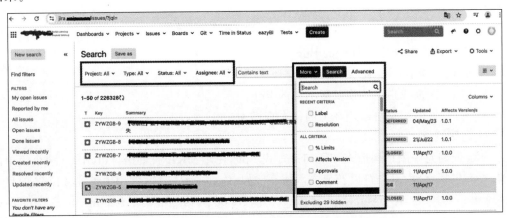

图 10-11　基础查询界面

2）快速查询

导航栏的右侧提供一个快速搜索框，用户可以输入几个关键词，快速匹配当前项目中对应的 Bug。此外，输入特定关键词会出现下拉列表供用户选择。如图 10-12 所示，输入"my"会显示所有分配给当前登录用户的 Bug。

其他一些特殊关键词如下。

- r:me——查找当前登录用户报告的 Bug。
- or:abc——查找由用户 abc 上报的 Bug。
- or:none——查找没有上报者的 Bug。
- <project name>或<project key>——查找指定项目名或项目代号中的 Bug。
- Overdue——查找当天已过期的 Bug。
- Created:, updated:, due:——查找在某个日期范围内创建、更新或到期的 Bug。日期范围可以使用 today、tomorrow、yesterday、单个日期范围（如'-1w'）、两个日期范围（如'-1w,1w'）。日期范围间不能有空格。时间单位缩写包括'w'(周)、'd'(日)、'h'(时)、'm'(分)。

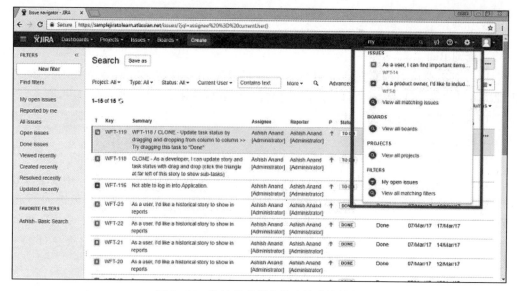

图 10-12 快速搜索框中输入特殊关键字

- C：——查找指定组件中的 Bug。
- V：——查找指定版本中的 Bug。
- Ff：——查找指定的修复版本中的 Bug。
- *：——通配符可以用在上面每个查询中。

3) 高级查询

高级查询允许用户构造查询语句来查找 Bug，使用 JIRA 查询语言（JQL）。一个简单的 JQL 查询包括字段、操作符以及值或函数。例如，Project＝"TEST"用于查找 TEST 项目中的 Bug。字段包含 issueKey、Affected Version、Assignee、Attachments、Category、Comment、Component、Created、Creator、Description、Due、Environment 等。操作符包括 =、!=、<=、>=、>、<、not in、in、~（包含）、!~（不包含）、is、is not 等。

此外还有一些关键词如下。

- AND——例如，status＝open AND priority＝urgent And assignee＝Ashish。
- OR——例如，duedate＜now() or duedate is empty。
- NOT——例如，not assignee＝Ashish。
- EMPTY——例如，affectedVersion is empty/affectedVersion＝empty。
- NULL——例如，assignee is null。
- ORDER BY——例如，duedate＝empty order by created，priority desc。

**4. 生成报表**

JIRA 提供了丰富的报表，涵盖项目进度、Bug 情况、时间线和资源使用等方面。这些报表按敏捷、缺陷分析、预测与管理以及其他 4 类进行分类。

1) 敏捷

- 燃尽图（Burndown Chart）——跟踪剩余工作量以及监控迭代（Sprint）是否达到了项目预期。
- 迭代图（Sprint Report）——跟踪每次迭代中已完成或驳回的工作。

- 速度图（Velocity Chart）——跟踪每次迭代中完成的工作量。
- 累积流图（Cumulative Flow Diagram）——显示过去一段时间中的缺陷状态，帮助识别高风险和未解决的重要缺陷。
- 版本报表（Version Report）——跟踪一个版本的预期发布日期。
- 史诗报表（Epic Report）——显示过去一段时间内一个史诗（Epic）的完成进度。
- 控制图（Control Chart）——显示项目、项目版本、项目迭代的周期时间，帮助确定当前的进度数据能否用于决定将来的表现。
- 史诗燃尽图（Epic Burndown）——跟踪完成一个史诗所需的预期迭代数量。
- 发布燃尽图（Release Burndown）——跟踪一个版本的预期发布日期。帮助监控当前版本能否按时发布，以在进度落后的情况下可以采取相应的措施。

2）缺陷分析
- 平均年龄报表（Average Age Report）——展示未解决缺陷的平均存在天数。
- 缺陷解决情况报表（Created Vs Resolved Issue Report）——展示给定时段内的缺陷上报数量和解决数量。
- 饼图报表（Pie Chart Report）——展示不同字段取值下的缺陷数量分布。
- 近期上报缺陷报表（Recently Created Issue Report）——显示项目过去一段时间内上报以及解决的缺陷数量。
- 缺陷解决时间报表（Resolution Time Report）——显示缺陷被解决所花费的平均时间。
- 单级分组报表（Single Level Group by Report）——对查询结果按字段分组，并可查看每组的综合状态。
- 时段缺陷数量报表（Time since Issues Report）——追踪过去一段时间内缺陷被创建、更新、解决的数量。

3）预测与管理
- 时间跟踪报表（Time Tracking Report）——该报表显示了当前产品中缺陷的时间跟踪信息。
- 用户工作量报表（User Workload Report）——该报表显示了分配给用户的所有未解决缺陷所需时间预估，帮助了解用户当前的工作量是否过多或过少。
- 版本工作量报表（Version Workload Report）——该报表显示了某产品版本当前工作量信息。对于一个特定版本，该报表显示出每个用户和每个缺陷的剩余工作量，帮助了解该版本的剩余工作量。

4）其他

工作量饼图报表（Workload Pie Chart Report）——该报表用饼图显示了特定项目中所有缺陷所需时间的分布情况。可以指定缺陷所需时间的不同估计方式：当前估计、初始估计和实际花费时间，以及需要分组统计的字段名。

# 小　　结

本章首先简要说明了缺陷管理的目的和意义，并按照工具的功能对市面上的缺陷管理工具进行了分类。随后列出了在实际应用中选择缺陷管理工具时需要注意的事项。接着详细介绍了三种支持缺陷管理的工具：Redmine、Bugzilla 和 JIRA，并说明了它们的特点以及提供的缺陷跟踪功能。

# 习 题 10

# 第 11 章 JUnit 单元测试

扫一扫

视频讲解

目前最流行的单元测试工具当属 XUnit 系列框架,它能支持不同的语言,例如,JUnit(Java)、CppUnit(C++)、DUnit(Delphi)、NUnit(.NET)、PhpUnit(PHP)和 unittest(Python)等。XUnit 框架是由 Erich Gamma 和 Kent Beck 编写的一系列的测试规则,这些规则约定了编写和运行可重复测试的方式。

JUnit 是 XUnit 系列框架中最早出现的,正是因为 JUnit 在测试 Java 代码时的优异表现,才使 XUnit 框架得以推广到了其他的编程语言中。本章将重点介绍 JUnit 测试 Java 代码的语法细节和相关实例。

**本章要点**
- JUnit 的组成
- JUnit 的基本功能
- JUnit 的应用

## 11.1 JUnit 概述

JUnit 是由 Erich Gamma 和 Kent Beck 编写的回归测试框架。JUnit 测试是程序员测试,即白盒测试,因为程序员了解被测试的软件如何(How)完成功能和完成什么样(What)的功能。借助继承 TestCase 类的 JUnit 框架,程序员可以进行自动测试。

### 11.1.1 JUnit 简介

在 JUnit 单元测试框架的设计中,设定了三个主要目标。首先是简化测试编写,这包括学习测试框架以及实践编写测试单元;其次是使用测试单元保持持久性;第三个目标是能够利用现有的测试编写相关的新测试。

通过 JUnit 可以用 Mock Objects 进行隔离测试;用 Cactus 进行容器内测试;用 Ant 和 Maven 进行自动构建;在 Eclipse 内进行测试;对 Java 应用程序、Filter、Servlet、EJB、JSP、数据库应用程序、标签库等进行单元测试。

使用 JUnit 时,主要是通过继承 TestCase 类来撰写测试用例,使用 test…()命名单元测试方法。

用 JUnit 进行单元测试需要做以下 4 件事。

(1)用一个 import 语句引用 junit.framework.*下要使用的类。
(2)使用 extends 语句继承 junit.framework.TestCase。
(3)添加一个 main 方法调用 TestRunner.run(测试类名.class)。

(4) 使用调用 super(String) 的构造函数。

在阅读 JUnit 代码时,会发现有许多以 test 开头的方法,而这些方法正是需要测试的方法,JUnit 测试实际上只需要在所有 test 开头的方法中添加断言来验证数据。

JUnit 运行情况如图 11-1 所示。可以看出,JUnit 会执行所有的断言,如果所有断言与预期的结果相符,则测试通过,说明代码没有预期的错误。若有不通过的情况,将以红色标识错误。JUnit 将测试失败分为两种情况:Failure 和 Error。Failure 一般由单元测试使用的断言方法判断失败引起,表示在测试点发现了问题;而 Error 则是由代码异常引起,可能是测试代码本身的错误,也可能是被测试代码中的一个隐藏的缺陷。

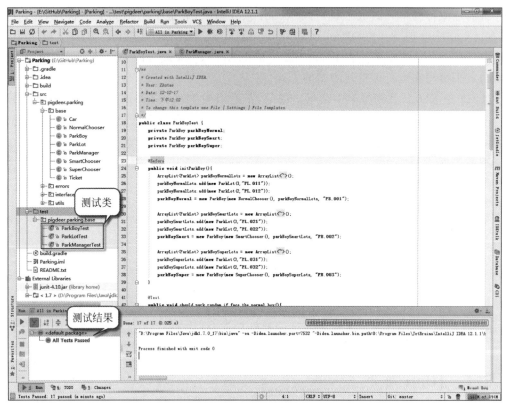

图 11-1　JUnit 运行图示

## 11.1.2　JUnit 组成

JUnit 框架经历了多次版本升级,目前市场上主流的版本是 3.8 和 4.x,由于 JUnit 是开源框架,可以登录 JUnit 官网来获取相关版本。JUnit 是以 JAR 文件的形式分发的,为了在应用程序中编写测试,需要将 JUnit 的 JAR 文件添加到运行的 CLASSPATH 中去。

本节以 JUnit 3.8.1 为例来分析 JUnit 的框架组成。JUnit 3.8.1 整个框架的核心是 TestCase、TestSuite、TestRunner、Assert、TestResult、Test 和 TestListener,其中,TestListener 和 Test 是接口。

**1. 用 TestCase 创建测试**

创建测试是使用 TestCase 类,它定义了用于执行多个测试的环境。我们编写的测试类都必须继承自 TestCase,它以 testXXX 方法的形式包含一个或多个测试,TestCase 把具有相似行为的测试归为一组。

例如,要编写一个测试类 TestClassA,类的声明如下。

```
import junit.framework.TestCase;
public class TestClassA extends TestCase{
    public void testMethodA(){
        ...
    }
    public void testMethodB(){
        ...
    }
}
```

在这段代码中,TestClassA 是测试类,它要继承 TestCase 类,第一行的引用用来指定 TestCase 类在 JUnit 框架中的位置。testMethodA()和 testMethodB()是测试方法,一个测试类中可以包含多个测试方法。

一个典型的 TestCase 包含两个主要部件:fixture(可称为"固定装置"或"配件",这里指按照固定顺序辅助测试方法执行的系统方法)和测试单元。fixture 指定了运行一个或多个测试所需的共享资源或数据集合。运行测试所需要的外部资源环境通常称作 testfixture。TestCase 通过 setUp()和 tearDown()方法来自动创建和销毁 fixture。在每个测试运行之前,TestCase 会调用 setUp()方法,在每个测试完成之后,调用 tearDown()方法。

**2. 用 TestRunner 运行测试**

TestRunner 是用来启动测试的程序类,它提供了测试程序的用户界面。BaseTestRunner 是所有 TestRunner 的超类。如果需要编写自定义的 TestRunner,也可以继承这个类。

为了更有效地运行,JUnit 提供了三种 TestRunner 运行器:junit.testui.TestRunner、junit.swingui.TestRunner 和 junit.awtui.TestRunner。其中,junit.testui.TestRunner 适合在命令行或控制台中运行测试,junit.swingui.TestRunner 适用于图形化环境执行测试,junit.awtui.TestRunner 属于遗产代码,现在很少有人使用。

这些运行器不仅能执行测试,还能提供结果统计信息。使用很简单,如图 11-2 所示,展示了测试的实际运行情况。图中右侧的进度条就是 JUnit 中著名的 green bar。Keep the bar green to keep the code clean 是 JUnit 的格言。

图 11-2　测试执行结果通过情况

如果测试失败,进度条会呈现为红色,JUnit 测试者喜欢把测试成功称为 green bar,把测试失败称为 red bar。测试失败的情况如图 11-3 所示。

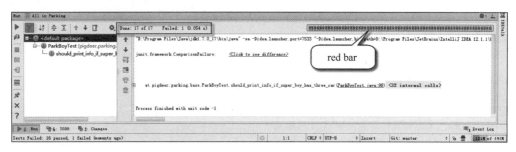

图 11-3　测试执行结果失败情况

**3. 用 TestSuite 和 Test 组合测试**

TestSuite 是 JUnit 中的测试集合类，用于组织一组相关的测试。它通过下面的语句导入：

```
import junit.framework.TestSuite;
```

一旦创建了一系列的测试实例 TestCase，接下来的步骤就是将它们作为一个整体进行运行。为此，需要定义一个 TestSuite 并将需要一起运行的 TestCase 添加其中。通常情况下，通过一个名为 suite() 的静态方法来实现这一目的。JUnit 会使用 suite() 方法来执行 TestSuite 中的测试。在 suite() 方法中，将测试实例添加到一个 TestSuite 对象中，并返回 TestSuite 对象。这样，一个 TestSuite 对象就可以运行一组测试。

如果没有为编写的测试类 TestCase 定义一个 TestSuite，那么 JUnit 会自动生成一个默认的 TestSuite。它会扫描测试类，找出所有以 test 开头的测试方法，并为每个方法创建一个 TestCase 实例，方法名将会传递给 TestCase 的构造函数，从而为每个实例创建一个唯一的标识。

然而，默认的 TestSuite 可能无法满足所有需求，因此在许多情况下，需要编写自定义的 TestSuite。例如，可能需要组合多个 suite()，或者只运行指定的一些测试。

通常情况下，会编写一个名为 TestAll 的类来定义自己的 suite() 方法。以下代码展示了一个典型的 TestAll 类。

```java
import junit.framework.Test;
import junit.framework.TestCase;
import junit.framework.TestSuite;
public class TestAll extends TestCase{
    public static Test suite(){
        TestSuite suite = new TestSuite();
        suite.addTestSuite(CalculatorTest.class);
        suite.addTestSuite(LargestTest.class);
        return suite;
    }
}
```

通常，TestAll 类包含一个静态的 suite() 方法，用于调用所有其他的 test 或 suite。可以通过调用 addTestSuite() 方法来增加想要一起运行的 TestCase 对象或 TestSuite 对象。addTestSuite() 方法接收 Test 类型的对象作为参数，因为 TestCase 和 TestSuite 都实现了 Test 接口。

TestSuite 采用了 Composite 模式，即将对象组合成树状结构，表示部分-整体层次关系。这种模式使得客户能够统一地处理单个对象和对象组合。JUnit 使用 Test 接口来运行单独的测试或多个测试的集合，这正是 Composite 模式的应用。向 TestSuite 添加对象时，实际上增加的是 Test，而不仅是一个 TestCase。因为 TestSuite 和 TestCase 都实现了 Test 接口，所以可以向 TestSuite 添加另一个 TestSuite，也可以添加一个 TestCase。如果添加的是 TestCase，那么将会运行这个单独的测试；如果添加的是 TestSuite，那么将会运行一组测试。

### 4. 用 TestResult 收集测试参数

TestResult 是一个用于收集 TestCase 执行结果的类，每个 TestSuite 都有一个对应的 TestResult。它负责记录所有测试的细节。

在测试失败的情况下，JUnit 会创建一个 TestFailure 对象，并将其存储在 TestResult 中。TestRunner 使用 TestResult 来报告测试的结果。如果 TestResult 集合中没有 TestFailure 对象，那么代码就是干净的，进度条会以绿色显示。否则，TestRunner 会报告失败，并输出失败测试的数量和它们的堆栈追踪信息（stacktrace）。

在 JUnit 测试中，Failure（失败）和 Error（错误）有所不同。失败是可预期的，表示测试失败，可能是发现了缺陷，修正代码后测试就能通过。而错误是不可预料的，是由意外问题引发的，可能意味着支持环境的问题，而不是测试代码本身的问题。

几乎所有的 JUnit 类在内部都会用到 TestResult，但在编写测试代码时通常不需要直接和 TestResult 打交道。

### 5. 用 TestListener 观察测试结果

TestListener 接口用于观察测试运行的结果，并负责报告这些运行信息。它允许收集有关测试的信息，而 TestRunner 通过实现 TestListener 接口来报告这些信息。

虽然 TestListener 接口是 JUnit 框架的重要部分，但在编写测试代码时通常不需要直接实现这个接口。JUnit 的内部机制会自动使用 TestListener 来监控测试的运行情况并报告结果，因此测试代码编写者无须手动实现该接口。

### 6. 用 Assert 断言

在代码编写过程中，常常基于一些假设来进行开发，而断言则用于在代码中捕捉这些假设。可以将断言视为一种高级形式的异常处理机制。

断言通常表现为布尔表达式，表示程序员在代码的特定点信任该表达式为真。断言验证可随时启用或禁用，因此在测试时可启用断言，部署后可禁用。此外，最终用户在遇到问题时也可以重新启用断言，以定位和了解问题的位置和原因。

使用断言可创建更稳定、质量更高且易于调试的代码。JUnit 提供了多种辅助函数，用于确定被测试方法是否按预期工作，通常称这些函数为断言。以下是 JUnit 的常用断言介绍。

- assertEquals(a,b)：测试 a 是否等于 b（a 和 b 必须是原始数据类型，或者是实现了比较方法并具有 equals 方法的对象）。
- assertFalse(a)：测试 a 是否为 false（假），其中，a 是一个 boolean 类型。
- assertTrue(a)：测试 a 是否为 true（真），其中，a 是一个 boolean 类型。
- assertNotNull(a)：测试 a 是否为非空，其中，a 是一个对象或者 null。

- assertNull(a)：测试 a 是否为空，其中，a 是一个对象或者 null。
- assertNotSame(a,b)：测试 a 和 b 是否引用不同的对象。
- assertSame(a,b)：测试 a 和 b 是否引用同一个对象。

以上是 JUnit 框架的组成部分，核心类之间的关系可以简单总结如下。

- 重点关注测试类 TestCase，因为它是测试运行的主体对象，所有的测试类都要继承自 TestCase。
- 测试结果的判定由断言类 Assert 来实现，我们根据断言语句的执行结果来判断是否存在软件缺陷。
- TestSuite 和 Test 以 Composite 模式（树状结构）来组织测试类 TestCase。
- TestRunner 负责运行 TestSuite，它提供了三种运行模式。
- TestResult 负责收集测试相关信息。
- TestListener 帮助对象获取 TestResult 并创建有用的测试报告。

## 11.2 JUnit 测试过程

使用测试来改善代码质量，尤其是设计质量，是测试驱动开发（Test-Driven Development，TDD）理论的核心。在基于 JUnit 的测试过程中，这一点得到了很好的体现。JUnit 也是极限编程和重构中被强烈推荐的工具之一，因为自动单元测试可以显著提高开发效率。

使用 JUnit 进行单元测试的过程简要描述如下。

（1）定义整体需求，将系统划分为多个对象。这需要对组件的基本功能有清晰的了解，因此，基于 Java/J2EE 的单元测试实际上也是设计过程的一部分。

（2）设计组件行为：可以使用 UML 或其他文档视图来设计组件行为，为组件的测试打下基础。

（3）编写单元测试程序（或测试用例）确认组件行为：假设组件的编码已经完成且工作正常，编写测试程序来验证其功能是否符合预期，包括正常和异常输入以及特定方法的输出。

（4）编写组件并执行测试：创建类及其相关方法标识，然后编写代码以使每个测试实例通过。循环执行这个过程，直至所有实例通过测试。

（5）测试替代方案：考虑不同的组件行为方式，设计更全面的输入或其他错误条件，编写测试用例来捕获这些条件，然后修改代码以通过测试。

（6）代码重构：根据需要，对代码进行重构和优化，然后再次运行单元测试以确保其通过。

（7）添加新测试用例：当组件有新行为时，编写新的测试用例来捕获这些行为。同时，当有新需求或现有需求改变时，编写或修改测试用例以应对这些变化，然后修改代码。

（8）代码修改后返回所有的测试：每次代码修改时，需要遍历所有的测试，以确保代码在修改时，没有引入新的缺陷。

使用 JUnit 进行测试时，编写测试用例通常遵循以下步骤。

（1）引入必要的库或类，在测试单元中引入 import junit.framework.TestCase 和 junit.textui.TestRunner。

(2) 继承 TestCase,该测试单元继承 junit.framework.TestCase。

(3) 添加一个 main()方法,在其中调用 TestRunner.run(测试类名.class)。

(4) 确保存在一个调用 super(String)的构造函数。

(5) 执行 setup()方法,这个方法初始化测试方法所需的测试环境。通常包含各个测试方法执行前的初始化工作,而不放在该测试类的构造方法中。

(6) 执行 tearDown()方法,在每个测试方法被执行之后被调用,用于清理测试环境。

下面是一个例子的实现过程。

```java
import junit.framework.TestCase;
import junit.textui.TestRunner;
public class UseCaseTest extends TestCase{
    //要测试的类,在此声明一个实例
    UseCase uc = null;
    //添加一个构造函数
    public UseCaseTest(String name){
        super(name);
    }
    //执行每一个测试前都需要执行该方法
    protected void setup() throws Exception{
        super.setup();
        uc = new UseCase();
    }
    //执行每一个测试后都需要执行该方法
    protected void tearDown() throws Exception{
        uc = null;
        super.tearDown();
    }
    //添加 main()函数,使其单独运行
    public static void main(String [] args){
        junit.textui.TestRunner.run(UseCaseTest.class);
    }
    //测试 uc.getAge()方法
    public void testAge(){
        //定义期望值
        int expectedReturn = 3;
        //获取实际值
        int actualReturn = uc.getAge();
        //比较是否一致
        assertEquals("OK!", expectedReturn, actualReturn);
    }
    //测试其他方法
    ...
}
```

## 11.3 JUnit 安装与集成

JUnit 框架是开发源代码的工具,可以到 JUnit 官网下载相关版本。JUnit 是以 JAR 文件(junit.jar)的形式分发的。目前较新的版本为 4.x,本节先以 JUnit 3.8.1 为例讲解基本

安装和使用,再结合集成开发环境讲解 4.x 的 JUnit 集成。

## 11.3.1 JUnit 简单安装

JUnit 的安装很简单。

第一步,从 www.junit.org 上下载 junit-3.8.1.jar。

第二步,为了使用 JUnit 为应用程序编写测试,需要把 junit.jar 文件添加到环境变量 CLASSPATH 中。

右击"我的电脑",选择"属性"→"高级"→"环境变量",在"系统变量"框中选中变量 CLASSPATH,单击"编辑"按钮,将 junit.jar 的路径添加进去,单击"确定"按钮,完成环境变量的设置。如图 11-4 所示,笔者将 junit.jar 置于 D:\Program Files\Java\junit\junit-3.8.1.jar,其环境变量的设置,即将该地址路径加入 CLASSATH 中。

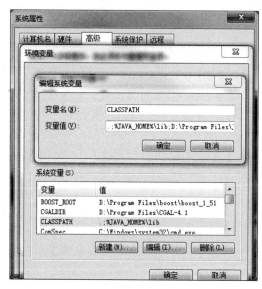

图 11-4 JUnit 环境变量设置

至此,安装完成,下面可以利用 JUnit 进行测试。

第三步,单击"开始"→"运行",输入"cmd"打开字符命令行界面。输入命令:

```
d:
```

切换到 D 盘,再输入命名:

```
cd D:\Program Files\Java\junit
```

进入 JUnit 目录。接着输入如下命令:

```
java -cp junit-3.8.1.jar junit.swingui.TestRunner
```

打开 JUnit 的图形界面运行器。

第四步,在 JUnit 图形界面的 Test class name 编辑框中输入实例程序的类名,然后单击右侧的 Run 按钮,出现了绿色状态条,说明代码测试通过。

## 11.3.2 JUnit 与 IDE 集成

在实际开发中,多数时候还是利用集成开发环境进行,JUnit 也被诸多 IDE 集成。下面将详细介绍。此外,随着产业的革新,如今 JUnit 4 的使用已经渐渐普及,JUnit 4 是 JUnit 框架有史以来的最大改进,其主要目标便是利用 Java 5 的 Annotation 特性简化测试用例的编写。本章之后的内容都将围绕 JUnit 4 展开。

**1. 与 Eclipse 集成**

Eclipse 是最为流行的 Java 开发 IDE 之一,它全面集成了 JUnit,并从版本 3.2 开始支持 JUnit 4。当然 JUnit 并不依赖于任何 IDE。可以从 http://www.eclipse.org/ 上下载最新的 Eclipse 版本。

首先新建一个 Java 工程——coolJUnit。现在需要做的是,打开项目 coolJUnit 的属性页→选择 Java Build Path 子选项→单击 Add Library 按钮→在弹出的 Add Library 对话框中选择 JUnit(如图 11-5 所示),并在下一页中选择版本 4.1 后单击 Finish 按钮。这样便把 JUnit 引入到当前项目库中了。

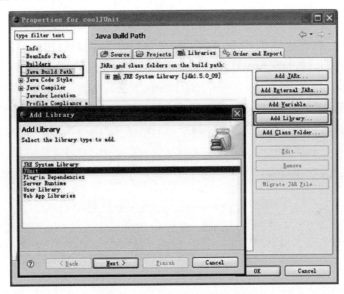

图 11-5 为项目添加 JUnit 库

在开始编码前,还需要为测试代码设置一个目录,因为测试代码和被测试代码是同时交替进行编写的。如果放在一起,又会造成很大的混乱,单元测试代码是不会出现在最终产品中的。建议分别为单元测试代码与被测试代码创建单独的目录,并保证测试代码和被测试代码使用相同的包名。这样既保证了代码的分离,同时还保证了查找的方便。遵照这条原则,在项目 coolJUnit 根目录下添加一个新目录 testsrc,并把它加入项目源代码目录中(如图 11-6 所示)。

现在得到了一条 JUnit 的最佳实践:单元测试代码和被测试代码使用一样的包,不同的目录。一切准备就绪,就可以开始使用 JUnit 进行单元测试了。

**2. 与 NetBeans 集成**

NetBeans IDE 是一个屡获殊荣的集成开发环境,可以方便地在 Windows、mac、Linux

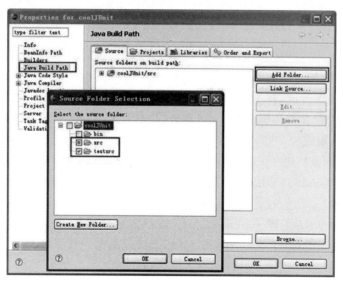

图 11-6 修改项目源代码目录

和 Solaris 中运行。NetBeans 包括开源的开发环境和应用平台，NetBeans IDE 可以使开发人员利用 Java 平台能够快速创建 Web、企业、桌面以及移动的应用程序，NetBeans IDE 目前还支持 PHP、Ruby、JavaScript、AJAX、Groovy、Grails 和 C/C++等开发语言。

同样以 coolJUnit 工程为例，介绍在 NetBeans 下搭建 JUnit 测试开发环境。

首先，还是按照 NetBeans 的新建工程向导，创建一个工程项目。NetBeans 默认是将 JUnit 机制引入的，右击项目名称选择"属性"，如图 11-7 所示，NetBeans 默认是为项目创建测试文件夹的。

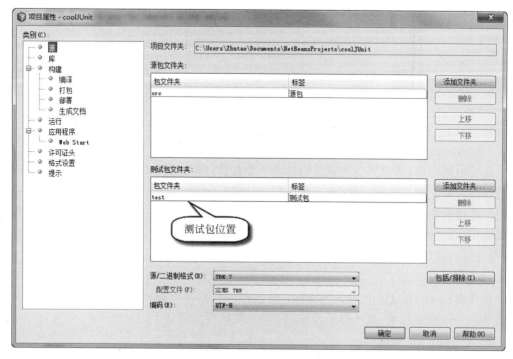

图 11-7 NetBeans 项目属性

同样,需要为该项目加入测试的库文件 junit.jar。如图 11-8 所示,在项目属性的"库"菜单的"运行测试"选项卡下单击"添加库"按钮,导入 NetBeans 自带的 JUnit 版本即可。

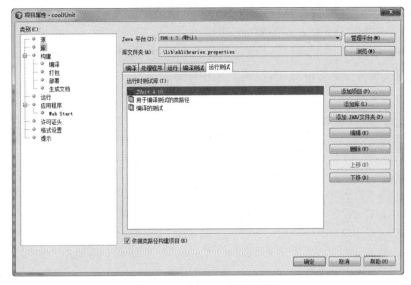

图 11-8　NetBeans 测试库添加

完成以上设置后即可开始使用 JUnit 进行单元测试了。项目结构如图 11-9 所示。

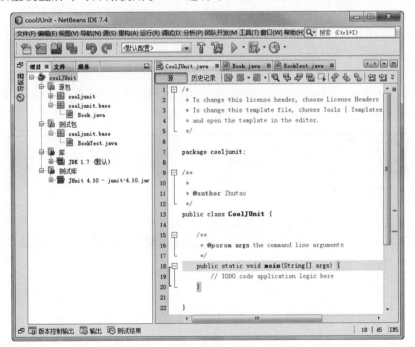

图 11-9　集成 JUnit 测试的 NetBeans 项目

### 3．与 IntelliJ IDEA 集成

IntelliJ IDEA 简称 IDEA,是 Java 语言开发的集成环境,IntelliJ 在业界被公认为最好的 Java 开发工具之一,尤其在智能代码助手、代码自动提示、重构、J2EE 支持、Ant、JUnit、CVS 整合、代码审查、创新的 GUI 设计等方面的功能可以说是超常的。IDEA 是 JetBrains

公司的产品,这家公司总部位于捷克共和国的首都布拉格,开发人员以严谨著称的东欧程序员为主。

与之前IDE相仿,在集成JUnit上,主要工作就是添加测试库文件,设置测试文件包,IntelliJ IDEA则提供了更加友好的界面支持。

首先,新建项目,打开"文件"→"项目结构",如图11-10所示,设置相应的目录,源代码的目录为蓝色,测试目录为绿色,编译输出文件目录为黄色。

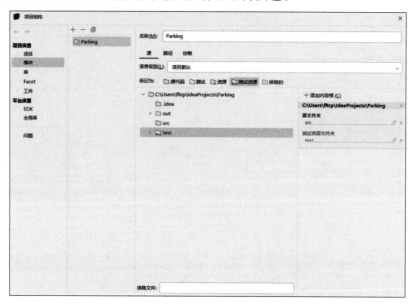

图11-10　IntelliJ IDEA项目结构

打开"依赖"选项卡,选择添加测试库,可以从"库"中的"来自Maven"中下载。也可以单击"JAR或目录",选择下载过的junit-4.10.jar,如图11-11所示,选择了junit4.10。

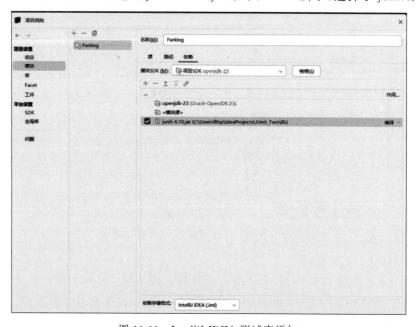

图11-11　IntelliJ IDEA测试库添加

## 11.4　JUnit 使用案例

在了解了 JUnit 的工作原理后,接下来用一个实例来介绍一下 JUnit4 的实际应用。

### 11.4.1　案例介绍

有一个 Calculator 类,它提供了简单的数学运算功能,包括加、减、乘、除、平方、开方等操作,其中有 8 个方法:加法 add(int n)、减法 substract(int n)、乘法 multiply(int n)、除法 divide(int n)、平方 square(int n)、开方 squareRoot(int n)、清零 clear()和获取结果 getResult()。其代码如下,代码中存在一些 Bug,这些 Bug 在代码的注释中详细记录。

```
package andycpp;

public class Calculator {
    //静态变量,用于存储运行结果
    private static int result;
    public Calculator(int n)  {
        result = n;
    }
    public void add(int n)  {
        result = result + n;
    }
    public void substract(int n)  {
        result = result - 1;
        //Bug:正确的应该是 result = result - n
    }
    public void multiply(int n)  {
        //Bug:此方法未实现
    }
    public void divide(int n)  {
        result = result / n;
        //Bug:未做非零校验
    }
    public void square(int n)  {
        result = n * n;
    }
    public void squareRoot(int n)  {
        for (; ;) ;
        //Bug:死循环
    }
    public void clear()  {
        result = 0;
    }
    public int getResult()  {
        return result;
    }
}
```

### 11.4.2　常规测试

当需要测试代码中的 Bug 或验证 Calculator 类的正常工作状态时,一种传统的方法是设计合适的测试用例,实例化 Calculator 类,使用设计好的测试用例调用其方法,最后验证返回结果与预期值是否一致。这种方法不依赖于 JUnit 框架，可以通过简单地编写 main()函数来实现。例如，针对 add()方法，可以设计一个简单的测试用例，代码如下。

```
package andycpp;

public class Calculator {
    …
    public static void main(String[] args){
        Calculator calc = new Calculator(0);
        int result = calc.add(3);
        if(result == 3){
            System.out.println(result);
        }else{
            System.out.println("failure!");
        }
    }
}
```

这个测试很简单，以 0＋3 为测试用例，首先创建了 Calculator 类的实例，将测试用例传递给 add()方法，接着用条件语句检查结果是否与期望值 3 相等。这种基本的测试可以帮助我们验证 add()方法的功能。然而，如果在 add()方法中引入了错误，使测试失败，那么需要仔细分析错误信息以找出问题所在。另外，这里的代码只覆盖了 add()方法的测试，如果要完整地测试 Calculator 类的所有方法，使用这种方式进行连续测试可能会变得混乱，一旦出现错误也不容易排查。

当然，可以通过改进编码技巧来解决这些问题。可以创建专门的测试类，以清晰的结构组织测试，或者设计能够动态显示测试结果的界面，提高测试工作的控制性等。通过这些改进，测试过程可以更加有效和高效。

总之，当前的测试方法相对简单，使用的是单个测试用例和简单的条件语句。但如果要进行完整的测试，需要更加全面地考虑测试结构和管理，以提高测试的有效性和可维护性。

### 11.4.3 使用 JUnit 测试

所有的单元测试框架都应该遵守以下三条原则。
（1）每个单元测试的运行都必须独立于其他单元测试。
（2）必须以单项测试为单位来检测和报告错误。
（3）应该提供简单、灵活的方式来定义和运行测试。

JUnit 完全符合这三条规则。同时，JUnit 还提供了很多功能来简化测试的编写和运行。

- 每个单元测试可以独立运行。
- 标准的资源初始化和回收方法。
- 各种不同的 assert 方法，让测试结果比较更加容易。
- 同流行的工具（Ant、Maven 等）和流行的 IDE（Eclipse、NetBeans、IDEA 等）整合。

下面，我们就介绍在 IntelliJ IDEA 利用 JUnit4 对 Calculator 类进行测试的过程与方法。

## 1. 测试实现

第一步，在 IDEA 中创建一个叫 JUnit_Test 的项目，将被测试类添加到项目中。

第二步，将 JUnit4 单元测试包引入这个项目，在该项目上右击，单击"打开模块设置"，如图 11-12 所示。在弹出的项目结构窗口中，首先在"项目设置"下选择"库"，然后单击"＋"按钮，在弹出的新建项目库中选择"来自 Maven"，如图 11-13 所示。然后在搜索框中搜索"junit:junit:4.10"，单击"确定"按钮，如图 11-14 所示。单击"项目设置"下的模块，JUnit 添加在所选模块，并双击查看 JUnit 版本正确为 4.10，如图 11-15 所示。

图 11-12　项目属性菜单

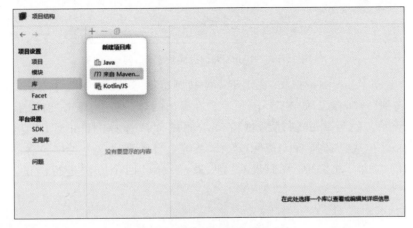

图 11-13　新建项目库-来自 Maven

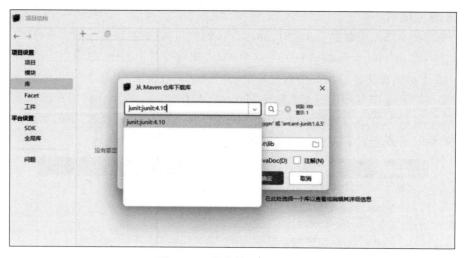

图 11-14　搜索并添加 JUnit4

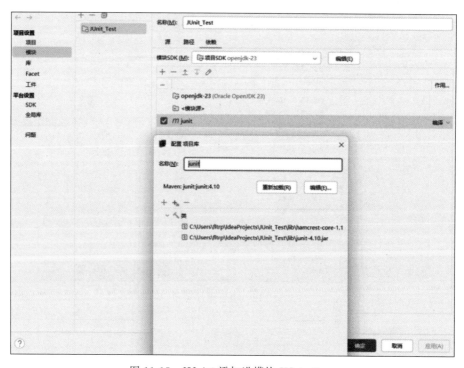

图 11-15　JUnit4 添加进模块 JUnit_Test

第三步，生成 JUnit 测试框架，在 IDEA 的被测试类 Calculator 类中右击，在弹出的菜单中，选择"转到"→"测试"，如图 11-16 所示。在弹出的对话框中，单击"创建新测试用例"，如图 11-17 所示。随后弹出创建测试窗口，"测试库："选择"JUnit4"，"类名："默认为 CalculatorTest，"生成："选择 setUp/@Before，系统会自动列出这个类中包含的方法，选择要进行测试的方法。此例中，我们仅对"加、减、乘、除"四个方法进行测试，如图 11-18 所示。

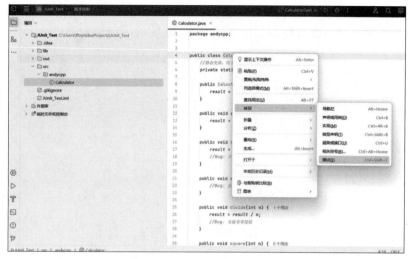

图 11-16 生成 JUnit 测试框架

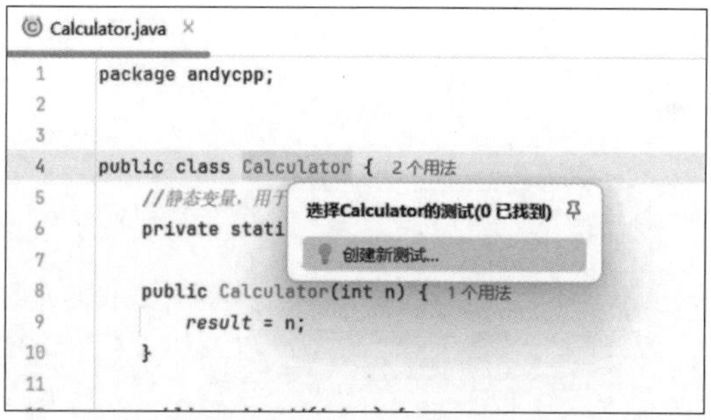

图 11-17 创建新测试

图 11-18 添加测试方法

之后系统会自动生成一个新类 CalculatorTest，里面包含一些空的测试用例。只需要将这些测试用例稍作修改即可使用。完整的 CalculatorTest 代码如下：

```java
package andycpp;

import static org.junit.Assert.*;
import org.junit.Before;
import org.junit.Ignore;
import org.junit.Test;

public class CalculatorTest {

    private static Calculator calculator = new Calculator();

    @Before
    public void setUp() throws Exception ...{
        calculator.clear();
    }

    @Test
    public void testAdd() {
        calculator.add(2);
        calculator.add(3);
        assertEquals(5, calculator.getResult());
    }

    @Test
    public void testSubstract() {
        calculator.add(10);
        calculator.substract(2);
        assertEquals(8, calculator.getResult());
    }

    @Ignore("Multiply() Not yet implemented")
    @Test
    public void testMultiply() {
    }

    @Test
    public void testDivide() {
        calculator.add(8);
        calculator.divide(2);
        assertEquals(4, calculator.getResult());
    }
}
```

第四步，运行测试代码。按照上述代码修改完毕后，我们在 CalculatorTest 类上右击，选择"运行 CalculatorTest"来运行测试，如图 11-19 所示。运行结果如图 11-20 所示。

观察运行结果，测试共进行了 27 毫秒，共运行了 4 个测试，其中 1 个测试被忽略，1 个测试失败，2 个测试通过。我们可以根据错误的提示进行修改。

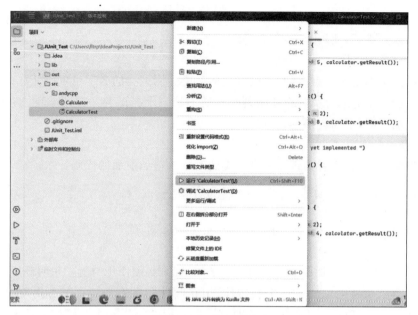

图 11-19　运行测试

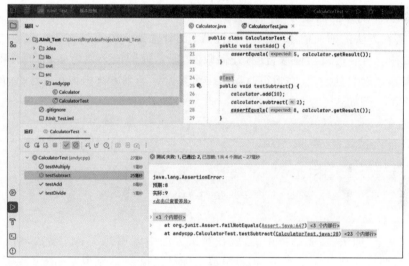

图 11-20　测试结果

## 2. 测试说明

根据以上的 JUnit 测试实例,需要做如下说明。

1) 包含必要的 Package

在测试类中用到了 JUnit 4 框架,自然要把相应的 Package 包含进来。最主要的一个 Package 就是 org.junit.*。把它包含进来之后,绝大部分功能就有了。还有一句也非常重要:

```
import static org.junit.Assert.*;
```

在测试的时候使用的一系列 assertEquals 方法就来自这个包。需要注意,这是一个静态包含(static),是 JDK 5 中新增添的一个功能。也就是说,assertEquals 是 Assert 类中的一系列静态方法,一般的使用方式是 Assert.assertEquals(),但是使用了静态包含后,前面的类名就可以省略了,使用起来更加方便。

2) 测试类的声明

我们的测试类是一个独立的类,没有任何父类。测试类的名字也可以任意命名,没有任何局限性。所以不能通过类的声明来判断它是不是一个测试类,它与普通类的区别在于它内部的方法的声明,下面会讲到。

3) 创建一个待测试的对象

要测试哪个类,首先就要创建一个该类的对象。正如前面的代码:

```
private static Calculator calculator = new Calculator();
```

为了测试 Calculator 类,必须创建一个 calculator 对象。

4) 测试方法的声明

在测试类中,并不是每一个方法都是用于测试的,必须使用"标注"来明确表明哪些是测试方法。"标注"也是 JDK 5 的一个新特性,用在此处非常恰当。可以看到,在某些方法的前面有@Before、@Test、@Ignore 等字样,这些就是标注,以一个"@"作为开头。这些标注都是 JUnit 4 自定义的,熟练掌握这些标注的含义非常重要。

5) 编写一个简单的测试方法

首先,要在方法的前面使用@Test 标注,以表明这是一个测试方法。对于方法的声明也有如下要求:名字可以随便取,没有任何限制,但是返回值必须为 void,而且不能有任何参数。如果违反这些规定,会在运行时抛出一个异常。至于方法内该写些什么,就要看需要测试些什么了。例如:

```
@Test
public void testAdd() {
    calculator.add(2);
    calculator.add(3);
    assertEquals(5, calculator.getResult());
}
```

想测试一下"加法"功能是否正确,就在测试方法中调用几次 add 函数,初始值为 0,先加 2,再加 3,期待的结果应该是 5。如果最终实际结果也是 5,则说明 add 方法是正确的,反之说明它是错的。

```
assertEquals(5,calculator.getResult());
```

就是用来判断期待结果和实际结果是否相等,第一个参数填写期待结果,第二个参数填写实际结果,也就是通过计算得到的结果。这样写好之后,JUnit 会自动进行测试并把测试结果反馈给用户。

6) 忽略测试某些尚未完成的方法

如果在写程序前做了很好的规划,那么哪些方法实现什么功能都可以事先定下来。因此,即使该方法尚未完成,它的具体功能也是确定的,这也就意味着可以为它编写测试用例。但是,如果已经把该方法的测试用例写完,但该方法尚未完成,那么测试的时候一定是"失败"。这种失败和真正的失败是有区别的，因此 JUnit 提供了一种方法来区别它们，那就是在这种测试函数的前面加上@Ignore 标注，这个标注的含义就是"某些方法尚未完成，暂不参与此次测试"。这样的话测试结果就会提示有几个测试被忽略，而不是失败。一旦完成了相应函数，只需要把@Ignore 标注删去，就可以进行正常的测试。

  7) 固定代码段 Fixture

  Fixture 的含义就是"在某些阶段必然被调用的代码"。比如上面的测试，由于只声明了一个 calculator 对象，它的初始值是 0，但是测试完加法操作后，它的值就不是 0 了；接下来测试减法操作，就必然要考虑上次加法操作的结果。这绝对是一个很糟糕的设计！我们非常希望每一个测试都是独立的，相互之间没有任何耦合度。因此，就很有必要在执行每一个测试之前，对 Calculator 对象进行一个"复原"操作，以消除其他测试造成的影响。因此，"在任何一个测试执行之前必须执行的代码"就是一个 Fixture，我们用@Before 来标注它，如前面的例子所示。

```
@Before
public void setUp() throws Exception {
        calculator.clear();
}
```

  这里不再需要@Test 标注，因为这不是一个 test，而是一个 Fixture。同理，如果"在任何测试执行之后需要进行的收尾工作"也是一个 Fixture，使用@After 来标注。由于本例比较简单，没有用到此功能。

  **3. 高级测试**

  通常情况下，利用以上基本的测试方式已经能够满足基本的单元测试需求，但 JUnit 也提供了很多更加细粒度的单元测试方法。

  1) 高级 Fixture

  之前介绍了两个 Fixture 标注，分别是@Before 和@After，我们来看看它们是否适合完成如下功能。有一个类是负责对大文件（超过 500MB）进行读写，它的每一个方法都是对文件进行操作。换句话说，在调用每一个方法之前，都要打开一个大文件并读入文件内容，这绝对是一个非常耗费时间的操作。如果使用@Before 和@After，那么每次测试都要读取一次文件，效率极其低下。这里所希望的是在所有测试一开始读一次文件，所有测试结束之后释放文件，而不是每次测试都读文件。JUnit 的作者显然也考虑到了这个问题，它给出了@BeforeClass 和 @AfterClass 两个 Fixture 来帮助实现这个功能。从名字上就可以看出，用这两个 Fixture 标注的函数，只在测试用例初始化时执行@BeforeClass 方法，当所有测试执行完毕之后，执行@AfterClass 进行收尾工作。在这里要注意一下，每个测试类只能有一个方法被标注为@BeforeClass 或 @AfterClass，并且该方法必须是 public 和 static 的。

  2) 限时测试

  对于那些逻辑很复杂、循环嵌套比较深的程序，很有可能出现死循环，因此一定要采取一些预防措施。限时测试是一个很好的解决方案。给这些测试函数设定一个执行时间，超过了这个时间，它们就会被系统强行终止，并且系统还会汇报该函数结束的原因是因为超时，这样就可以发现这些 Bug 了。要实现这一功能，只需要给@Test 标注加一个参数即可，代码如下。

```
@Test(timeout = 1000)
public void squareRoot(){
    calculator.squareRoot(4);
    assertEquals(2, calculator.getResult());
}
```

其中，timeout 参数表明了要设定的时间，单位为 ms，因此 1000 就代表 1s。

3）测试异常

Java 中的异常处理也是一个重点，因此经常会编写一些需要抛出异常的函数。那么，如果觉得一个函数应该抛出异常，但是它没抛出，这算不算 Bug 呢？这当然是 Bug，并 JUnit 也考虑到了这一点，来帮助我们找到这种 Bug。例如，我们写的计算器类有除法功能，如果除数是一个 0，那么必然要抛出"除 0 异常"。因此，很有必要对这些进行测试。代码如下。

```
@Test(expected = ArithmeticException.class)
public void divideByZero() {
    calculator.divide(0);
}
```

如上述代码所示，需要使用@Test 标注的 expected 属性，将要检验的异常传递给它，这样 JUnit 框架就能自动帮助检测是否抛出了指定的异常。

4）Runner（运行器）

读者有没有想过这个问题，当你把测试代码提交给 JUnit 框架后，框架如何来运行代码呢？答案就是 Runner。在 JUnit 中有很多个 Runner，它们负责调用测试代码，每一个 Runner 都有各自的特殊功能，要根据需要选择不同的 Runner 来运行测试代码。可能你会觉得奇怪，前面写了那么多测试，并没有明确指定一个 Runner 啊？这是因为 JUnit 中有一个默认 Runner，如果没有指定，那么系统自动使用默认 Runner 来运行代码。换句话说，下面两段代码的含义是完全一样的。

```
import org.junit.internal.runners.TestClassRunner;
import org.junit.runner.RunWith;

//使用了系统默认的 TestClassRunner，与下面代码完全一样
public class CalculatorTest {...}
// ========================= //
@RunWith(TestClassRunner.class)
public class CalculatorTest {...}
```

从上述例子可以看出，要想指定一个 Runner，需要使用@RunWith 标注，并且把所指定的 Runner 作为参数传递给它。另外要注意的是，@RunWith 是用来修饰类的，而不是用来修饰函数的。只要对一个类指定了 Runner，这个类中的所有函数就都被这个 Runner 调用。最后，不要忘了包含相应的 Package。

5）参数化测试

读者可能遇到过这样的函数，它的参数有许多特殊值，或者说它的参数分为很多个区域。例如，一个对考试分数进行评价的函数，返回值分别为"优秀，良好，一般，及格，不及

格"，因此在编写测试的时候，至少要写 5 个测试，把这 5 种情况都包含进去，这确实是一件很麻烦的事情。还使用先前的例子，测试一下"计算一个数的平方"这个函数，暂且分为三类：正数、0、负数。测试代码如下。

```java
import org.junit.AfterClass;
import org.junit.Before;
import org.junit.BeforeClass;
import org.junit.Test;
import static org.junit.Assert.*;

public class AdvancedTest {
    private static Calculator calculator = new Calculator();
    @Before
    public void clearCalculator(){
        calculator.clear();
    }

    @Test
    public void square1(){
        calculator.square(2);
        assertEquals(4, calculator.getResult());
    }

    @Test
    public void square2(){
        calculator.square(0);
        assertEquals(0, calculator.getResult());
    }

    @Test
    public void square3(){
        calculator.square(-3);
        assertEquals(9, calculator.getResult());
    }
}
```

为了简化类似的测试，JUnit 4 提出了"参数化测试"的概念，只写一个测试函数，把这若干种情况作为参数传递进去，一次性完成测试。代码如下。

```java
import static org.junit.Assert.assertEquals;
import org.junit.Test;
import org.junit.runner.RunWith;
import org.junit.runners.Parameterized;
import org.junit.runners.Parameterized.Parameters;
import java.util.Arrays;
import java.util.Collection;
@RunWith(Parameterized.class)
public class SquareTest{
    private static Calculator calculator = new Calculator();
    private int param;
    private int result;
    @Parameters
```

```java
        public static Collection data(){
            return Arrays.asList(new Object[][]{
                {2, 4},
                {0, 0},
                {-3, 9}});
        }
        public SquareTest(int param, int result){
            this.param = param;
            this.result = result;
        }
        @Test
        public void square() {
            calculator.square(param);
            assertEquals(result, calculator.getResult());
        }
}
```

下面对上述代码进行分析。首先,要为这种测试专门生成一个新的类,而不能与其他测试共用同一个类,此例中定义了一个 SquareTest 类。然后,要为这个类指定一个 Runner,而不能使用默认的 Runner 了,因为特殊的功能要用特殊的 Runner。@RunWith(Parameterized.class)这条语句就是为这个类指定了一个 ParameterizedRunner。第二步,定义一个待测试的类,并且定义两个变量,一个用于存放参数,一个用于存放期待的结果。接下来,定义测试数据的集合,也就是上述 data()方法,该方法可以任意命名,但是必须使用@Parameters 标注进行修饰。这个方法的框架就不多解释了,只需要注意其中的数据是一个二维数组,数据两两一组,每组中的这两个数据,一个是参数,一个是预期的结果。比如第一组{2,4},2 就是参数,4 就是预期的结果。这两个数据的顺序无所谓,谁前谁后都可以。之后是构造函数,其功能就是对先前定义的两个参数进行初始化。在这里要注意一下参数的顺序,要和上面的数据集合的顺序保持一致。如果前面的顺序是{参数,期待的结果},那么构造函数的顺序也要是"构造函数(参数,期待的结果)",反之亦然。最后就是写一个简单的测试用例了,和前面介绍过的写法完全一样,不再赘述。

6) 打包测试

通过前面的介绍可以感觉到,在一个项目中只写一个测试类是不可能的,会写出很多个测试类。可是这些测试类必须一个一个地执行,也是比较麻烦的事情。鉴于此,JUnit 提供了打包测试的功能,将所有需要运行的测试类集中起来,一次性地运行完毕,大大地方便了测试工作。具体代码如下。

```java
import org.junit.runner.RunWith;
import org.junit.runners.Suite;

@RunWith(Suite.class)
@Suite.SuiteClasses({
        CalculatorTest.class,
        SquareTest.class
        })

public class AllCalculatorTests{}
```

可以看出,这个功能也需要使用一个特殊的 Runner,因此需要向@RunWith 标注传递一个参数 Suite.class。同时,还需要另外一个标注@Suite.SuiteClasses,来表明这个类是一个打包测试类。把需要打包的类作为参数传递给该标注就可以了。有了这两个标注之后,就已经完整地表达了所有的含义,因此下面的类已经无关紧要,随便起一个类名,内容全部为空即可。

## 小　　结

本章主要介绍了目前最流行的单元测试工具 XUnit 系列框架中最早出现的 JUnit,重点介绍了 JUnit 测试 Java 代码的语法细节和相关实例。

在本章的开始首先介绍了 JUnit 的基础理论知识,包括 JUnit 的简介、JUnit 框架的组成、JUnit 测试过程与测试用例,然后结合实例介绍了 JUnit 的使用,具体包括 JUnit 的安装与集成、Calculator 类的 JUnit 实例。

Junit 是白盒测试框架,核心包括 TestCase、TestSuite、TestRunner、Assert、TestResult、Test 和 TestListener 这 7 个主要部分。

## 习　题　11

扫一扫

习题

扫一扫

自测题

# 第 12 章　接口测试工具

接口测试是一种针对系统组件间接口的测试方法,通常用于多系统间交互开发或者涉及多个子系统的应用系统开发的测试。在进行接口测试时,测试工程师并不需要深入了解被测试系统的所有代码,而是主要通过分析接口定义并模拟接口调用的业务场景来设计测试用例,以测试被测系统的功能是否符合预期。

**本章要点**
- 接口测试工具的分类和选择
- SoapUI 的使用
- JMeter 的使用
- Postman 的使用

## 12.1　接口测试概述

接口测试是测试接口,尤其是那些与系统相关联的外部接口。接口测试的核心目的在于确保系统正确、稳定,借助持续集成提升测试效率,优化用户体验,并降低产品研发成本。

从测试角度看,在某种程度上可以说接口测试相比单元测试投入较少,技术难度也相对较低。一般而言,接口测试粒度较粗,主要集中在子系统或子模块接口层面。因此,需测试的接口或函数数量远少于单元测试。同时,接口定义通常比类级函数更为稳定。这导致接口测试用例代码变动较小,维护成本远低于单元测试,测试投入相对较小。

接口测试有助于确保子系统或模块在各种应用场景下接口调用的正确性,从而保障产品质量。它是在确保高复杂性系统质量的基础上,通过经济高效的方式达成的最佳解决方案。

### 12.1.1　接口测试工具的分类

接口测试工具一般有 Charles、Wireshark、Fiddler、LoadRunner、SoapUI、JMeter、Postman 等。一般可分为以下两类。

**1. 接口抓取工具**

Charles、Wireshark 和 Fiddler 属于这类工具。它们能够抓取 HTTP 或 TCP 请求,并用来查看接口信息。

**2. 接口测试工具**

SoapUI、JMeter 和 Postman 是这类工具的代表。它们允许编辑请求 URL,设置不同参数进行接口请求,用于测试接口的功能性、安全性等。

### 12.1.2 接口测试工具的选择

在选择接口测试工具时,需要考虑以下原则。

(1)业务复杂度。不同的业务复杂度需要不同的接口测试能力。各种工具都有自己的特点和局限性,首要考虑工具是否能够满足当前的测试需求。

(2)简便高效。在满足测试需求的前提下,考虑工具的学习成本和使用便捷性,简单高效的工具能提高工作效率。

(3)测试人员能力。不同测试工具的使用需要不同的技能水平,要考虑测试人员自身的能力,选择适合团队的测试工具。

(4)资金成本的考量。有些测试工具是付费的,有些是免费的,应在满足团队需求的情况下尽量降低对工具的资金投入。

## 12.2 SoapUI

扫一扫
视频讲解

SoapUI 是一个开源测试工具,它利用 SOAP/HTTP 来检查、调用和执行 Web Service 的功能、负载以及安全测试。该工具既可独立使用,也可利用插件集成到 Eclipse、Maven2.X、Netbeans 和 IntelliJ 等开发环境中。与开源版本相比,SoapUI Pro 是其商业非开源版本,功能更为丰富。

### 12.2.1 SoapUI 的特点

(1)支持 Soap 和 Rest 两种类型接口测试。SoapUI 专门针对 HTTP 类型的这两种接口进行测试,主要设计初衷是测试 Soap 类型接口。对于其他协议的接口,SoapUI 的支持相对有限,不太适用于非 HTTP 的接口测试。

(2)支持对接口的功能测试、负载测试和安全测试。

(3)测试数据来源(DataSource)包括文件、目录、数据库、Excel、Grid、Groovy 等。为了让 DataSource 能循环起来,还要和 DataSource Loop 结合。

(4)可通过 Conditioinal Goto 或者 Groovy 脚本控制流程。尽管 TestCase 默认按照测试步骤顺序执行,但可根据历史 TestStep 结果添加循环或分支。

(5)提供多种格式的测试结果报告输出,包括 PDF/HTML/XML/CSV,用于生成 Project report、TestSuite report 和 TestCase report。

(6)良好的团队协作支持。SoapUI 支持创建复合项目,使多人同时在一个项目中工作。

### 12.2.2 SoapUI 的使用

下面以官方提供的一个 WSDL 介绍一下 SOAP 接口的测试过程。

**1. 新建项目**

在 File 中单击 New SOAP Project,把 http://www.webservicex.com/CurrencyConvertor.asmx?wsdl 填写到 Initial WSDL 中,如图 12-1 所示。项目名称将自动被填充,然后单击 OK 按钮。SoapUI 将会根据导入的 WSDL 创建一个项目,显示在导航栏中。

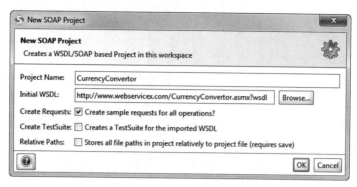

图 12-1 新建 SOAP 项目

**2. 填写参数**

如图 12-2 所示，展开 CurrencyConvertor，双击 Request1 打开编辑窗口，将 FromCurrency 一行的问号修改为 AWG（阿鲁巴盾弗罗林），ToCurrency 一行的问号修改为 AUD（澳大利亚元）。

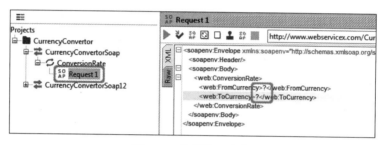

图 12-2 填写接口参数

**3. 请求接口**

如图 12-3 所示，单击左上角的绿色三角按钮请求该汇率接口，可获得接口返回值 0.7202，即 AWG 对 AUD 的汇率。

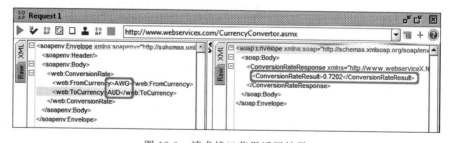

图 12-3 请求接口获得返回结果

## 12.3 JMeter

JMeter 是 Apache 公司基于 Java 开发的开源压力测试工具，体积小巧，功能丰富，易于使用，是一款相对轻量级的测试工具。它可以进行压力测试，同时也支持接口测试。在接口测试方面，它简单的操作包括执行 HTTP 脚本（发 GET/POST 请求、添加 Cookie、Header、权限认证、上传文件）、Web Service 脚本、参数化、断言、关联和数据库操作等。

### 12.3.1 JMeter 的特点

(1) 支持 Soap 和 Rest 类型接口测试,还能扩展至 WebSocket 和 Socket 接口。JMeter 可以测试各种类型的接口,且可以通过官方插件或自定义插件进行扩展。

(2) 支持对接口的功能测试和负载测试。

(3) 能够从 CSV 文件等数据源读取数据。支持 ForEach 控制器、循环控制器和 While 控制器等功能。

(4) 支持流程控制。包括 Switch 控制器、If 控制器、随机控制器等一系列控制器实现流程控制,更复杂的控制可以使用 Beanshell 脚本实现。

### 12.3.2 JMeter 的使用

**1. 打开 JMeter**

进入 JMETER_HOME/bin 目录,双击 JMeter.bat(Linux/UNIX 系统则执行 JMeter.sh)打开 JMeter。

**2. 选择录制模板**

如图 12-4 所示,在菜单栏中单击"模板"(Templates)按钮。

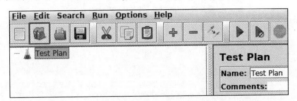

图 12-4 "模板"按钮

在选择模板列表中选择 Recording 模板,单击 Create 按钮。一个完整的测试计划就生成了,如图 12-5 和图 12-6 所示。

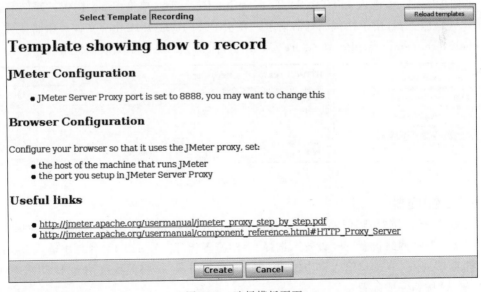

图 12-5 选择模板页面

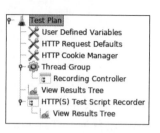

图 12-6　生成的测试计划

### 3. 配置参数

进入 HTTP Request Defaults 配置页面(如图 12-7 所示),在 Server Name or IP 字段中输入需要录制脚本的网站地址,Path 字段留空。

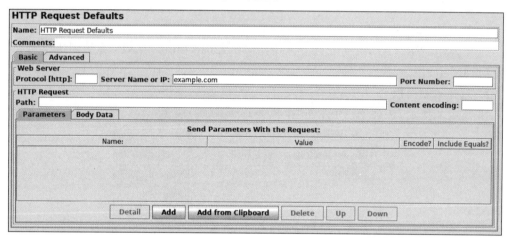

图 12-7　HTTP Request Defaults 配置页面

### 4. 启动代理服务器

如图 12-8 所示,进入 HTTP(S) Test Script Recorder,单击 Start 按钮。系统将启动 JMeter 代理服务器,用于拦截浏览器请求。在 JMETER_HOME/bin 文件夹中将生成一个 ApacheJMeterTemporaryRootCA.crt 安装证书,需要在浏览器中安装该证书。

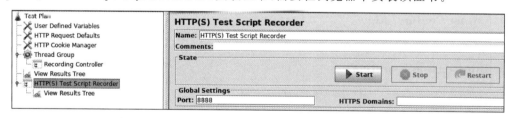

图 12-8　录制脚本

### 5. 配置浏览器

启动 Firefox 浏览器,但不要关闭 JMeter。在浏览器地址栏右侧下拉菜单中单击"设置"→"常规"→"网络设置"→"设置",选择"手动配置代理",在 HTTP 代理中输入 localhost 或本机的 IP 地址,在端口输入框中输入 8888。然后勾选"也将此代理用于 HTTPS",最后单击"确认"按钮完成配置。

### 6. 录制脚本

在浏览器中访问目标网站,在网站中单击一些链接,然后关闭浏览器回到JMeter窗口。在Thread Group上右击选择Validate验证脚本正确性。

### 7. 运行测试脚本

单击Run→Start运行测试脚本,可在View Results Tree中查看脚本执行结果。

## 12.4 Postman

扫一扫

视频讲解

Postman是一款广泛使用的API开发工具,用于测试、调试和管理API。最初作为Chrome浏览器的插件,允许用户方便地模拟发送各种类型的HTTP请求(例如GET、POST等)来测试和调试API。但自2018年谷歌应用商店停止更新Chrome应用程序后,用户可以选择使用Postman的独立应用程序,它提供了一个直观友好的界面,允许用户创建、共享、测试和文档化API。

### 12.4.1 Postman的特点

(1)不仅支持REST类型的接口测试,还支持SOAP类型的接口测试。

(2)在Runner中运行时,可以加载CSV或JSON文件。Runner中的Iteration功能可实现循环操作。

(3)可通过JavaScript脚本控制实现流程控制。

(4)可将请求的Response和Runner的Result导出为JSON文件。

(5)具备团队协作功能,有免费版本和付费版,免费版提供了一定程度的团队协作功能,但一些高级功能可能需要付费使用。

### 12.4.2 Postman的使用

下面介绍Postman应用程序(注意不是Postman的Chrome插件)的使用方法。

#### 1. GET请求

请求类型选择GET,其后输入URL,以https://api.github.com/search/issues为例。然后单击Params,输入参数KEY=q及其VALUE=orc。Postman会自动将参数添加到URL后面,形成类似"?q=orc"的形式。如果接口文档没有特别要求,GET请求的请求头和请求参数可以留空。单击Send按钮,就会发送GET请求,接口返回的结果会在下方的Body部分展示出来,如图12-9所示。

#### 2. POST请求

请求类型选择POST,在URL栏输入要发送的网址,以http://httpbin.org/post为例。在Body选项卡中输入参数,如KEY=k及其VALUE=v。单击Send按钮,就会发送POST请求,接口返回的结果会在Body部分显示出来,如图12-10所示。

在Postman中,Body选项卡中4个单选按钮代表不同的数据传输格式。

form-data:这个选项对应于HTTP请求中的multipart/form-data格式。它将表单数据处理为一条消息,用分隔符分隔成不同的标签单元。适合上传键值对或文件。

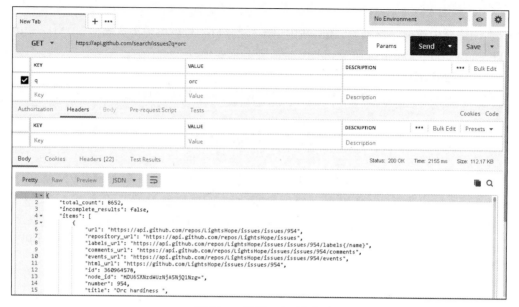

图 12-9　发送 GET 请求

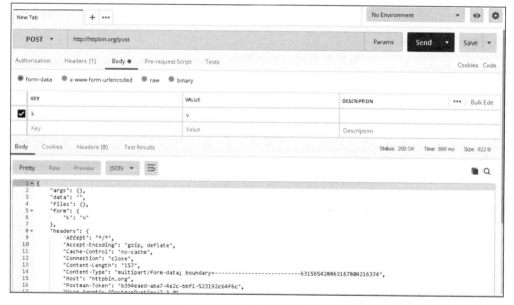

图 12-10　发送 POST 请求

x-www-form-urlencoded：对应于 HTTP 请求中的 application/x-www-form-urlencoded 格式。将表单数据转换为键值对的形式传输。

raw：这个选项允许发送各种格式的接口数据，可以是 TEXT、JSON、XML、HTML 等。用户可以直接输入所需的数据。

binary：对应于 HTTP 请求中的 Content-Type：application/octet-stream 格式，只能发送二进制数据，通常用于上传文件等场景。

## 小　　结

本章首先简要阐述了接口测试的目的和意义,并按照工具功能对接口测试工具进行了分类。接着提出了在实际选择接口测试工具时需要注意的事项。随后详细介绍了三种接口测试工具,包括 SoapUI、JMeter 和 Postman,对它们的特点以及各自的接口测试方法进行了说明。

接着详细介绍了三种接口测试工具 SoapUI、JMeter 和 Postman,对它们的特点和各个工具的接口测试方法做了说明。

## 习　题　12

扫一扫　　　　　扫一扫

习题　　　　　自测题

# 第 13 章 性能测试工具 JMeter

性能测试工具在软件开发和部署过程中扮演着至关重要的角色，它们为开发人员和测试人员提供了评估应用程序在各种负载条件下性能表现的能力，以确保应用程序在实际使用中能够提供稳定、高效的用户体验。性能测试工具的主要目的是发现应用程序的性能瓶颈和潜在问题，并提供优化建议，从而确保应用程序能够在不同负载和压力下正常运行。在众多性能测试工具中，JMeter 是一款备受欢迎的开源性能测试工具。作为 Apache 软件基金会的项目之一，JMeter 提供了丰富的功能和灵活的配置选项，能够满足各种性能测试需求。其强大的多线程模型和可扩展性使得它成为许多开发团队和测试团队的首选工具。在本章中，将重点介绍 JMeter 作为性能测试工具的应用。

**本章要点**
- JMeter 性能测试概述
- JMeter 的安装、配置和基本概念
- 制订 JMeter 性能测试计划和方案设计
- JMeter 测试脚本开发、测试执行和管理
- JMeter 测试结果分析和报告

## 13.1 JMeter 性能测试概述

JMeter 是一个功能强大且开源的性能测试工具，可用于模拟用户行为、测试服务器性能和检测系统在负载下的表现。JMeter 是基于 Java 开发的，可在多个操作系统上运行，包括 Windows、Linux 和 macOS，具有跨平台性。

### 13.1.1 JMeter 性能测试的主要特点

JMeter 性能测试的主要特点如下。

**1. 多协议的支持**

JMeter 支持多种协议，包括 HTTP、FTP、JDBC、SOAP、REST 等，可以用于测试不同类型的应用程序和服务。

**2. 模拟多样化负载**

可以模拟成千上万的并发用户，以不同的负载类型和场景对目标系统进行压力测试。

**3. 灵活的测试脚本**

JMeter 具有强大的脚本编写功能，提供了丰富的测试元素和配置选项，可以创建灵活、复杂的测试脚本以模拟真实的用户行为。

**4. 多种监听器和报告**

提供了多种监听器,用于实时监控和分析测试结果。可生成详细的测试结果报告,并提供图形化的分析工具,帮助用户理解测试结果并快速定位性能问题。

**5. 分布式测试支持**

允许通过多台机器进行分布式测试,模拟更高负载并提高测试效率。

**6. 插件支持和可扩展性**

具有丰富的插件生态系统,可以根据项目的特定需求进行扩展和定制。

### 13.1.2 JMeter 与 LoadRunner 性能测试工具对比

Apache JMeter 与 LoadRunner 均为性能测试领域较为主流的工具。两者在功能、成本、易用性等方面有所不同,下面将两者进行对比。

(1) JMeter 是开源软件,而 LoadRunner 是商业软件。一般情况下,商业软件成本较高,但会提供专业的技术支持。

(2) JMeter 既可以进行 Web 程序的性能测试,又可以进行灰盒测试、接口测试等;而 LoadRunner 更多用于性能测试。

(3) JMeter 安装简单,仅需要将 JMeter 文件包解压到某个文件夹中,无须实际安装,当然前提是具有 JDK 环境;而 LoadRunner 安装包较大,安装过程耗时较长,较烦琐。

(4) JMeter 对系统资源的需求相对较低,可以在不同的操作系统上运行。通过配置适当的 JVM 参数,JMeter 可以模拟大量用户,社区开发的插件也极大地扩展了其功能。LoadRunner 的控制器和代理架构允许在多台机器上分布式测试负载,适合进行大规模的性能测试。

(5) JMeter 的脚本修改主要取决于对 JMeter 的各个组件的熟悉程度,以及相关协议的掌握;而 LoadRunner 除了需要掌握较为复杂的场景设置知识外,还需要掌握相关函数,以便灵活修改脚本,学习成本较高。

选择哪个工具取决于具体的测试需求、预算限制以及个人或团队的偏好。JMeter 作为一个免费且功能强大的工具,对于有限的预算或开源项目是一个不错的选择。下面主要介绍 JMeter 性能测试工具的相关应用。

## 13.2 JMeter 的测试环境搭建

### 13.2.1 安装 Java

JMeter 是用 Java 编写的,因此在运行 JMeter 之前,需要安装 Java 运行时环境(JRE)或 Java 开发工具包(JDK)。

访问 Oracle 或者 OpenJDK 官方网站下载适用于自己操作系统的 Java 安装程序。请注意设置 JAVA_HOME 环境变量。

### 13.2.2 下载和安装 JMeter

访问 Apache JMeter 的官方网站,下载适用于自己操作系统的 JMeter 压缩包。

一旦 JMeter 压缩包下载完成,找到下载的压缩文件(通常是一个.tar.gz 或者.zip 文件),然后将其解压到选择的目录。可以使用文件管理器(对于 Windows 用户)或在命令行中使用 tar 或 unzip 命令(对于 Linux/mac 用户)执行此操作。

以 Linux/mac 为例,打开终端,输入以下命令。

```
tar -xvf jmeter-<version>.tar.gz
```

### 13.2.3 配置 JMeter 环境变量

为了能够从任何位置启动 JMeter,需要将 JMeter 的 bin 目录添加到系统的 PATH 环境变量中。编辑 Shell 配置文件(如~/.bashrc 或~/.bash_profile),添加如下行。

```
export PATH=$PATH:/path/to/apache-jmeter-<version>/bin
```

需替换/path/to/apache-jmeter-<version>为实际路径。

保存并关闭配置文件。在终端,执行 source 命令来重新加载配置文件并使其更改生效。

```
source ~/.bashrc 或 source ~/.bash_profile
```

### 13.2.4 启动运行 JMeter

打开终端或命令行界面,直接输入 jmeter 命令并按 Enter 键,JMeter 将启动。

## 13.3 JMeter 的基本概念

### 13.3.1 JMeter 的组件和术语

JMeter 的基本架构是模块化和可扩展的,它包含以下几个主要组件。

(1) 测试计划(Test Plan):整个测试的顶层组织单元,包含测试所需的所有元素和配置。

(2) 线程组(Thread Group):用于模拟用户行为的基本元素,定义了并发用户数、Ramp-Up 时间和循环次数。

(3) 配置元件(Config Element):用于配置请求和线程组的元素,例如,HTTP 请求默认值、CSV 数据集配置等。

(4) 控制器(Controller):控制测试脚本中各元素的执行逻辑,如逻辑控制器、事务控制器等。

(5) 监听器(Listener):收集和显示测试结果的组件,提供图形化和报告输出,如聚合报告、查看结果树等。

(6) 断言(Assertion):用于验证请求返回结果是否符合预期的组件,包括响应断言、大小断言等。

(7) 定时器(Timer):控制请求之间的时间间隔,模拟用户的实际操作行为。

### 13.3.2 JMeter 的工作流程

JMeter 负载测试通常包含以下工作流程。

(1) 创建测试计划:在 JMeter 中创建一个新的测试计划,并添加线程组和其他必要的元素。

（2）配置测试元素：配置线程组、添加请求、设置参数化和添加断言，以模拟用户行为和测试目标。

（3）添加监听器：选择并添加适当的监听器来收集和显示测试结果，以便后续分析。

（4）调整和优化：对测试脚本进行调整和优化，确保测试设置和参数能够准确模拟预期的负载和场景。

（5）执行测试：启动测试并观察执行过程，收集性能数据和指标。

（6）分析结果：使用监听器生成的报告和图表来分析性能指标，发现潜在的性能瓶颈和问题。

## 13.4 创建 JMeter 性能测试计划和方案设计

### 13.4.1 用户场景剖析和业务建模

在对系统业务进行分析时，需要全面了解业务流程和细致描述用户行为。除了核心流程外，还应该考虑辅助流程、异常处理流程等，以确保性能测试覆盖全面；对用户行为、习惯、操作频率等进行更详细的描述，包括可能并发访问和交互的场景。在每个业务场景下，对操作步骤、数据输入等进行详细记录，以确保测试脚本开发的准确性。同时，需要考虑不同负载下用户行为的变化，以及可能出现的异常操作或重复操作情况。

### 13.4.2 确定性能目标

在确定性能目标时，需要与业务部门进行深入沟通，确保性能目标与业务需求紧密关联，从而确保测试的有效性。同时，还应考虑到业务增长对系统性能的影响，并提前规划系统性能目标的弹性和扩展性。

根据测试范围和需求，明确要关注的性能指标，例如，响应时间、吞吐量、并发用户数等。为了明确性能指标，细化各个业务场景的响应时间要求，例如，登录请求到登录成功的页面响应时间不能超过 2s；报表审核提交的页面响应时间不能超过 5s；文件的上传、下载页面响应时间不超过 8s 等。进一步细化资源使用情况的要求，如服务器的 CPU 平均使用率小于 70%，内存使用率小于 75%等。考虑到各个业务系统的响应时间和服务器资源使用情况在不同测试环境的变化情况，以及各指标随着负载变化的情况等。

### 13.4.3 性能测试方案设计

**1. 测试环境设计**

硬件配置详细描述：包括服务器规格、CPU、内存、磁盘等具体配置，确保测试环境与生产环境尽可能接近。

软件配置清单：列出所需的操作系统版本、数据库版本、应用服务器版本等，确保软件配置与实际应用环境一致。

网络拓扑结构描述：描述网络拓扑结构、带宽限制等，以模拟真实网络环境。

**2. 测试场景设计**

负载模式分析：细化不同负载条件下的测试场景，包括低负载、峰值负载和超负载情况,以覆盖系统可能面临的各种压力。

并发用户数规划:确定每个测试场景下的并发用户数,考虑到系统承载能力的极限情况。

持续性能测试策略:规划长时间持续性能测试,以评估系统在持续负载下的稳定性和资源释放情况。

**3. 测试用例设计**

请求和响应详细记录:对每个测试场景设计详细的请求和预期响应,包括数据输入、预期输出、可能的错误情况等。

数据生成方案:描述生成测试数据的方法和数据量,确保测试的真实性和多样性。

断言和验证规则:制定明确的断言和验证规则,以确保每个场景的预期行为与实际行为一致。

### 13.4.4 制定测试计划的实施时间

对每个性能测试的子模块进行详细的时间规划,包括测试开始和结束时间、各阶段的任务和里程碑,以及预期的产出结果。这有助于确保测试进度的可控性和透明性。

确定每个测试阶段的产出预期,例如,在何时完成测试脚本的编写、测试环境的准备、测试执行和结果分析等,以便及时监控进度并调整计划。

详细列出每位参与人员的职责和责任范围,确保每个人清楚自己的任务和工作重点,从而实现团队协作的高效性和任务分工的清晰性。

确保团队成员之间的沟通畅通,并定期召开会议进行进度汇报和问题讨论,及时解决可能出现的问题和挑战,以确保测试计划顺利执行。

## 13.5 JMeter 测试脚本开发、测试执行和结果分析

在百度中搜索 Weather Webservice Web 服务,进入网站首页,可以查看天气预报接口信息。其中,getSupportProvince 接口返回支持的所有省份;getSupportCity 接口是通过传入的参数,获取对应省份支持的城市;getSupportDataSet 接口获取支持的所有数据。下面结合这些接口,介绍 JMeter 性能测试脚本编写的方法。

### 13.5.1 JMeter 性能测试脚本编写——HTTP 请求

第 1 步,启动 JMeter。

如果使用的是 Windows 系统,可通过双击 JMeter 安装目录下的 jmeter.bat 文件来启动。对于 Linux 或 mac 用户,可以在终端输入"./jmeter"命令启动。启动后,会自动创建一个默认的测试计划,名称为"Test Plan",如图 13-1 所示。

第 2 步,添加线程组。

在 JMeter 界面的左侧,右击 Test Plan,选择"添加"→"线程(用户)"→"线程组",如图 13-2 所示。

线程组是 JMeter 中模拟一个或多个用户进行测试的基础组件。在线程组的设置中,可以定义虚拟用户的数量(线程数)、发起请求之间的延迟(Ramp-Up 时间)、测试的循环次数等。这些参数将决定测试场景的规模和持续时间,如图 13-3 所示。

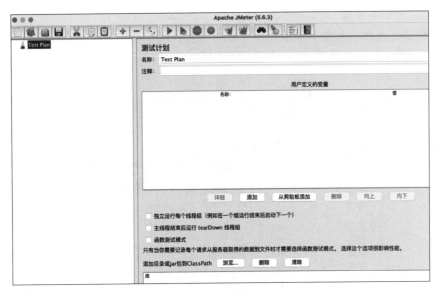

图 13-1 JMeter 图形用户界面

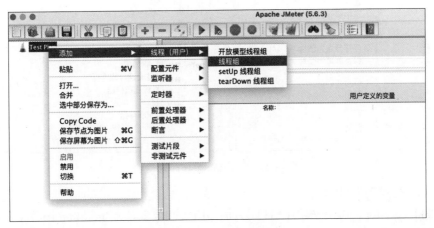

图 13-2 添加线程组

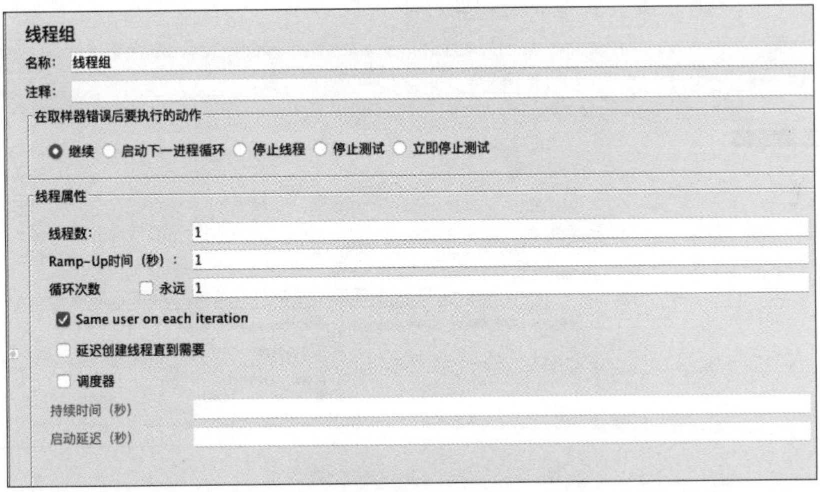

图 13-3 设置线程组

第 3 步，添加取样器。

在创建的线程组内部需要添加至少一个取样器。取样器用于指定测试的具体行为，如发送 HTTP 请求。右击线程组，然后选择"添加"→"取样器"→"HTTP 请求"，如图 13-4 所示。

图 13-4　添加取样器 HTTP 请求

第 4 步，配置 HTTP 请求。

为接口 getSupportCity 添加的 HTTP 的 GEP 请求，命名为"getSupportCity-get"，然后配置请求 HTTP 方法（GET、POST 等）、请求路径以及任何必要的请求参数或正文数据，如图 13-5 所示（注：GET 请求的参数写在路径中）。

图 13-5　HTTP 请求配置界面

## 13.5.2 JMeter 性能测试脚本编写——结果验证

第 1 步,添加监听器。

监听器是 JMeter 中用于收集和展示测试结果的组件。要添加监听器,右击 HTTP 请求,选择"添加"→"监听器",然后选择需要的监听器类型。此次选择"查看结果树",如图 13-6 所示。

图 13-6 查看结果树

第 2 步,运行脚本。

在添加了至少一个监听器后,可以运行测试脚本。单击工具栏上的"开始"按钮或选择"运行"菜单中的"开始"来执行测试。JMeter 将按照线程组中之前默认定义的设置启动一个虚拟用户,循环执行一次执行配置的 HTTP 请求。

第 3 步,查看脚本执行结果。

当测试运行时,打开添加的"查看结果树"监听器查看实时结果。可以查看每个请求的详细执行情况,包括是否成功、响应时间和响应内容等。这是评估单个请求表现的好方法,如图 13-7 所示。

第 4 步,再次查看脚本执行结果。

测试初次执行后,可能需要根据结果进行一些调整,如修改线程数量、调整请求参数或改进脚本逻辑,以更好地模拟用户行为或压力测试应用性能。

下面将线程数设置为 3,循环次数设置为 2,如图 13-8 所示。

进行调整后,重复运行测试并再次查看结果。此次,3 个用户循环 2 次,一共发了 6 次 HTTP 请求,如图 13-9 所示。

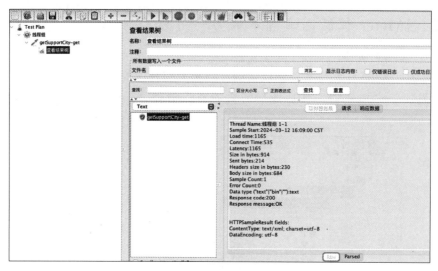

图 13-7　查看执行结果

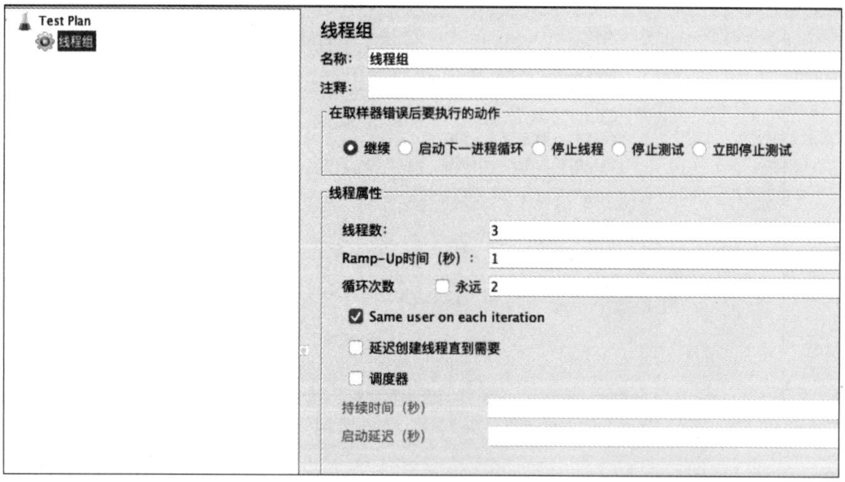

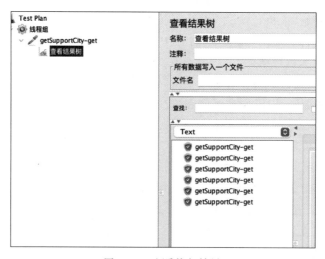

图 13-8　设置线程组

图 13-9　查看执行结果

### 13.5.3　JMeter 性能测试脚本编写——验证断言

断言在 JMeter 中是用来验证请求的响应是否符合特定条件的工具。它们是确保应用程序按照预期响应的关键组成部分。为了方便测试，将上述线程组里线程数和循环次数设置为 1。以下是在性能测试脚本中使用断言的步骤。

第 1 步，添加相应断言。

在 JMeter 测试计划中，找到需要验证响应的 HTTP 请求取样器。右击它，选择"添加"→"断言"，然后选择一个适当的断言类型。JMeter 提供了多种断言类型，包括"响应断言""持续时间断言""XML 断言"等。每种断言都用于验证不同的响应属性。例如，"响应断言"可以用来验证响应中是否包含或不包含特定的文本字符串，如图 13-10 所示。

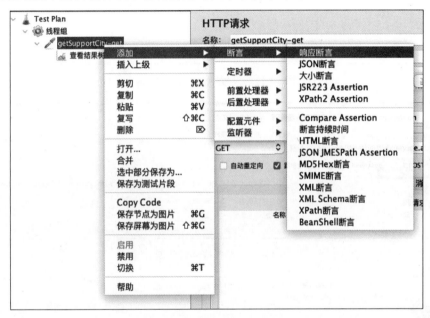

图 13-10　添加"响应断言"

第 2 步，设置待测试的内容。

配置选择的断言。如果添加了"响应断言"，需要指定期望出现或不希望出现在响应中的文本。可以是固定的文本字符串、正则表达式或变量。如图 13-11 所示，设置响应文本匹配字符串"哈尔滨"。

根据断言类型的不同，还需要设置其他参数。如图 13-12 所示，设置持续时间断言为 1000ms。

第 3 步，查看断言执行结果，演示断言执行失败的过程。

运行测试计划。如果响应不满足断言的条件，JMeter 会标记该请求为失败。在"查看结果树"中，找到失败的请求，展开它，然后查看"断言结果"部分。这里会详细说明为什么该断言失败，例如，响应时间超过了在"持续时间断言"中设置的阈值，如图 13-13 所示。

第 4 步，查看断言执行结果，演示断言执行成功的过程。

调整断言持续时间为 2000ms，再次运行测试计划。如果此时响应满足所有断言的条件，断言将不会触发失败。在"查看结果树"监听器中，显示成功的请求。响应数据中也包含

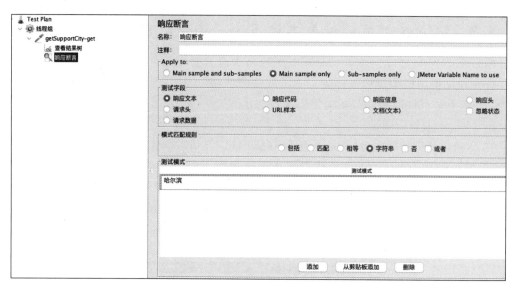

图 13-11　设置"响应断言"内容

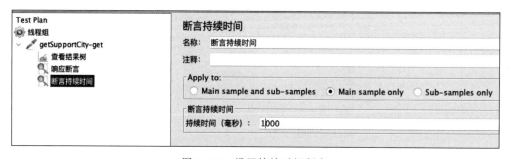

图 13-12　设置持续时间断言

图 13-13　查看失败结果

字符串"哈尔滨",如图 13-14 所示。

## 13.5.4　JMeter 性能测试脚本编写——信息头管理器

HTTP 信息头管理器在 JMeter 的使用中起着很重要的作用,它允许测试人员自定义和控制 JMeter 发送的 HTTP 请求中的头信息,如 User-Agent、Content-Type、Referer 等。通常服务器端的应用会依赖于请求头中的特定信息来进行逻辑处理,如验证用户会话的 Cookies,或者根据 User-Agent 来优化内容的呈现。下文以 Content-Type 为例进行介绍。

图 13-14　查看成功结果

值得提醒的是,并非所有情况均须设置 HTTP 信息头管理器,只有在特定需求时才进行设置。

第 1 步,获取信息头信息资源信息。

在配置 HTTP 信息头管理器之前,需要确定哪些头信息是必要的。这通常依赖于应用的需求和服务器的期望。可以通过以下方法获得这些信息。

使用开发者工具:在浏览器中打开开发者工具(通常通过 F12 键或右键检查),切换到"网络"(Network)标签。执行对应的 Web 请求,观察请求发送了哪些头信息。

参考文档:查阅 API 或 Web 应用的开发文档,通常会列出所需的请求头信息。

使用抓包工具:工具如 Wireshark 可以捕获 HTTP 请求和响应,帮助理解交互所需的头信息。

本节例子中,可以参考接口信息文档,观察 getSupportCity 接口的 POST 请求,需要添加 Content-Type 头信息为 application/x-www-form-urlencoded。首先创建 getSupportCity-post 请求。在消息体数据中,设置 byProvinceName=黑龙江,如图 13-15 所示。

当不设置 Content-Type 时,JMeter 会使用默认请求格式 text/plain,发送请求并查看结果失败,如图 13-16 所示。

第 2 步,添加 HTTP 信息头管理器。

右击 getSupportCity-post 请求,选择"添加"→"配置元件"→"HTTP 信息头管理器",如图 13-17 所示。

第 3 步,设置 HTTP 信息头管理器资源内容。

添加正确的 Content-Type 信息头,如图 13-18 所示。

图 13-15　添加 post 请求

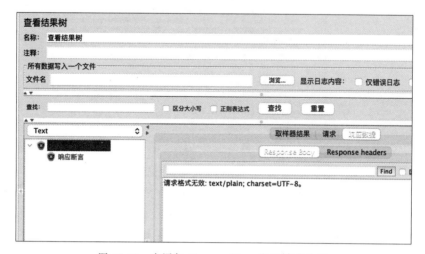

图 13-16　未添加 Content-Type 发送请求失败

图 13-17　添加 HTTP 信息头管理器

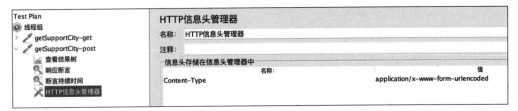

图 13-18 添加 Content-Type

重新发送请求,查看结果成功,如图 13-19 所示。

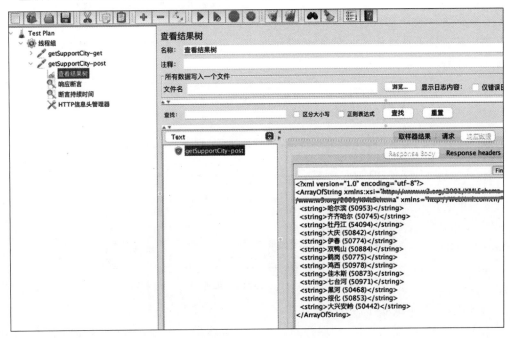

图 13-19 发送 post 请求成功

User-Agent:用于模拟不同的浏览器或设备。例如,模拟 Chrome、Firefox 或移动设备的请求。

Accept:指定客户端能够接收的内容类型,如 text/html,application/xhtml+xml,application/xml。

Accept-Language:表示客户端偏好的语言,如 en-US,en;q=0.5。

Content-Type:当发送 POST 或 PUT 请求时,这个头信息非常重要,它告诉服务器消息主体的媒体类型,如 application/json。

Authorization:如果 API 或 Web 服务需要身份验证,这里可以添加相应的认证 token 或其他凭证。

### 13.5.5 JMeter 性能测试——关联

JMeter 性能测试中的关联指的是提取一些请求的响应中的数据,并在后续的请求中使用这些数据。通常使用后置处理器,如正则表达式提取器、边界提取器、XPath 提取器等。下文以 XML 类型的响应数据为例,介绍 XPath 提取器的应用。

第1步，为请求添加后置处理。

选择上面的 getSupportCity-post 请求，右击，选择"添加"→"后置处理器"→"边界提取器"器。配置提取器将定义从响应中提取数据并存储到变量中。

第2步，设置边界提取器。

引用名称：为提取的数据定义一个变量名，如 cityname。

左边界：定义为"＜string＞"。

右边界：定义为"("。

匹配数字：如果有多个匹配，指定哪一个应该被提取。通常使用 1 表示第一个匹配，−1 表示全部，0 表示随机。

缺省值：如果没有找到匹配项，将使用此值。可以设置为 NOT_FOUND 来帮助调试，如图 13-20 所示。

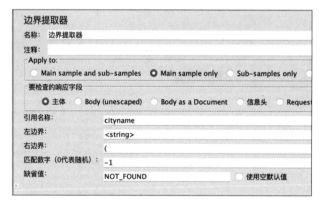

图 13-20　设置边界提取器

第3步，设置调试取样器并查看结果。

右击线程组，选择"添加"→"取样器"→"调试取样器"，保证 JMeter 变量设置为 True。选中线程组，右击选择"添加"→"监听器"→"查看结果树"，如图 13-21 所示。调试取样器可以通过查看结果树呈现出来。

图 13-21　调试取样器结果

有时，提取变量值可能前后有空格，为了去除空格，可以在右键请求，添加后置处理器，选择"BeanShell 后置处理器"。编写脚本，将变量去除空格后存入另一个变量 cleancityname 中，如图 13-22 所示。

图 13-22　去除变量中的空格

第 4 步，新建 getWeatherbyCityName 接口请求。

类似于第 1 步，但这次在请求参数或正文中，使用 ${cleancityname} 语法引用变量，如图 13-23 所示。

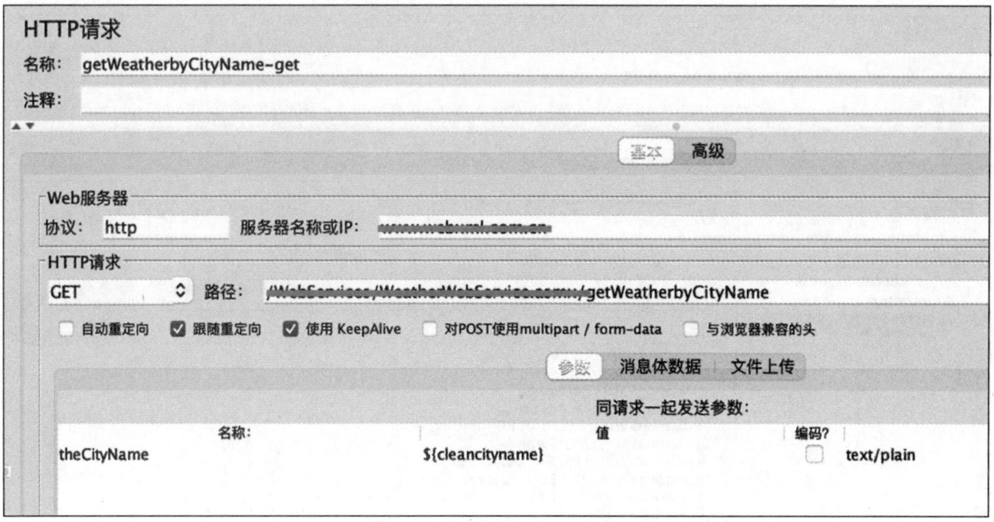

图 13-23　使用变量

接下来，为了真实模拟用户，为请求添加 HTTP 信息头管理器 User-Agent，设置为 "Mozilla/5.0（Macintosh；Intel macOS X 10_15_7）AppleWebKit/537.36（KHTML，like Gecko）Chrome/122.0.0.0 Safari/537.36"。

第 5 步，运行脚本，查看结果。

在执行前，保存 JMeter 测试计划。运行测试计划。使用监听器"查看结果树"，来检查每个请求的发送和响应情况，确保关联数据被正确提取和传递。如图 13-24 和图 13-25 所示，可以看到调试取样器随机值为"大庆"，getWeatherbyCityName 接口返回了该城市的天气情况。

图 13-24　调试取样器结果

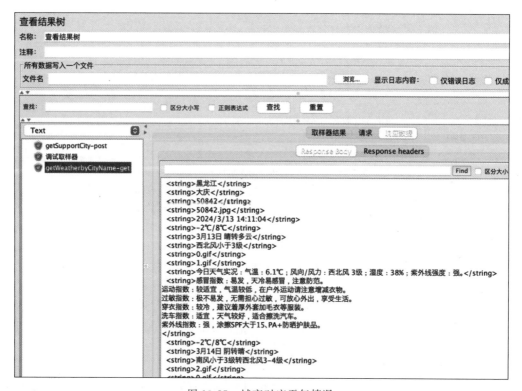

图 13-25　城市对应天气情况

此外，可以为接口加上适当的断言，如图 13-26 所示。

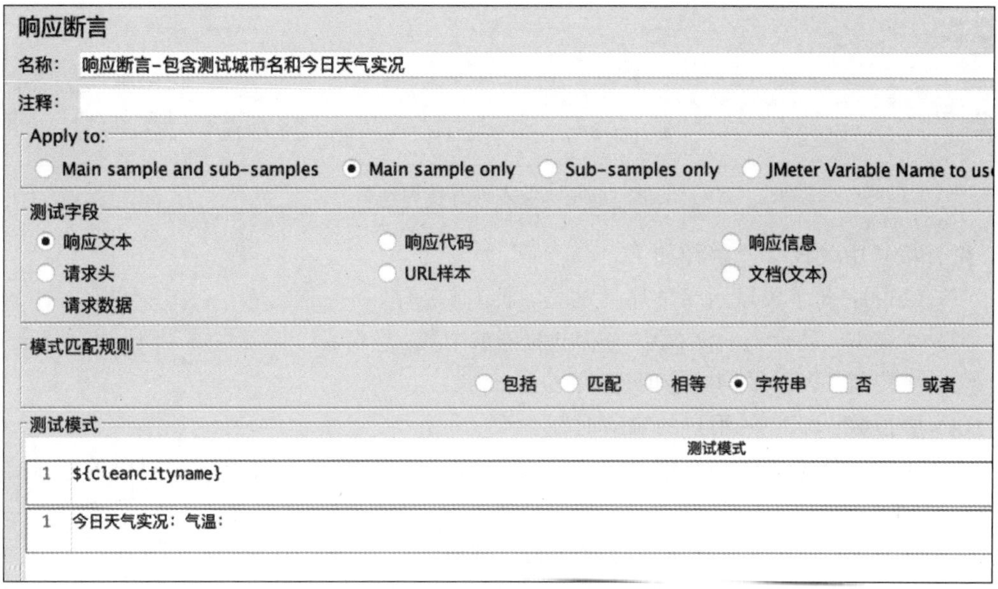

图 13-26 添加响应断言

## 13.5.6 JMeter 结果分析——聚合报告

第1步,添加聚合报告。

右击"线程组",选择"添加"→"监听器"→"聚合报告",如图 13-27 所示。

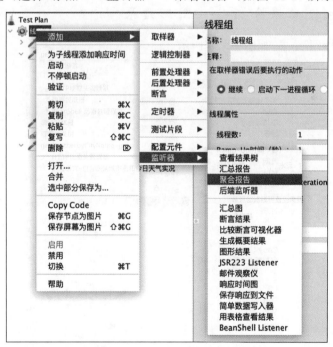

图 13-27 添加聚合报告

第2步,执行脚本,查看聚合报告结果,如图 13-28 所示。

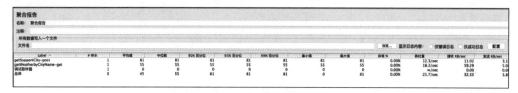

图 13-28　查看聚合报告结果

聚合报告中关键字段解释如下。

（1）Label：此字段显示名称属性的值，即请求名称。

（2）♯样本：显示当前测试中共发出的请求个数。

（3）平均值：表示平均响应时间，单位是 ms。

（4）中位数：即 50％用户的响应时间。

（5）90％百分位：即 90％用户的响应时间，表示响应时间不大于该时间值的请求样本数占总数的 90％。

（6）最小值：针对同一请求取样器的最小响应时间。

（7）最大值：针对同一请求取样器的最大响应时间。

（8）异常％：表示本次测试中请求出错的百分比。

（9）吞吐量：表示服务器在一定时间范围内处理的请求数。

（10）接收 KB/sec：表示每秒从服务端接收到的数据量。

（11）发送 KB/sec：表示每秒从客户端发送到服务器端的数据量。

## 13.5.7　JMeter 结果分析——图形结果

第 1 步，添加图形结果，如图 13-29 所示。

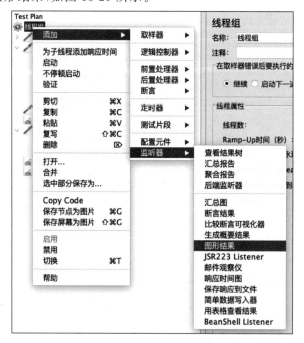

图 13-29　设置图形结果

第 2 步，设置线程组。为了测试方便，将 getWeatherbyCityName-get 请求设置为禁用，只测试 getSupportCity-post 请求。并设置当前脚本场景为 3 个用户进行操作，5s 内完成，脚本迭代 100 次，如图 13-30 所示。

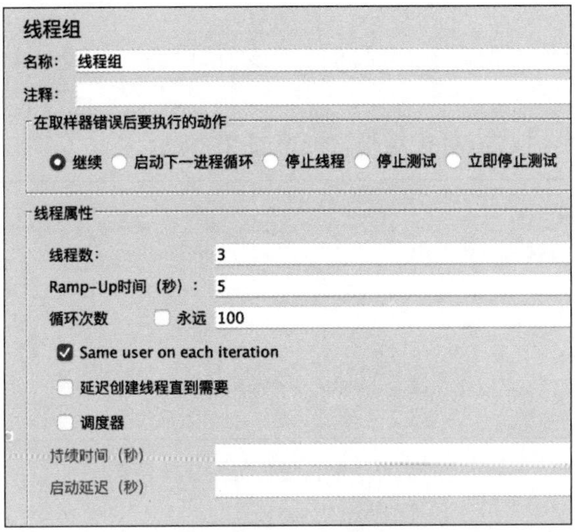

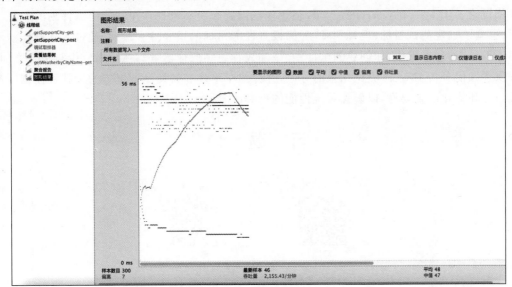

图 13-30　设置线程组

第 3 步，运行脚本，查看结果。切换到"图形结果"页面，单击"运行"按钮，可以观察执行脚本的图形化结果，如图 13-31 所示。

图 13-31　脚本执行的图形化结果

图 13-31 中相关数据的含义解释如下。

（1）样本数目：表示向服务器发送的请求数目。与聚合报告中的 # 样本字段含义一致。

（2）偏离：表示服务器响应时间变化的数据分布。

（3）吞吐量：表示服务器每分钟对数据的处理量。与聚合报告中的吞吐量含义相同，但两者的单位有差异,"聚合报告"中单位为 s。

(4) 最新样本:表示服务器响应的最后一个请求的时间。

(5) 平均:表示总运行的时间除以发送给服务器的请求总数。与聚合报告中的平均值含义相同。

(6) 中值:表示有一半的服务器时间低于该值,而另一半高于该值。与聚合报告中的中位数含义一致。

第 4 步,切换到聚合报告,对比结果,如图 13-32 所示。

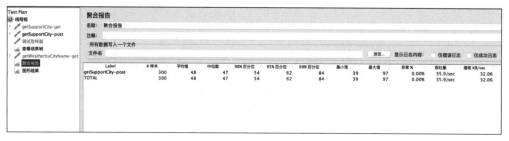

图 13-32　聚合报告页面显示结果

# 小　　结

本章系统地介绍了 JMeter 作为性能测试工具的使用方法。了解了性能测试的重要性,详细讨论了 JMeter 的安装配置步骤,包括环境设置和启动流程。在性能测试计划的制订方面,强调了确定测试目标、设计测试场景、设置性能指标的重要性。然后,通过实际操作演示了 JMeter 的基本操作,如创建测试计划、添加线程组和取样器等。在结果分析与报告方面,提供了如何分析 JMeter 测试结果的方法,并介绍了生成和解释测试报告的步骤。强调了持续监控和优化的重要性,以确保系统性能的持续改进。

# 习　题　13

扫一扫

习题

扫一扫

自测题

# 第 14 章　Python 的自动化测试

Python 是一种面向对象的、解释性、跨平台的高级程序设计语言,可以用于做自动化测试。一方面,Python 易学、模块多,类库丰富、有独立的单元测试框架;另一方面,目前很多的自动化测试框架基本都是支持 Python 的。通过本章的学习,读者将了解 Python 自动化测试的基础知识,并掌握使用 Selenium、unittest 和 Pytest 等工具进行自动化测试的方法。

**本章要点**
- Selenium 基础及环境搭建
- 基于 Python 的 unittest 单元测试框架
- 基于 Python 的 Pytest 自动化测试

## 14.1　Selenium 基础及环境搭建

### 14.1.1　Selenium 简介

Selenium 是广泛应用的开源 WebUI(用户界面)自动化测试工具。最初由 Jason Huggins 于 2014 年开发,作为 ThoughtWorks 内部工具。Selenium 具有跨平台性,支持 Windows、Linux、Mac 等主流操作系统,可在不同平台上执行相同的测试代码。它支持的浏览器包括 IE、Firefox、Chrome 和 Safari,并且可以使用多种编程语言编写测试脚本,如 C♯、Java、Perl、PHP、Python 和 Ruby。因此,Selenium 是一个真正跨平台、跨浏览器、支持多语言的 Web 自动化测试工具。

随着 Selenium 3 的发布,Selenium 1 的初始版本包括 IDE、RC 和 Grid 已经被弃用,而 WebDriver 作为 Selenium 2 的重要组成部分推出。

### 14.1.2　Selenium 2 工作原理

Selenium 2 利用浏览器原生的 API,封装成了一套更加面向对象的 Selenium WebDriver API,直接操作浏览器页面的元素,甚至可以控制浏览器本身的行为,如截屏、调整窗口大小、启动和关闭等。

WebDriver 针对每一种浏览器开发了对应的 Driver 程序,每个 Driver 都是一个 Server,启动后会监听一个默认的端口,并等待测试脚本发送指令请求。一旦收到请求,Driver 会根据指令调用相关的浏览器接口进行操作。

Selenium 2 工作原理如图 14-1 所示。

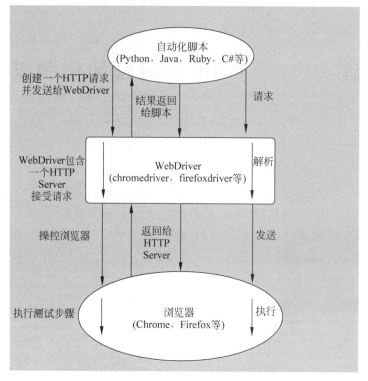

图 14-1　Selenium 2 的工作原理

### 14.1.3　Python 的下载与安装

步骤 1：登录 Python 官网的下载页面 https://www.python.org/downloads/。

步骤 2：根据自己操作系统的位数选择合适的平台及版本。

步骤 3：双击下载的文件进入安装界面。

步骤 4：安装完成后关闭安装向导程序。

步骤 5：配置 Python 的环境变量，以 Windows 为例，将 Python 的安装路径（如 C:\python36）添加到 Path 环境变量中。

步骤 6：将 Python 安装目录下的 script 目录（如 C:\python36\Scripts）添加到 Path 环境变量。

步骤 7：进入 Python 环境。进入 cmd 环境输入"python"并按 Enter 键，如果可以进入 Python 解释器，说明安装成功，如图 14-2 所示。

图 14-2　成功安装 Python

## 14.1.4 在 Anaconda 虚拟环境中安装 Python

Anaconda 是一个 Python 的科学计算发行版,包含超过 300 个流行的用于科学、数学、工程和数据分析的 Python Packages。由于 Python 有 2 和 3 两个版本,因此 Anaconda 也有相应的版本。它支持 Windows、macOS、Linux 三大平台。

进入 Anaconda 官网,选择适合本机操作系统的版本进行下载,如图 14-3 所示。

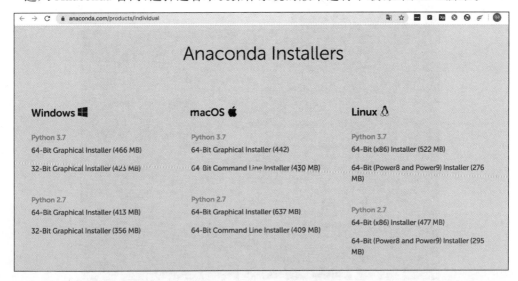

图 14-3　Anaconda 下载页面

比如操作系统为 mac,可以选择 mac 版本的 Python 3.7 版本进行下载,下载后,双击文件出现安装界面,如图 14-4 所示,单击 Continue 按钮,按照步骤进行一步一步安装即可。

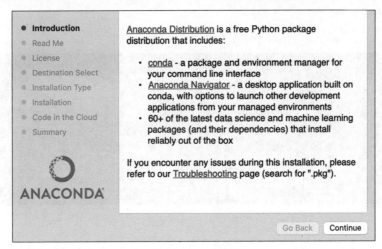

图 14-4　安装界面

Anaconda Prompt 是命令框形式,Anaconda Navigator 是图形化界面形式,可以根据喜好选择。

打开 Anaconda Prompt 演示操作。

(1) 管理 conda,查看安装版本,如图 14-5 所示。

```
(base) LT-E9021BMBP:~ cathy$ conda --version
conda 4.8.3
```

图 14-5　查看 conda 版本

（2）创建自己的虚拟环境。

例如，创建一个名称为 learn 的虚拟环境并指定 Python 版本为 3（这里 conda 会自动找 Python 3 中最新的版本下载），如图 14-6 所示。

```
$ conda create -n learn python=3
The following NEW packages will be INSTALLED:

  ca-certificates    pkgs/main/osx-64::ca-certificates-2020.1.1-0
  certifi            pkgs/main/osx-64::certifi-2020.4.5.1-py38_0
  libcxx             pkgs/main/osx-64::libcxx-4.0.1-hcfea43d_1
  libcxxabi          pkgs/main/osx-64::libcxxabi-4.0.1-hcfea43d_1
  libedit            pkgs/main/osx-64::libedit-3.1.20181209-hb402a30_0
  libffi             pkgs/main/osx-64::libffi-3.2.1-h0a44026_6
  ncurses            pkgs/main/osx-64::ncurses-6.2-h0a44026_1
  openssl            pkgs/main/osx-64::openssl-1.1.1g-h1de35cc_0
  pip                pkgs/main/osx-64::pip-20.0.2-py38_1
  python             pkgs/main/osx-64::python-3.8.2-hc70fcce_0
  readline           pkgs/main/osx-64::readline-8.0-h1de35cc_0
  setuptools         pkgs/main/osx-64::setuptools-46.1.3-py38_0
  sqlite             pkgs/main/osx-64::sqlite-3.31.1-h5c1f38d_1
  tk                 pkgs/main/osx-64::tk-8.6.8-ha441bb4_0
  wheel              pkgs/main/osx-64::wheel-0.34.2-py38_0
  xz                 pkgs/main/osx-64::xz-5.2.5-h1de35cc_0
  zlib               pkgs/main/osx-64::zlib-1.2.11-h1de35cc_3

Proceed ([y]/n)? y
```

图 14-6　创建虚拟环境

切换环境，如图 14-7 所示。

```
>> $ conda activate learn
>> $ conda env list
```

```
(base) c-jinong.kuang@CH-XLQW7WRMBP ~ % conda activate learn
(learn) c-jinong.kuang@CH-XLQW7WRMBP ~ % conda env list
# conda environments:
#
base                     /Users/c-jinong.kuang/opt/miniconda3
commsapipython3.10       /Users/c-jinong.kuang/opt/miniconda3/envs/commsapipyth
                         on3.10
commspython3.10          /Users/c-jinong.kuang/opt/miniconda3/envs/commspython3
                         .10
ebspython3.9             /Users/c-jinong.kuang/opt/miniconda3/envs/ebspython3.9
learn                 *  /Users/c-jinong.kuang/opt/miniconda3/envs/learn
mypython3.9              /Users/c-jinong.kuang/opt/miniconda3/envs/mypython3.9
nepython3.8              /Users/c-jinong.kuang/opt/miniconda3/envs/nepython3.8
```

图 14-7　切换环境

## 14.1.5　Selenium Python Client 的下载与安装

Selenium Python Client 是 Selenium 的 Python 语言接口，同时也是开发 Selenium 脚本的基础类库，可以基于这个类库来开发 Python 测试脚本并驱动 Selenium 的 WebDriver 执行测试工作。有两种安装方式：一种方式是源码下载安装，步骤如下。

步骤 1：进入 Selenium 官网下载页面。

步骤 2：浏览 Selenium Client 区域，单击 Python 对应的 Download 链接。
步骤 3：解压下载的 zip 文件。
步骤 4：通过 cmd 命令进入解压的目录，执行命令：

```
>> python setup.py install
```

安装 Python 的 Selenium 库。
另一种方式是通过 pip 命令进行安装，直接在 cmd 中执行命令：

```
>> pip install selenium
```

安装完成后，可通过 pip 命令查看 Python 安装包中是否有 Selenium 包，命令为

```
>> pip list
```

### 14.1.6　Selenium WebDriver 的下载与安装

Selenium Webdriver 是针对每一个浏览器特定的驱动程序。例如，IE 的驱动程序是 IEDriverServer.exe，Chrome 的驱动程序是 chromedriver.exe。

步骤 1：进入下载页面 https://chromedriver.chromium.org/downloads。
步骤 2：根据当前使用的 Chrome 版本选择相应的 ChromeDriver 版本，如图 14-8 所示。
步骤 3：解压 zip 包并将它放到系统环境变量中，如 C:/python36/Scripts 目录下。

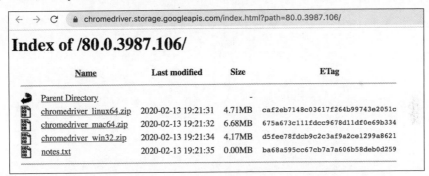

图 14-8　Chrome WebDriver 下载

### 14.1.7　PyCharm 的下载与安装

PyCharm 是 Python 的一个开源的 IDE，其安装步骤如下。

步骤 1：进入 PyCharm 官网下载页 https://www.jetbrains.com/pycharm/download，选择下载 Community 版本，如图 14-9 所示。
步骤 2：双击下载的 .exe 程序进行默认安装。
步骤 3：完成安装后可单击 PyCharm 快捷方式启动 IDE。
步骤 4：创建基于 Anaconda 虚拟环境的 PyCharm 项目。
首先打开 PyCharm，单击 File→Settings→Project→Project Interpreter 旁边的设置齿轮图标，选中 Add，就会出现如图 14-10 所示页面，选择 System Interpreter，就能看到

图 14-9　PyCharm 下载

Anaconda 环境自动导进来了。如果没有自动导进来，就手动找到 Anaconda 安装目录下的 python.exe，选中后按 Enter 键，就大功告成了，以后的项目都会在 Anaconda 环境下运行了。

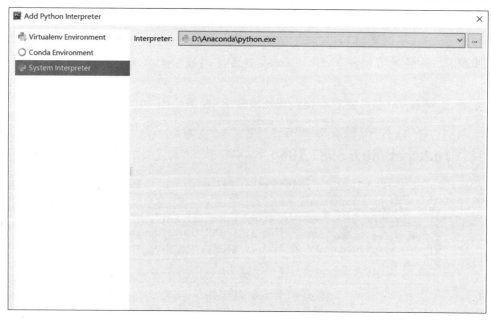

图 14-10　项目解释器设置

## 14.1.8　第一个 Python＋Selenium 测试用例

```
# - * - coding:utf - 8 - * -
# @project : 基于 Python + Selenium 测试用例
# @Date    : 2020 - 05 - 01 22:22
# @Author  : Cathy

from selenium import webdriver
from selenium.webdriver.support.ui import WebDriverWait
```

```python
from selenium.webdriver.support import expected_conditions as EC
import time

#创建一个 Chrome WebDriver 实例
driver = webdriver.Chrome()

#进入百度页面
driver.get("http://www.baidu.com")
print(driver.title)
assert "百度" in driver.title

#获取搜索输入框
inputElement = driver.find_element_by_id("kw")

#在搜索输入框中输入"北京"
inputElement.send_keys("北京")

#单击搜索按钮
driver.find_element_by_id("su").click()

try:
    #等待页面刷新直到标题中出现要搜索的 "北京"
    wait = WebDriverWait(driver, 10)
    wait.until(EC.title_contains("北京"))
    print(driver.title)

finally:
    #固定等待 5s 后退出
    time.sleep(5)
    driver.quit()
```

运行结果为

百度一下,你就知道
北京_百度搜索

## 14.1.9 WeDdriver 的常用命令

### 1. 对浏览器的常用管理操作

```
driver.get("https://www.xxx.com/")                          #打开一个页面
driver.maximize_window()                                    #窗口最大化
window_size = driver.get_window_size()                      #获取窗口的大小
driver.set_window_size(400, 800)                            #设置窗口大小
driver.get_screenshot_as_file("/Screenshots/foo.png")       #将当前窗口保存为 PNG 文件
screenshot_base64 = driver.get_screenshot_as_base64()       #将当前窗口保存为 base64 encoding 格
                                                            #式,常用于 HTML 中
driver.forward()                                            #在浏览历史中前进
driver.back()                                               #在浏览历史中后退
```

**2. 对页面元素常用管理操作**

1) 查询单个元素

```
element = driver.find_element_by_id("element_id")              # 通过 id 查询元素
element = driver.find_element_by_name("element_name")          # 通过 name 查询元素
element = driver.find_element_by_xpath("//xpath_expression")   # 通过 XPath 查询元素
element = driver.find_element_by_link_text("link_text")        # 通过链接文本查询元素
element = driver.find_element_by_partial_link_text("partial_link_text")
                                                                # 通过部分链接文本查询元素
element = driver.find_element_by_tag_name("tag_name")          # 通过标签名查询元素
element = driver.find_element_by_class_name("class_name")      # 通过类名查询元素
element = driver.find_element_by_css_selector("css_selector")  # 通过 CSS 选择器查询元素
```

2) 查询多个元素(以下方法返回 list 列表)

```
elements = driver.find_elements_by_name("element_name")
elements = driver.find_elements_by_xpath("//xpath_expression")
elements = driver.find_elements_by_link_text("link_text")
elements = driver.find_elements_by_partial_link_text("partial_link_text")
elements = driver.find_elements_by_tag_name("tag_name")
elements = driver.find_elements_by_class_name("class_name")
elements = driver.find_elements_by_css_selector("css_selector")
```

3) 基于控件的调用方法

input 控件:

```
inputElement.send_keys("北京")     # 输入框输入文本
inputElement.clear()               # 清空输入框
```

超链接 a 控件:

```
aElement.click()                        # 单击超链接
href = aElement.get_attribute()         # 获取超链接属性
```

下面是一个 select 控件的例子,需要选中"未参加"。

```
<select id="status" class="form-control valid" onchange="" name="status">
    <option value=""></option>
    <option value="0">未参加</option>
    <option value="1">初试通过</option>
    <option value="2">复试通过</option>
    <option value="3">不通过</option>
</select>
```

select 控件具体操作:

```
from selenium.webdriver.support.ui import Select          # 导入 Select 类
select = Select(driver.find_element_by_name('status'))    # 实例化 Select 对象
select.select_by_index(1)                                 # 索引值从 0 开始,通过索引选中选项
select.select_by_value("0")                               # value 是 option 标签的属性值,不是
                                                          # 显示在下拉框中的值,通过值选中
                                                          # 选项
```

```
select.select_by_visible_text("未参加")    #visible_text 是显示在下拉框中的值,通过可见文本
                                         #选中选项
select.deselect_all()                    #全部取消选择
```

radio 和 checkbox 控件:

```
element.click()                          #单击单选框或复选框
is_selected = element.isSelected         #检查是否已选中
```

获取文本值:

```
text = element.text
```

**3. 常用切换操作**

```
alert = driver.switch_to_alert()         #处理弹出对话框
#在窗口和 Frame 间切换
driver.switch_to_frame()
driver.switch_to_window()
```

**4. Selenium 页面等待的几种方式**

1) 固定等待

```
import time
time.sleep(3)                            #强制等待 3s
```

2) 隐式等待

```
driver.implicitly_wait(10)               #设置脚本在查找元素时的最大等待时间为 10s
```

3) 显式等待

设置一个条件,当页面满足该条件时,等待完成。
调用的模块:

```
from selenium.webdriver.support import expected_conditions as EC
from selenium.webdriver.support.wait import WebDriverWait
from selenium.webdriver.common.by import By
```

创建等待对象:

```
wait = WebDeiverWait(driver, 10)
element = wait.until(EC.presence_of_element_located(By.ID, "someid"))
#等待元素出现,presence_of_element_located 是等待条件
```

## 14.1.10 Page Object 设计模式

Page Object 设计模式是自动化测试中一种高效的设计模式,其核心思想是将页面(或应用界面)视为可交互的对象。这种模式的主要目的是将页面上的元素定位和元素操作逻辑分离,实现了测试脚本与页面 UI 元素之间的解耦。这样,即使页面的布局或元素发生变

化,也只需在页面对象层进行调整,而无须修改测试逻辑本身,从而显著提高了代码的可维护性和可读性。

在 Page Object 模式的实际应用中,我们会对脚本实现进行分层。通常的做法是分为三层:对象层、逻辑层、业务层。

对象层:负责存放页面元素的定位信息及对这些元素进行的基本操作。这一层的主要任务是模拟用户对网页组件的交互,如单击按钮、输入文本等。

逻辑层:封装了基于对象层元素的复合操作,形成具体的业务逻辑。这一层中的方法代表了用户在页面上可能执行的一系列动作,例如,登录过程的封装。

业务层:基于逻辑层的方法构建实际的测试用例,这一层关注于测试的业务逻辑,而非页面的具体细节。

当然如果测试数据量大时,还可引入第四层:数据层。用于管理测试数据,使得测试数据与测试逻辑分离,便于管理和重用测试数据。

通过采用 Page Object 模式,测试项目可以实现更高的可维护性和可扩展性。测试脚本在面对界面变化时更加稳定,同时也促进了代码重用,减少了冗余代码,提高测试开发的效率,降低维护成本。使用 Page Object 模式前后对比,如图 14-11 所示。

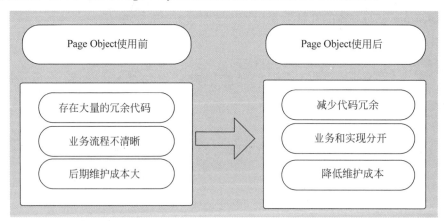

图 14-11　使用 Page Object 前后对比

使用 Page Object 模式进行自动化测试的具体步骤,可以描述如下。

(1) 定义页面类。针对每个要测试的页面,创建一个对应的页面类,用于封装该页面上的所有元素和操作。

(2) 初始化 WebDriver。在页面类的构造函数中,传递 WebDriver 参数。确保页面对象可以使用这个 WebDriver 来与浏览器交互。

(3) 实例化页面对象。在编写测试用例时,首先实例化一个 WebDriver 对象,然后使用这个已实例化的 WebDriver 来创建页面对象的实例。这样做的目的是让页面对象能够使用同一个 WebDriver 实例来控制浏览器,保持测试过程中的连贯性。

(4) 封装页面操作。在页面类内部,为页面的每个操作编写一个方法,这些方法包括对页面元素的所有交互,如单击按钮、输入文本等。

(5) 调用页面操作。在测试用例类中,通过页面对象调用第(4)步中定义的方法来执行测试操作。

下面是一个百度搜索的测试例子,通过 Page Object 设计模式来实现。

```python
#!/usr/bin/env python
# -*- coding: utf-8 -*-

from selenium import webdriver
from selenium.webdriver.common.by import By
from time import sleep

# 创建基础类
class BasePage(object):
    # 初始化
    def __init__(self, driver):
        self.base_url = 'http://www.baidu.com'
        self.driver = driver
        self.timeout = 30

    # 定义打开首页
    def _open(self):
        url = self.base_url
        self.driver.get(url)

    # 定义 open_url 方法,调用_open()进行打开
    def open_url(self):
        self._open()

    # 定位方法封装
    def find_element(self, *loc):
        return self.driver.find_element(*loc)

    # 定义获取页面标题的方法
    def get_url_title(self):
        return self.driver.title

# 创建 HomePage 类
class HomePage(BasePage):
    input_box = (By.ID, 'kw')
    search_submit_btn = (By.XPATH, "//*[@id='su']")

    # 文本内容输入
    def type_search(self, text):
        self.find_element(*self.input_box).clear()
        self.find_element(*self.input_box).send_keys(text)

    # 单击按钮
    def send_submit_btn(self):
        self.find_element(*self.search_submit_btn).click()

# 创建 test_baidu_search()函数
def test_baidu_search(driver, search_text):
    try:
        homepage = HomePage(driver)
        homepage.open_url()
```

```
            homepage.type_search(search_text)
            homepage.send_submit_btn()
            sleep(2)
            try:
                assert search_text in homepage.get_url_title()
                print("Test Passed")
            except Exception as e:
                print("Test Failed", e)
    except Exception as e:
        print("Test Failed2:", e)

#创建main()函数
def main():
    driver = webdriver.Chrome()
    text = 'selenium'
    test_baidu_search(driver, text)
    sleep(3)

    driver.quit()

if __name__ == '__main__':
    main()
```

BasePage：基础类，又称为通用类，用于其他页面类使用。在初始化方法\_\_init\_\_()中定义驱动(driver)、基本的 URL(base_url)和超时时间(timeout)等。定义 open_url()方法负责打开基本 URL，内部使用_open()。此外，find_element()方法用于定位页面上的元素。

HomePage：具体页面类，主要存放页面的元素定位和简单的操作函数。页面类主要是将元素定位和页面操作写成函数，以供测试类使用。通常一个页面对应一个单独的类。

test_baidu_search()：测试函数，将单个元素操作组成一系列操作，包括打开浏览器，输入搜索关键字等，将 driver、search_text 作为函数的入参，这样的函数具有很强的可重用性。

main()：主函数，负责协调用户交互，确定使用的浏览器和搜索关键词。用户无须关注搜索框和按钮的具体定位细节，简化了测试的使用和维护。

## 14.2 Python 的 unittest 单元测试框架

视频讲解

单元测试框架是 Python 自动化测试中的重要组成部分，类似于 Java 语言中的 JUnit，Python 中常用的单元测试工具包是 unittest，通过 unittest，可以做单元测试用例的开发，也可以将这种执行测试用例的逻辑移植到自动化测试中。

单元测试框架对自动化测试的意义如下。
- 提供测试用例的组织与执行。
- 提供测试用例运行的结果。
- 提供方便的断言方法。

### 14.2.1 unittest 单元测试框架的使用

下面介绍 unittest 框架中的 4 个核心组件。

- TestCase：单元测试用例。一个测试用例是一个完整的测试单元，包含测试前准备环境的搭建、实现过程的代码和测试后环境的还原工作。
- TestSuite：测试套件，即单元测试用例的集合。一个功能往往有多个测试用例验证，用例的集合称为测试套件。可通过 addTest( )方法将 TestCase 加载到 TestSuite 中，从而返回一个 TestSuite 实例。
- TestRunner：测试运行器。负责执行单元测试，是测试用例执行的基本单元。
- TestFixture：测试环境初始化和清理工作，通常在 setUp( )和 tearDown( )函数中执行。例如，可以在 setUp( )中打开和配置浏览器、连接数据库，在 tearDown( )中关闭浏览器、关闭数据库等。

使用 unittest 进行测试的一般流程如下。

（1）创建一个类，该类继承自 unittest.TestCase，每个测试用例是该类的一个无参的成员方法，方法名以 test_ 开头。

（2）通过显式或者隐式的方法调用 TestLoader 加载 TestCase 类或方法。

（3）加载完之后再添加到 TestSuite 中。

（4）由 TestRunner 来运行 TestSuite 中的测试用例（通过命令行或者 unittest.main( ) 执行时，main 会调用 TextTestRunner 中的 run 来执行）。

（5）运行结果保存在 TextTestResult 中。

测试流程如图 14-12 所示。

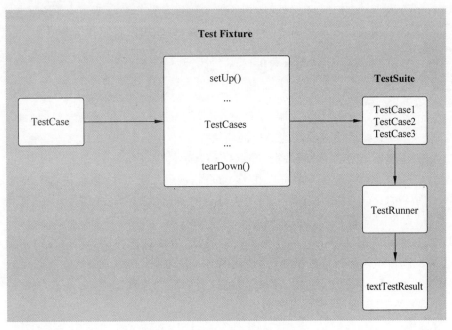

图 14-12　unittest 测试流程

- setUp( )：该方法用于测试用例执行前的初始化工作。例如，测试用例需要访问数据库，可以在 setUp( )方法中建立数据库连接并进行初始化；测试用例需要登录 Web，可以在 setUp( )方法中先实例化浏览器。
- tearDown( )：该方法用于测试用例执行之后的清理工作。例如，关闭数据库连接、关闭浏览器等。tearDown()方法在每个测试用例执行后都会被调用。
- assert*()方法：一些断言方法，在执行测试用例的过程中，最终用例是否执行通过，是通过判断测试得到的实际结果和预期结果是否相等决定的。如果断言成功，则测试用例通过；如果断言失败，则测试用例失败。
- unittest 原始断言。

```
assertEqual(a, b)              # 判断 a == b
assertNotEqual(a, b)           # 判断 a != b
assertTrue(x)                  # 判断 bool(x) is True
assertFalse(x)                 # 判断 bool(x) is False
assertIs(a,b)                  # 判断 a is b
assertIsNot(a, b)              # 判断 a is not b
assertIsNone(x)                # 判断 x is None
assertIsNotNone(x)             # 判断 x is not None
assertIn(a, b)                 # 判断 a in b
assertNotIn(a, b)              # 判断 a not in b
assertIsInstance(a, b)         # isinstance(a, b)
assertNotIsInstance(a, b)      # not isinstance(a, b)
```

下面详细介绍测试用例的编写流程。

(1) 设置编码，utf-8 可支持中英文字符，一般放在第一行。

```
# - * - coding: utf - 8 - * -
```

(2) 以下注释用来记录项目名称，测试模块名称，创建用例时间和编写者。

```
# @project : 搜索自动化测试项目
# @File    : test_baidu_search
# @Date    : 2020 - 05 - 01 22:22
# @Author  : Cathy
```

(3) 导入 unittest 模块以及其他必要的模块。

(4) 定义测试类，创建一个测试类，继承自 unittest.TestCase，这样可以使用 setUp() 和 tearDown() 方法。注意，这些方法可以在子类重写，覆盖父类方法，以便进行必要的定制。

(5) 编写 setUp() 方法，用于测试用例执行前的初始化工作。在该方法中，通常会实例化浏览器、最大化浏览器等。

(6) 编写测试用例，以"test_"开头命名的方法，方法的入参为 self。在每个测试用例中，通过 WebDriver 执行相应的操作，并使用断言方法进行结果验证。

(7) 编写 tearDown() 方法，用于测试用例执行之后的清理工作，方法入参为 self，在该方法中，通常会关闭浏览器、释放资源等。

```
# - * - coding: utf - 8 - * -
# @Project : 搜索自动化测试项目
# @File    : test_baidu_search
# @Date    : 2020 - 05 - 01 18:17
# @Author  : Cathy

import unittest
```

```python
from selenium import webdriver
import time
from logs.logger import Logger

logger = Logger(logger = "TestBaiduSearch").getlog()
class TestBaiduSearch(unittest.TestCase):
    def setUp(self):
        '''测试准备工作'''
        self.driver = webdriver.Chrome()           #初始化浏览器
        self.driver.maximize_window()              #最大化浏览器窗口
        self.driver.implicitly_wait(10)            #隐形等待,会等到当前页面元素加载完毕
        self.base_url = 'https://www.baidu.com/'

    def test_case1(self):
        '''测试搜索用例1'''
        self.driver.get(self.base_url)
        self.driver.find_element_by_id('kw').clear()
        self.driver.find_element_by_id('kw').send_keys('selenium')
        self.driver.find_element_by_id('su').click()
        time.sleep(2)
        try:
            self.assertIn('selenium', self.driver.title)
            logger.info("case1 Test Pass")
        except Exception as e:
            logger.error("Test Failed: %s" % e)

    def test_case2(self):
        '''测试搜索用例2'''
        self.driver.get(self.base_url)
        self.driver.find_element_by_id('kw').clear()
        self.driver.find_element_by_id('kw').send_keys('python')
        self.driver.find_element_by_id('su').click()
        time.sleep(2)
        try:
            self.assertIn('python', self.driver.title)
            logger.info("case2 Test Pass")
        except Exception as e:
            logger.error("Test Failed: %s" % e)

    def tearDown(self):
        '''资源释放'''
        self.driver.quit()
```

(8) 测试执行。

方案一：

使用 unittest.main() 方法执行测试。该方法会自动搜索模块中所有以 "test_" 开头的测试用例方法,并依次执行。执行顺序为：先执行 test_case1,再执行 test_case2。

```python
if __name__ == '__main__':
    unittest.main()
```

方案二：

① 构建测试集，实例化测试套件，并将测试用例加载到测试套件中。

在下面的例子中，执行顺序是加载顺序：先执行 test_case2，再执行 test_case1。

② 执行测试用例，实例化 TextTestRunner 类，使用 run()方法运行测试套件（即运行测试套件的所有用例）。

```
if __name__ == '__main__':
    testsuite = unittest.TestSuite()
    testsuite.addTest(Test('test_case2'))
    testsuite.addTest(Test('test_case1'))
    runner = unittest.TextTestRunner()
    runner.run(testsuite)
```

方案三：

① 构造测试集，执行顺序是命名顺序：先执行 test_case1，再执行 test_case2。

② 执行测试用例，实例化 TextTestRunner 类，使用 run()方法运行测试套件（即运行测试套件中的所有测试用例）。

```
if __name__ == '__main__':
    test_dir = './'
    discover = unittest.defaultTestLoader.discover(test_dir, pattern='test_*.py')
    runner = unittest.TextTestRunner()
    runner.run(discover)
```

## 14.2.2　Python 中日志 Logger 记录

在 Python 中，记录日志所使用的模块是 logging，它是一个内置模块，无须安装即可直接使用。logging 模块允许设置多种日志等级，按照严重程度从高到低排列依次为 critical、error、warning、info 和 debug。

```
import logging
logging.critical("This is a critical message!")
# output => CRITICAL:root:This is a critical message!
logging.error("This is an error message!")
# output => ERROR:root:This is an error message!
logging.warning("This is a warning message!")
# output => WARNING:root:This is a warning message!
logging.info("This is an info message!")
# output =>
logging.debug("This is a debug message!")
    # output =>
```

上述代码会把日志打印到控制台，logging 模块的 info 和 debug 等级的信息没有被打印出来，这是因为默认的 logging 模块日志等级为 warning。

如果想把日志输出到特定的文件中，并且修改日志输出等级等设置，可以进行如下修改。

```python
import logging
logging.basicConfig(level = logging.DEBUG,
format = '%(asctime)s %(filename)s %(levelname)s %(message)s',
                    datefmt = '%Y-%m-%d %H:%M:%S',
                    filename = "test.log",
                    filemode = 'w')
logging.debug('This is debug message')
logging.info('This is info message')
logging.warning('This is warning message')

# 输出到 test.log 文件中的 message 如下
2020-04-14 22:55:07 logging_demo.py DEBUG This is debug message
2020-04-14 22:55:07 logging_demo.py INFO This is info message
    2020-04-14 22:55:07 logging_demo.py WARNING This is warning message
```

搜索自动化测试项目的 logger.py 可以参考以下示例。

```python
# -*- coding: utf-8 -*-
# @Project : 搜索自动化测试项目
# @File    : logger
# @Date    : 2020-05-01 22:22
# @Author  : Cathy

import logging
import os.path
import time

class Logger(object):

    def getlog(self):
        return self.logger

    # 初始化加载
    def __init__(self, logger):
        # 创建 logger 对象
        self.logger = logging.getLogger(logger)
        self.logger.setLevel(logging.DEBUG)  # 设置日志模式为调试模式

        # 创建一个 handler, 用于写入日志文件
        ct = time.strftime('%Y%m%d%H%M', time.localtime(time.time()))  # 设置日期格式
        log_path = os.path.dirname(os.getcwd()) + '/log/'
        isExists = os.path.exists(log_path)

        if not isExists:
            try:
                os.makedirs(log_path)
            except Exception as e:
                print("创建文件夹失败!")

        log_name = log_path + ct + '.log'

        fh = logging.FileHandler(log_name)
        fh.setLevel(logging.INFO)
```

```
# 创建一个 StreamHandler,用于输出到控制台
ch = logging.StreamHandler()
ch.setLevel(logging.INFO)

# 定义一个 handler 的输出格式
formatter = logging.Formatter(
    '%(asctime)s - %(name)s - %(levelname)s - %(message)s'
)
fh.setFormatter(formatter)
ch.setFormatter(formatter)

self.logger.addHandler(fh)
    self.logger.addHandler(ch)
```

运行之后会在 log 文件夹下生成 202005012235.log 文件,内容如下,包括记录的时间、日志名称、日志等级和日志信息。

```
2020-05-01 22:57:31,191 - TestBaiduSearch - INFO - case1 Test Pass
2020-05-01 22:57:36,926 - TestBaiduSearch - INFO - case2 Test Pass
```

### 14.2.3 测试报告的输出

测试报告是展示测试结果的重要平台工具,HTMLTestRunner 是一个易于生成 HTML 测试报告的工具,它是 Python 标准库 unittest 模块的扩展。

原生版下载地址:http://tungwaiyip.info/software/HTMLTestRunner.html(仅支持 Python 2)。

改进优化版本:https://github.com/findyou/HTMLTestRunnerCN/tree/dev(支持 Python 2,Python 3)。

下载文件,将其放在 python Lib->site-packages 目录下。

```
import HtmlTestRunner
# or
import HtmlTestRunnerCN
```

在本例中,将 HTMLTestRunnerCN 放在 utils 包下面。

```
from utils.HTMLTestRunnerCN import HTMLTestReportCN
```

新建 TestRunner.py 的模块,来实现测试执行和测试报告的生成,参考代码如下。

```
# -*- coding: utf-8 -*-
# @Project : 搜索自动化测试项目
# @File    : TestRunner
# @Date    : 2020-05-01 18:17
# @Author  : Cathy

import unittest
from utils.HTMLTestRunnerCN import HTMLTestReportCN
from tests.test_baidu_search import TestBaiduSearch
```

```
import os
import time

suite = unittest.TestSuite()
suite.addTest(TestBaiduSearch('test_case1'))
suite.addTest(TestBaiduSearch('test_case2'))

#测试报告 title
xxx_title = "搜索自动化测试项目报告"

#定义测试报告存放路径
report_path = os.path.dirname(os.path.abspath('.')) + '/test_report/'

#获取当前系统时间
ct = time.strftime("%Y-%m-%d-%H_%M_%S", time.localtime(time.time()))
#定义测试报告名称
HTMLFile = report_path + ct + "_HTMLtemplate.html"

isExists = os.path.exists(report_path)
if not isExists:
    try:
        os.makedirs(report_path)
    except Exception as e:
        print("创建文件夹失败:", e)

if __name__ == '__main__':
    with open(HTMLFile, "wb") as report:
        runner = HTMLTestReportCN(stream=report, title=xxx_title, description='用例执行情况') #定义测试报告
        runner.run(suite) #执行测试用例
```

运行结束,会在 test_report 文件夹下面生成测试报告,例如 2020-05-01-22_57_25_HTMLtemplate.html,在浏览器中查看测试报告,如图 14-13 所示。

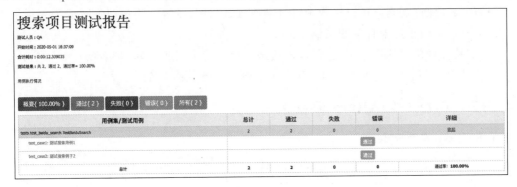

图 14-13 测试报告

此项目的组织形式如图 14-14 所示。

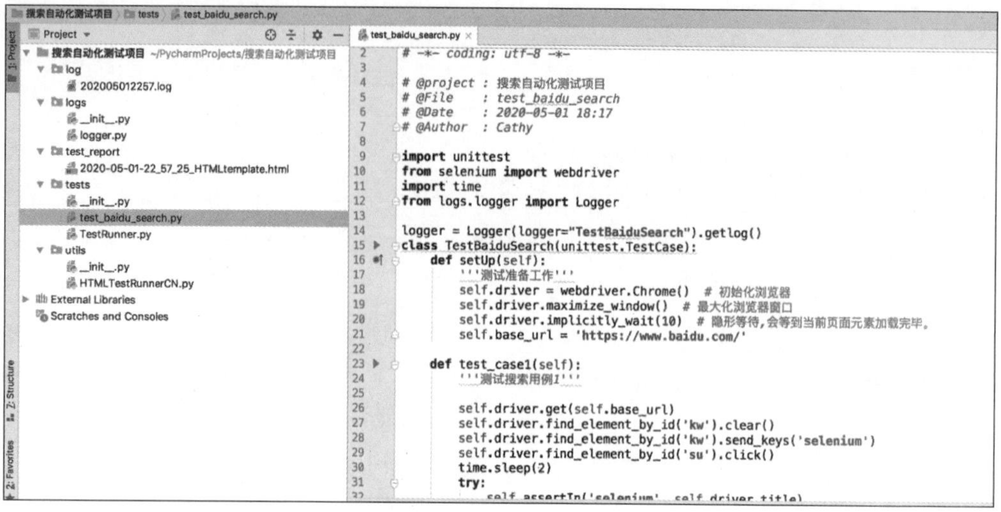

图 14-14　项目组织

## 14.3　基于 Pytest＋Allure 的自动化测试

扫一扫

视频讲解

### 14.3.1　Pytest 介绍

Pytest 是基于 Python 语言的自动化测试框架，用于编写单元测试或功能测试。相比其他测试框架，Pytest 具有如下优点。

- 简单灵活，容易上手，不需要复杂的配置即可开始编写测试用例。
- 支持测试用例的参数化，可以对同一测试用例进行不同参数的多次执行。
- 能支持简单的单元测试和复杂的功能测试。
- 具有较多的第三方插件，可以方便地扩展其功能，如 pytest-selenium（集成 Selenium 测试）、pytest-html（生成美观 HTML 测试报告）、pytest-rerunfailures（失败 case 重复执行）。
- Pytest 允许在测试执行过程中跳过某些测试用例，或将某些预期失败的用例标记为失败，以便更好地管理测试结果。
- 支持多种格式的测试报告，可以轻松地集成到持续集成工具（如 Jenkins）中使用。

基于上述优点，Pytest 已成为 Python 中最流行的测试框架之一。

### 14.3.2　Pytest 及 Allure 的安装

可使用 pip 安装 Pytest：

```
>> pip install pytest
```

查看 Pytest 是否安装成功：

```
>> pip show pytest
```

若出现如图 14-15 所示的信息，说明安装成功。

```
(learn) LT-E9021BMBP:~ cathy$ pip show pytest
Name: pytest
Version: 5.4.1
Summary: pytest: simple powerful testing with Python
Home-page: https://docs.pytest.org/en/latest/
Author: Holger Krekel, Bruno Oliveira, Ronny Pfannschmidt, Floris Bruynooghe, Brianna Laugher, Florian Bruhin and others
Author-email: None
License: MIT license
Location: /Users/cathy/anaconda3/envs/learn/lib/python3.8/site-packages
Requires: py, attrs, more-itertools, packaging, pluggy, wcwidth
Required-by:
```

图 14-15　Pytest 安装成功

可使用 pip 安装 allure-pytest 插件。

```
>> pip install allure-pytest
```

Windows 下载安装 Allure：
- 在官网 https://allure.qatools.ru/ 下载对应版本到本地，解压出来。
- 添加 Path 环境变量，打开\allure-2.8.0\bin 文件夹，会看到 allure.bat 文件，将此路径设置为系统环境变量 Path 下，如图 14-16 所示。

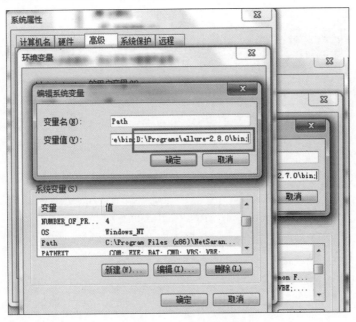

图 14-16　设置环境变量

Mac 下面安装 Allure：

```
>> brew install allure
```

## 14.3.3　基于 Pytest 自动化测试实例

创建一个 Project 命名为 autotest，在该项目下面添加 Python package：tests，并创建 test_search.py 的测试文件。

下面是一个 test_search.py 测试文件。

```python
# -*- coding: utf-8 -*-
# @Project : autotest
# @File    : test_search
# @Date    : 2020-05-02 11:09
# @Author  : Cathy

import pytest
from selenium import webdriver
import allure
import time


@allure.feature("搜索功能")
class TestSearch(object):

    def setup(self):
        '''测试准备工作'''
        global driver
        global base_url
        with allure.step("初始化浏览器,并最大化浏览器窗口"):
            driver = webdriver.Chrome()
            driver.maximize_window()
            driver.implicitly_wait(10)    #隐式等待,会等到当前页面元素加载完毕
        with allure.step("打开百度url"):
            base_url = 'https://www.baidu.com/'
            driver.get(base_url)
        with allure.step("校验结果"):
            assert "百度一下" in driver.title

    @allure.story('搜索关键字-pytest')
    def test_search_case1(self):
        '''测试搜索用例1'''
        with allure.step("清空输入框,并输入搜索关键字-pytest,并单击搜索按钮"):
            driver.find_element_by_id('kw').clear()
            driver.find_element_by_id('kw').send_keys('pytest')
            driver.find_element_by_id('su').click()
            time.sleep(2)
        with allure.step("校验结果"):
            assert "pytest" in driver.title
            allure.attach("测试用例1", "成功")

    @allure.story('搜索关键字-python')
    def test_search_case2(self):
        '''测试搜索用例2'''
        with allure.step("清空输入框,并输入搜索关键字-python,并单击搜索按钮"):
            driver.find_element_by_id('kw').clear()
            driver.find_element_by_id('kw').send_keys('python')
            driver.find_element_by_id('su').click()
            time.sleep(2)
        with allure.step("校验结果"):
            assert "python" in driver.title
            allure.attach("测试用例1", "成功")
```

```python
    @allure.story('搜索关键字 - selenium')
    @pytest.mark.skipif(reason = "本次不执行")
    def test_search_case3(self):
        '''测试搜索用例 2'''
        with allure.step("清空输入框,并输入搜索关键字 - selenium,并单击搜索按钮"):
            driver.find_element_by_id('kw').clear()
            driver.find_element_by_id('kw').send_keys('selenium')
            driver.find_element_by_id('su').click()
            time.sleep(2)
        with allure.step("校验结果"):
            assert "selenium" in driver.title

    @allure.story('搜索关键字 - automation')
    def test_search_case4(self):
        '''测试搜索用例 4'''
        with allure.step("清空输入框,并输入搜索关键字 - automation,并单击搜索按钮"):
            driver.find_element_by_id('kw').clear()
            driver.find_element_by_id('kw').send_keys('automation')
            driver.find_element_by_id('su').click()
            time.sleep(2)
        with allure.step("校验结果"):
            assert "automation test" in driver.title

    def teardown(self):
        driver.quit()
```

上面使用了 Allure 的几个特性。
- @allure.feature:用于描述被测试产品需求。
- @allure.story:用于描述 feature 的用户场景,及测试需求。
- with allure.step:用于描述测试步骤,将会输出到报告中。
- allure.attach:用于向测试报告中输入一些附加信息,通常是一些测试数据、截图等。

在测试脚本中添加了 Allure 特性之后,可以通过以下两步,展示出测试报告。
第一步:生成测试报告数据。
在 Pytest 执行测试的时候,指定--alluredir 选项及结果数据保存的目录:

```
>> pytest tests/ --alluredir ./result
```

./result/中保存了本次测试的结果数据。
第二步:生成测试报告页面。
通过下面的命令将./result/目录下的测试数据生成测试报告页面:

```
>> allure generate ./result/ -o ./report/ --clean
```

--clean 选项的目的是先清空测试报告目录,再生成新的测试报告。
打开测试报告后,浏览器被自动调起,展示测试报告,下面分别介绍报告的几个页面。

### 1. 首页

如图 14-17 所示,展示了本次测试的测试用例数量,成功用例、失败用例、跳过用例的比例、测试环境，SUITES，FEATURES BY STORIES 等基本信息，当与 Jenkins 做了持续集成后，TREND 区域还将显示历次测试的通过情况。首页的左边栏，还从不同维度展示了测试报告的基本信息。

图 14-17  Allure 首页

### 2. Behaviors 页面

如图 14-18 所示，进入 Behaviors 页面，这个页面按照 FEATURES 和 STORIES 展示测试用例的执行结果。从此页面可以看到，"搜索功能"这个 FEATURES 包含 4 个 STORIES 的测试用例执行情况。

图 14-18  Behaviors 页面

### 3. Suites 页面

Allure 测试报告将每一个测试脚本，作为一个 Suite。在首页单击 Suites 区域下面的任何一条 Suite，都将进入 Suites 页面，如图 14-19 所示。在这个页面，以脚本的目录结构展示所有测试用例的执行情况，如图 14-20 所示。

图 14-19　Suites 页面

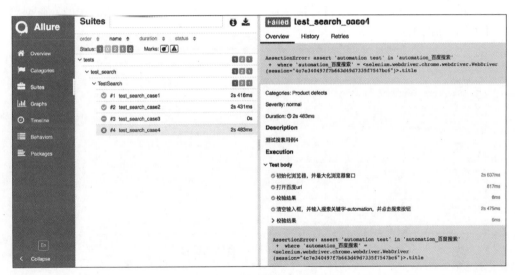

图 14-20　右侧测试用例详情页面

页面右侧是测试用例详情页面，其中显示测试用例执行的每一个步骤，以及每个步骤的执行结果，每个步骤可以添加附件，作为重要信息补充。

**4．Graphs 页面**

如图 14-21 所示，这个页面展示了本次测试结果的统计信息，如测试用例执行结果状态、测试用例重要等级分布、测试用例执行时间分布等。

Pytest 借助 pytest-html 插件可以生成测试报告，可以用 pip 命令安装。

```
$ pip install pytest-html
$ pip list  # 查看 pytest-html 安装成功版本为 2.1.1
```

测试执行命令：

```
$ pytest -s tests/test_search.py --html=./report/自动化测试报告.html
```

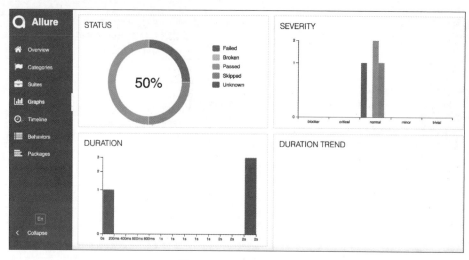

图 14-21　Graphs 页面

在 report 文件夹下会生成一个 HTML 文件,名为"自动化测试报告.html",在浏览器中打开显示,如图 14-22 所示。

图 14-22　pytest-html 自动测试报告

## 小　　结

本章着重介绍了 Selenium 2 的工作原理以及 Page Object 页面对象原理。介绍了 Python 原生单元测试框架 unittest 的测试流程,测试日志的编写及测试报告生成。还介绍了基于 Python 的 Pytest 测试框架的测试流程。

## 习　题　14

扫一扫

习题

扫一扫

自测题

# 第三部分
# 案例实践

软件测试的理论、方法、技术和工具使用最终都要应用到实际工作中,通过实践来检验,也只有通过不断地实践来获取经验,才能真正提高自己的测试实践能力。本书第三部分为"案例实践",将结合一个较大的实际案例介绍软件测试活动在实际项目中如何实施。网上书店系统的测试主要是针对B/S结构的软件系统的测试,对互联网电商平台的测试也具有很强的参考价值。希望通过软件的测试读者可以全方位地了解软件测试在实际项目中的实施过程。

# 第 15 章　网上书店系统测试

在众多的面向对象的实际应用中,网站系统的应用无疑是其中最重要且最普遍的一种。网站系统的测试体现了面向对象测试方法的重要性和实践意义,其测试过程综合了各种测试方法和面向对象测试特点的实践经验。本章将通过介绍网站测试方法并结合网上书店系统实例,来深入阐述面向对象软件测试方法,旨在让读者更好地理解该方法。

网站测试是一系列相关活动,旨在发现网站的内容、功能、可用性、导航性、性能、容量以及安全方面存在的问题。为实现这一目标,需要在整个网站系统开发过程中采用包括评审和可运行测试在内的综合测试策略。参与测试的人员包括所有参加网站测试的网站开发工程师、测试工程师、项目的经理、客户和最终用户等。

**本章要点**
- 网站测试的内容
- 网站测试的过程
- 网站测试计划的安排
- 网站测试用例的设计
- 网站测试结果的记录

## 15.1　网站测试概述

### 15.1.1　网站测试的概念

之前提到的测试过程旨在发现修正软件中的错误。这个基本原理同样适用于网站测试。然而,网站测试面临着独特的挑战,因为基于网络的系统与多种操作系统、浏览器、硬件平台和通信协议交互,而且与应用系统进行互动。

为了了解网站测试的目标,必须考虑网站质量的多种维度。在此讨论中,我们将重点讨论与网站工程测试密切相关的质量维度,同时探讨测试结果中错误的特征以及发现这些错误所采用的测试策略。

良好的设计应该将质量融入网站应用系统中。通过对设计模型中的各个元素进行一系列技术评审,并应用本章所讨论的测试过程来评估质量。评估和测试都需要检查质量维度中的一项或多项。

- 内容:对内容进行语法及语义层面的评估。在语法层面,检查文本文件的拼写、标点和语法;在语义层面,评估其正确性、一致性和清晰性。
- 功能:对功能进行测试,以发现与客户需求不一致的错误。对每个网站功能评估其正确性、稳定性以及与相应的标准（例如，Java 或 XML、JavaScript 语言标准）的整体符合程度。
- 结构：评估结构以确保能正确地表达网站的内容和功能，并且是可扩展的，支持新内容和新功能的添加。
- 可用性：对可用性进行测试，以保证接口支持各种类型的用户，使所有用户都能够学习和使用所有的导航语法和语义。
- 导航性：对导航性进行测试，以保证检测所有的导航语法及语义，发现任何导航错误（例如，死链接、不合适的链接、错误链接等）。
- 性能：在各种不同的操作条件、配置及负载下测试性能，以确保系统响应用户交互并处理极端负载情况，而且没有出现不可接受的操作上的性能降低。
- 兼容性：在客户端及服务器端，在各种不同的主机配置下，通过运行网站对兼容性进行测试，目的是发现针对特定主机配置的错误。
- 互操作性：对互操作性进行测试，以保证网站与其他系统和数据库有正确接口。
- 安全性：对安全性进行测试，通过评估可能存在的弱点，试图对每一个弱点进行攻击。任何成功的突破尝试都被视为安全漏洞。

网站测试策略应该遵循所有软件测试的基本原理，并结合面向对象系统的策略。以下是对此方法进行总结的步骤。

- 对网站的内容模型进行评审，以发现错误。
- 对接口模型进行评审，以确保适合所有的用例。
- 评审网站的设计模型，以发现导航错误。
- 测试用户界面，以发现表现机制和导航机制中的错误。
- 对选择的功能构件进行单元测试。
- 对贯穿体系结构的导航进行测试。
- 在各种不同的环境下，实现网站运行，并测试网站对于每一种配置的兼容性。
- 进行安全性测试，试图攻击网站或其所处环境的弱点。
- 进行性能测试。
- 通过可监控的最终用户群体对网站进行测试。通常对他们与系统的交互结果进行评估，包括内容和导航错误、可用性、兼容性、网站的可靠性及性能等方面的评估。

由于很多网站在不断进化，因此网站测试是网站支持人员的一项持续活动。他们使用回归测试，这些测试是从首次开发网站时所开发的测试中导出的。

## 15.1.2 网站测试过程

在对网站项目进行测试时，首先需要测试最终用户能够看到的内容和界面。随着测试的进行，逐步对体系结构及导航设计等方面进行测试。最后，测试的焦点转到测试技术能力，即对网站基础设施、安装或实现方面的问题进行测试。这些方面对最终用户并不是可见的，如图 15-1 所示。

在网站项目测试中，各个环节按照测试顺序依次进行，具体描述如下。

内容测试：旨在发现内容方面的错误。类似于对已写文档的审稿。目标包括：

- 发现基于文本的文档、图形表示和其他媒体中的语法错误（例如，打字错误、文法错误）。

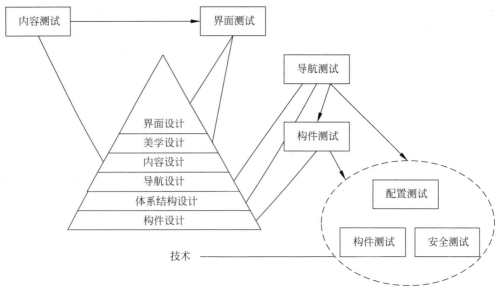

图 15-1 网站测试过程

- 发现导航出现时的内容对象的语义错误。
- 发现展示给最终用户的内容组织或结构方面的错误。

界面测试：验证用户界面的交互机制和美学方面。目标包括：

- 发现与特定的界面相关的错误（例如，菜单链接未能正确执行或者输入数据格式错误）。
- 发现界面实现导航语义方式、网站的功能性或者内容显示方面的错误。
- 对界面要素进行测试，确保设计原则、美学和可视化内容对用户有效且没有错误。
- 采用与单元测试类似的方法测试单个界面机制。
- 对于特殊的用户类别进行界面测试。
- 对全部的界面进行测试，发现界面的语义错误。
- 在多种环境下测试界面，确保其兼容性。

导航测试：使用从分析活动者得到的测试用例，对照导航设计检查每个使用场景，确保导航的正确性。

构件测试：检查网站中的内容及功能单元。对内容体系结构中的网页或网站体系结构中的功能构件进行测试；使用黑盒或白盒测试方法，对构件进行功能和数据库能力测试；在集成测试中结合导航测试和构件测试，依赖于所选择的内容体系结构和网站体系结构。

配置测试：试图发现特定客户或服务器环境中的错误，包括测试各种操作系统、浏览器、硬件平台和通信协议的兼容性。

安全性测试：包括一系列测试，设计这些测试用来评估以下内容。

- 网站的响应时间以及可靠性如何受增长的用户通信量影响？
- 哪些网站构件与性能降级有关？哪些使用特点造成了降级发生？
- 性能降级是如何影响整个网站的目标及需求的？

接下来将对测试过程中的重要环节进行详细的说明。

### 15.1.3 数据库测试

现代的网站应用系统可以处理比较静态的内容对象以外的更多任务。在很多应用领域中,网站需要与复杂的数据库系统连接,并构建动态的内容对象,这种对象是根据从数据库中获取的数据创建的。

例如,用户教务系统信息管理的网站能够对不同身份的用户(学生、教师、教务人员等)进行统一的信息管理,包括学籍信息、成绩信息、用户基本身份信息、选课信息以及考试信息等。当用户请求某些特定的信息时,网站会执行以下步骤。

(1) 查询信息管理数据库。
(2) 从数据库中抽取相关的数据。
(3) 将抽取的数据组织为一个内容对象。
(4) 将这个内容对象(代表某个最终用户请求的指定信息)传送到客户环境显示。

每一个步骤的结果都可能发生错误。数据库测试的目标是发现可能发生的错误。而网站数据库测试的复杂性和重要性主要有以下因素。

(1) 客户端请求的原始信息通常不以被输入数据库管理系统中的形式表示出来。
(2) 数据库可能位于离网站服务器很远的地方。因此,需要设计测试来发现网站与远程数据库之间可能存在的通信问题。
(3) 从数据库中获取的原始数据必须正确传递给网站服务器,并进行适当的格式化,以便传递给客户端。因此,需要设计测试来验证网站服务器接收到的原始数据的有效性,并且需要生成另一系列测试来验证数据转换的有效性,以确保将原始数据转换为有效的内容。
(4) 动态内容对象必须以适合显示给最终用户的形式传递给客户端。因此,需要设计一系列测试来发现内容对象格式方面的错误,并测试其与不同客户端环境配置的兼容性。

考虑到以上 4 个因素,针对图 15-2 中记录的每一个"交互层",都应该设计相应的测试用例。测试应该确保以下内容。

- 有效信息通过界面层在客户端与服务器之间传递。
- 网站正确地处理脚本,并且正确地抽取或格式化用户数据。
- 用户数据被正确地传递给服务器端的数据转换功能,此功能将合适的查询格式化(例如,SQL)。
- 查询被传递到数据管理层,此层与数据库访问程序通信。

因此,需要对用户界面层进行测试,确保每一个用户查询都正确地构造了 HTML 脚本,并正确地传输给服务器端。此外,还应对服务器端的网站应用层进程测试,确保能够从 HTML 脚本中正确地抽取出用户数据,并正确地传输给服务器端的数据转换层。最后,需要对数据转换功能进行测试,确保创建了正确的 SQL 查询语句,并传递给了适当的数据管理构件。

### 15.1.4 用户界面测试

在用户界面测试中,需要考虑各种交互方式,并对每种界面机制进行测试,以下是简要介绍测试时需要考虑的内容。

- 链接:对每个导航链接进行测试,确保获得了正确的内容对象或功能。

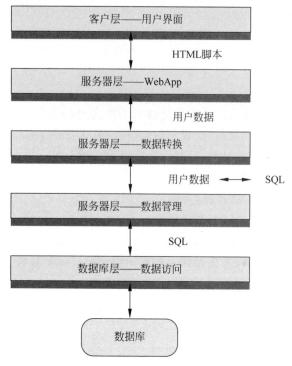

图 15-2 交互层示意图

- 表单：测试应该确保：表单域有适当的宽度和数据类型；表单建立了合适的安全措施，防止用户输入的文本字符串长度超出预定义的最大值；对下拉菜单中的所有选项进行详细说明，并按照对最终用户有意义的方式排列；浏览器"自动填充"特性不会导致数据输入错误；Tab 键或其他键能够正确移动焦点到表单域之间。
- 客户端脚本：当脚本运行时，使用黑盒测试发现处理中的一些错误。
- 动态 HTML：确保每个网页中的动态显示正确。并进行兼容性测试以确保支持网站环境配置中正常执行。
- 流动内容：确保流动数据是最新的，显示正确，能够无错误地暂停并容易重新启动。
- Cookie：服务器端测试和客户端测试都需要。服务器端测试应确保正确构造 Cookie，并在请求特定内容和功能时正确传递给客户端。此外，还需测试 Cookie 是否具有合适的持续性，确保有效期设置正确。
- 其他方面的测试包括弹出窗口测试、特定于界面机制的应用、界面语义测试等。这些测试方法需要结合实际的应用进行探索和研究。

### 15.1.5 构件级测试

构件级测试，也称为功能测试，是一系列测试的集合，旨在发现网站功能方面的错误。每个网站功能都是一个软件模块，由多种程序设计语言或脚本语言实现，并且可使用黑盒测试和白盒测试技术进行测试。

构件级测试使用的测试用例通常是由表单级的输入驱动的。一旦确定了表单数据，用户可以选择按钮或其他控件来启动运行。下面是典型的测试用例设计方法。

- 等价类划分：将功能的输入域划分成不同的等价类，然后从这些等价类中导出测试用例。通过对输入表单进行评估，可以确定哪些数据类与功能有关。对于每个输入类，都导出其测试用例，并进行运行。例如，一个电子商务应用系统可能实现一个计算运输费用的功能。在多种运输信息中，用户的邮政编码是一个关键的输入。通过提供不同的邮政编码值来设计测试用例，可以发现邮政编码处理中的潜在错误。
- 边界值分析：对表单数据的边界值进行测试。例如，对于上述运费计算功能，可能需要指定产品运输所需的最大天数，其中最少天数是 2 天，最大天数是 14 天。边界值测试可能涉及输入值 0、1、2、13、14 和 15，以确定功能如何处理有效输入边界内外的数据。通过这种测试，可以排除潜在的错误。如果最大天数可通过下拉菜单选择，也可以排除指定禁止输入的情况。
- 路径测试：对于逻辑复杂的功能测试，可以使用路径测试来确保程序中的每条独立路径都能够被执行。

除了上述测试用例设计方法，还可以使用一种称为强制错误测试的技术导出测试用例。这些测试用例故意将网站构件置于错误条件下，以便发现在错误处理过程中可能出现的错误。每个构件级测试用例都详细说明了所有的输入值以及由构件提供的预期输出。测试过程中产生的实际输出数据应记录下来，以供将来的支持和维护阶段参考。

在很多情况下，网站功能的正确运行取决于与数据库的正确接口，而数据库通常位于网站的外部。因此，数据库测试是构件测试中不可或缺的一部分。

## 15.1.6 配置测试

配置的可变性和不稳定性是网站工程师面临的重要挑战之一。硬件、操作系统、浏览器、存储容量、网络通信速度以及其他客户端因素对每个用户都是难以预测的。此外，用户的配置可能会经常变化，导致客户端容易出现错误，这些错误也至关重要。如果两个用户的配置不同，他们对网站的印象和交互体验可能会大不相同。

配置测试的目标不是检查每种可能的客户端配置，而是测试一组代表性的客户端和服务器配置，以确保用户在所有配置下的体验都是一致的，并且能够识别出特定配置下的错误。

在服务器端，配置测试用例被设计来验证计划中的服务器配置（如网站服务器、数据库服务器、操作系统、防火墙软件、并发应用系统）是否能够支持网站系统，而不会发生错误。实际上，网站被安装在服务器端环境中，并进行测试，以发现与配置相关的错误。

在设计服务器端的配置测试时，网络工程师应该考虑服务器配置的每一个构件。在服务器端的配置测试期间，需要问及并回答以下问题。

- 网站是否与服务器操作系统完全兼容？
- 网站运行时，系统文件、目录和相关的系统数据是否正确创建？
- 系统安全措施（例如，防火墙或加密）是否允许网站运行，并提供服务给用户，而不会出现冲突或性能下降？
- 是否已经测试过具有分布式服务器配置的网站？
- 网站是否与数据库软件适当集成？是否对数据库的不同版本敏感？
- 服务器端的网站脚本是否正常运行？

- 系统管理员的错误是否会影响网站运行?
- 如果使用了代理服务器,端点测试时是否已明确这些代理服务器的配置差异?

在客户端,配置测试更多地关注网站与不同配置的兼容性,这些配置包括以下构件的变化。

- 硬件,如 CPU、内存、存储器和打印设备。
- 操作系统,如 Linux、Macintosh 操作系统、Microsoft Windows、基于移动的操作系统。
- 浏览器软件,如 Internet Explorer、Mozilla、Opera、Chrome 等。
- 用户界面构件,ActiveX、Java Applets、Flash 等。
- 插件,如 QuickTime、RealPlayer 等。
- 连接性,如电缆、DSL、常规的调制解调器等。

除了这些构件,其他配置变量还包括网络软件、ISP 的变化以及并发运行的应用系统。

为了设计客户端配置测试,网络工程团队必须将配置变量的数量减少到可管理的范围内,因为在每种可能的配置构件的组合中运行测试是非常耗时的。为了实现这一点,需要对每类用户进行评估,以确定该类用户可能遇到的配置。

### 15.1.7 安全性测试

安全性测试是网站开发过程中至关重要的一个阶段,在进行有效的安全性测试之前,需要对这个阶段有充分的了解。网站及其所处的客户端和服务器环境都是潜在的攻击目标,可能遭受来自计算机黑客、不满的员工、竞争对手等恶意行为的攻击,这些攻击可能涉及窃取敏感信息、个人数据、篡改内容、降低性能、破坏功能等。

在安全性测试中,应设计安全测试用例来探查存在的弱点,包括客户端环境、客户端到服务器的数据传输过程以及服务器端环境的变化。每个环节都可能受到攻击。安全性测试人员的任务是发现可能被恶意利用的弱点。

在客户端,弱点通常可以追溯到浏览器、电子邮件程序或通信软件中的缺陷。另一个潜在的攻击是对浏览器中的 Cookie 的未授权访问,恶意网站可以获取合法 Cookie 中的信息,从而侵犯用户隐私或进行窃取行为。

客户端和服务器之间的数据通信易受电子欺骗攻击的影响,当通信路径的一部分被恶意实体破坏时,就会发生电子欺骗攻击。例如,用户可能会被恶意网站欺骗,以为其是合法的服务器,目的是窃取密码、私人信息或信用卡数据等。

在服务器端,攻击包括拒绝服务攻击和恶意脚本,这些脚本可能传播到客户端,或用于使服务器失效。此外,服务器端数据库可能在未经授权的情况下被访问,导致数据被窃取的风险。

为了防止各种安全攻击,可以实施以下一种或多种安全机制。

- 防火墙,是硬件和软件相结合的过滤机制,它能够检查每一个进来的信息包,确保信息包来自合法的信息源,并阻止任何可疑的信息包。
- 鉴定,这是一种验证机制,用于确认所有客户和服务器的身份,只有在双方都通过验证的情况下才允许通信。
- 加密,是一种保护敏感数据的编码机制,通过对敏感数据进行修改,使得怀有恶意的人无法读取。使用数字证书可以增强加密,因为数字证书允许客户端对数据传输的目标地址进行验证。
- 授权,是一种过滤机制,只有具有合适的授权码(例如,用户 ID 和密码)的人才能够访问客户端或服务器环境。

安全性测试的目的是揭露这些安全机制中的漏洞,这些漏洞可能被恶意人士利用。在设计安全性测试时,需要深入了解每种安全机制内部的工作原理,并充分了解所采用的网络技术。这样才能确保网站和其环境的安全性得到有效保障。

### 15.1.8 系统性能测试

如果一个网站需要花费几分钟来刷新页面或下载内容,而竞争对手的网站可以瞬间完成页面刷新,下载相似内容只需几秒钟,那么这对前者将是一大打击。如果用户尝试登录一个网站,但输入完登录信息后却收到服务器忙的提示,这将极大地降低用户体验。甚至,当用户填写完表单并提交信息后,却收到提交失败或无限等待的消息,用户可能会丢失大量信息或因重新填写而浪费时间,给用户带来困扰。这些情况每天都在网络上发生,而且都与性能有关。

使用性能测试来发现性能问题,这些问题可能源于以下原因:服务器端资源不足、网络带宽不足、数据库容量不足、操作系统能力不足,这些都会影响网站功能。此外,还可能存在其他硬件或软件问题,可能导致客户端与服务器端性能下降。

设计性能测试的目的是模拟现实世界中的负载情况。随着同时访问网站的用户数量增加,在线事务数量也会增加,性能测试通常用于回答以下问题。

- 服务器响应时间是否降到了不可接受的水平?
- 什么情况下,性能变得不可接受?
- 哪些系统构件应对性能下降负责?
- 在不同负载条件下,用户的平均响应时间是多少?
- 性能下降是否影响系统的安全性?
- 系统的负载增加时,网站的可靠性和精确性是否会受影响?
- 当负载超过服务器容量的最大值时,会发生什么?

为了回答这些问题,需要进行以下两种不同的性能测试。

- 负载测试——在多个负载级别和组合下测试真实世界的负载。这种测试可以帮助确定系统在不同负载条件下的性能表现,包括服务器响应时间和吞吐量等。
- 压力测试——将负载增加到极限,以确定网站环境能够处理的容量。这种测试可以评估系统在极端条件下的表现,并确定系统在负载达到极限时的稳定性和可靠性。

**1. 负载测试**

负载测试的目的是确定网站和服务器环境如何响应不同的负载条件。当进行测试时,以下变量的组合定义了一组测试条件。

$N$:并发用户数量。
$T$:每用户、每单位时间在线事务数量。
$D$:每次事务服务器的数据负载。

在每种测试条件下,系统的正常操作范围内定义这些变量。在每次测试运行时,收集一种或多种测量数据：平均用户响应时间、下载标准数据单元的平均时间或处理一个事务的平均时间。网站工程团队对这些测量进行分析，以确定性能的急剧下降是否与特定 $N$、$T$ 和 $D$ 的组合有关。

负载测试也可用于估算网站用户建议的连接速度。可以通过以下方式计算总的吞吐量 $P$：

$$P = N \times T \times D$$

考虑一个新闻网站，在某一时刻，有 2 万个用户平均每 2 分钟提交一次请求（事务 $T$）。每一次事务都需要网站下载一篇长为 3KB 的新文章。因此，可以用以下公式计算吞吐量。

$$P = \frac{[20\,000 \times 0.5 \times 3\text{KB}]}{60} = 500\text{KB/s} = 4\text{Mb/s}$$

因此，服务器的网络连接需要支持至少 4Mb/s 的数据传输速度，应对其进行测试，确保网络连接能够满足所需的数据传输速度。

**2. 压力测试**

压力测试是负载测试的延伸，其目的是使变量 $N$、$T$ 和 $D$ 达到操作极限，并超出这些极限。通过这些测试，可以回答以下问题。

- 系统是否逐渐降级？或者，当容量超出时，服务器是否会停机？
- 服务器软件是否会显示"服务器不可用"的提示信息？用户是否能意识到无法访问服务器？
- 服务器是否会增加请求队列以处理资源？当容量要求减少时，是否会释放队列占用的资源？
- 当容量超出时，是否会丢失事务？
- 当容量超出时，数据的完整性是否受影响？
- 哪些 $N$、$T$ 和 $D$ 的值可导致服务器环境失效？如何证明服务器失效？是否会自动通知技术支持团队？
- 如果系统失效，需要多长时间才能恢复正常？
- 当容量达到 80% 或 90% 时，是否会停止某些网站功能？

在这些测试中，会逐渐增加负载，达到最大容量，然后迅速回归到正常操作条件，再次增加负载。通过回弹系统负载，测试者能够确定服务器如何调度资源来满足非常高的需求，并在一般条件下释放资源以为下一个测试做好准备。

## 15.2 案例概述

网上书店，顾名思义，即网站式的书店，是一种高质量、更快捷、更方便的购书方式。

### 15.2.1 用户简介

网上书店的使用者主要有经销商和用户群两种。

（1）经销商。与传统实体书店相比，网络经销商具有以下特点。

- 营业时间不受限制。网上书店可以全天候 24 小时运营，与传统的每天 8 小时营业时间不同。这种全天候服务模式有助于吸引更多读者，培养潜在顾客。

- 不受营业场地限制。由于网上书店是虚拟的,不需要实体店面,只需维持有限的库房即可正常运营,大大降低了运营成本。
- 供需双方之间信息交流的广度、深度和速度有了质的飞跃。网上书店通过直观的界面、丰富的信息、灵活的检索方式和个性化的服务,成功解决了图书信息与用户需求之间的匹配问题,提高了供需双方的信息交流效率。
- 经营管理更加科学。现代信息技术的应用使得网上书店能够快速采集、统计、分析和应用业务数据,提高了经营管理的科学性和效率。

(2) 用户群,该群体具有如下特征。
- 主流人群为经常上网的书籍爱好者,以青年和中年人为主,具备上网条件。
- 部分用户持有信用卡,可在网上直接付款;无信用卡的用户可以汇款进行交易。
- 从职业上看,一部分用户是高校学生,他们追求时尚快捷的购物方式,购买力有限;另一部分是工作人群,他们追求高效经济的购物方式,购买力较强。

### 15.2.2 项目的目的与目标

本项目的目的是通过网上书店系统实现电子商务模式,满足经销商和用户进行电子交易的需求,充分利用网上交易的优势。

项目的最终目标包括:
- 完善网上书店的各项功能,确保系统功能完整性。
- 确保整个系统可以稳定运行,提供稳定的服务。
- 保障用户之间信息渠道畅通,确保沟通畅通无阻。
- 提供便捷的图书检索功能,使用户能够迅速找到所需图书。
- 付款渠道畅通。

### 15.2.3 目标系统功能需求

网上书店系统的功能概述如图 15-3 所示。

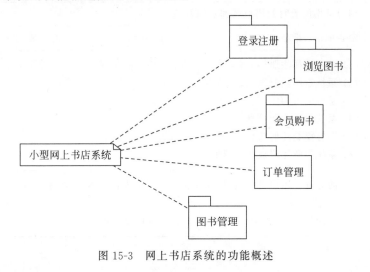

图 15-3 网上书店系统的功能概述

## 1. 登录注册

会员登录和游客注册的用例图如图 15-4 所示。

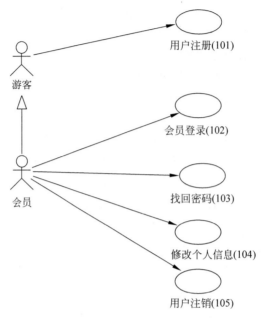

图 15-4　会员登录和游客注册的用例图

对用例的说明如表 15-1～表 15-5 所示。

表 15-1　"用户注册"用例

| 编号 | 101 | 用例名称 | 用户注册 |
| --- | --- | --- | --- |
| 使用人员 | 游客 | 扩展点 | 无 |
| 输入 | 用户基本信息 | | |
| 系统响应 | 系统将用户基本信息存入数据库 | | |
| 输出 | 用户可用注册时的用户名和密码登录 | | |
| 前置条件 | 游客申请注册 | 后置条件 | 游客成功注册为会员 |
| 活动步骤 | (1) 游客选择注册。<br>(2) 系统返回注册页面。<br>(3) 游客输入相应信息。<br>(4) 系统验证注册信息。<br>(5) 游客提交注册信息。<br>(6) 系统提醒注册成功并返回首页 | | |
| 异常处理 | (1) 游客输入用户名已注册，或注册信息与系统验证不一致，系统返回注册页面并给出提示信息。<br>(2) 系统异常，无法注册，给出相应信息，如网站维护中 | | |

表 15-2 "会员登录"用例

| 编号 | 102 | 用例名称 | 会员登录 |
|---|---|---|---|
| 使用人员 | 会员 | 扩展点 | 无 |
| 输入 | 用户注册时的用户名和密码 | | |
| 系统响应 | 用户的登录时间等相关信息存入数据库中 | | |
| 输出 | 相关会员的页面 | | |
| 前置条件 | 该会员必须是本网站已注册的成员 | 后置条件 | 该会员登录成功 |
| 活动步骤 | (1) 该会员选择登录。<br>(2) 系统返回一个登录页面。<br>(3) 会员输入用户名、密码和验证码并提交。<br>(4) 系统进行系统验证,验证成功,记录该用户为登录用户并返回主页面(表明该会员已登录) | | |
| 异常处理 | (1) 用户忘记密码,选择"找回密码"功能,进入找回密码用例。<br>(2) 系统验证用户登录信息有错,提示用户重新登录。<br>(3) 系统处理异常,系统给出相应的提示信息 | | |

表 15-3 "找回密码"用例

| 编号 | 103 | 用例名称 | 找回密码 |
|---|---|---|---|
| 使用人员 | 会员 | 扩展点 | (1) 与活动步骤中的步骤(1)相同。<br>(2) 系统返回一个密码找回页面(要求用户输入用户名,并根据密码提示问题让用户输入密码提示答案)。<br>(3) 用户输入用户名和密码提示问题并提交。<br>(4) 系统进行验证,验证成功,并返回密码重新设置页面。<br>(5) 用户输入新的密码并提交。<br>(6) 与活动步骤中的步骤(4)相同 |
| 输入 | 用户注册时的邮箱号或密码提示问题 | | |
| 系统响应 | 系统根据注册邮箱号或密码提示问题找到相应的用户并返回其对应的密码设置页面 | | |
| 输出 | 用户重新设置自己的密码 | | |
| 前置条件 | 用户必须是本系统的成功注册用户 | 后置条件 | 系统返回设置密码的页面让用户重新设置密码 |
| 活动步骤 | (1) 会员选择"找回密码"。<br>(2) 系统返回一个密码找回页面(要求用户输入注册时的邮箱号,系统自动发送邮件到用户的邮箱中,用户再根据邮箱中设置的链接重新设置密码)。<br>(3) 用户输入新的密码并提交。<br>(4) 系统进行验证,验证成功,提示修改成功并自动跳转至登录页面 | | |
| 异常处理 | (1) 在扩展点中,若用户输入错误的用户名或密码提示答案,则系统提示验证错误并返回登录页面。<br>(2) 系统处理异常,系统给出相应的提示信息 | | |

表15-4 "修改个人信息"用例

| 编号 | 104 | 用例名称 | 修改个人信息 |
|---|---|---|---|
| 使用人员 | 会员 | 扩展点 | 无 |
| 输入 | 用户输入个人的相关信息 | | |
| 系统响应 | 系统在数据库中用用户现在的个人信息替换以前的个人信息 | | |
| 输出 | 用户的个人信息显示被修改了 | | |
| 前置条件 | 该用户必须是此系统成功注册并且已成功登录的用户 | 后置条件 | 该用户修改个人信息成功 |
| 活动步骤 | (1) 会员选择"修改信息"。<br>(2) 系统返回一个信息修改页面。<br>(3) 会员修改相关信息并提交。<br>(4) 系统进行系统验证,验证成功,提示修改成功 | | |
| 异常处理 | (1) 系统验证会员输入有误,提示重新输入并返回"修改信息"页面。<br>(2) 系统处理异常,系统给出相应的提示信息 | | |

表15-5 "用户注销"用例

| 编号 | 105 | 用例名称 | 用户注销 |
|---|---|---|---|
| 使用人员 | 会员 | 扩展点 | 无 |
| 输入 | 系统自动转换,不需要输入 | | |
| 系统响应 | 系统自动修改用户在数据库中的相应状态 | | |
| 输出 | 显示用户未登录 | | |
| 前置条件 | 该用户必须是该系统成功注册并且已成功登录的用户 | 后置条件 | 用户成功注销 |
| 活动步骤 | (1) 会员选择"注销"。<br>(2) 系统提示用户成功注销并返回网站首页 | | |
| 异常处理 | 系统异常,并给出相应的提示信息 | | |

**2. 浏览图书**

浏览图书模块的用例图如图15-5所示。

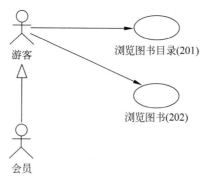

图15-5 浏览图书模块的用例图

对用例的说明如表15-6和表15-7所示。

表15-6 "浏览图书目录"用例

| 编号 | 201 | 用例名称 | 浏览图书目录 |
|---|---|---|---|
| 使用人员 | 游客、会员 | 扩展点 | 无 |
| 输入 | 系统自动转换,不需要输入 | | |
| 系统响应 | 系统自动切换页面 | | |
| 输出 | 显示相应的图书目录页面 | | |
| 前置条件 | 用户在本系统中选择了"浏览图书目录"项 | 后置条件 | 用户成功浏览图书目录 |
| 活动步骤 | (1)用户选择浏览图书目录,或者输入查看的图书信息。<br>(2)系统处理用户请求成功并返回用户查看的相应的图书目录页面 | | |
| 异常处理 | 系统在数据库中没有找到与用户输入相关的信息,系统返回提示信息 | | |

表15-7 "浏览图书"用例

| 编号 | 202 | 用例名称 | 浏览图书 |
|---|---|---|---|
| 使用人员 | 游客、会员 | 扩展点 | 无 |
| 输入 | 系统自动转换,不需要输入 | | |
| 系统响应 | 系统自动切换页面 | | |
| 输出 | 显示相应的图书信息页面 | | |
| 前置条件 | 用户必须在浏览商品目录时查看某个商品的详细信息 | 后置条件 | 用户查看图书 |
| 活动步骤 | (1)用户选择查看图书的详细信息。<br>(2)系统返回图书的详细信息 | | |
| 异常处理 | 该书暂时无详细信息,系统给出相应的提示 | | |

## 3. 会员购书

会员购书模块的用例图如图15-6所示。

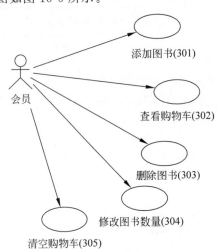

图15-6 会员购书模块的用例图

对用例的说明如表15-8～表15-12所示。

表 15-8 "添加图书"用例

| 编号 | 301 | 用例名称 | 添加图书 |
|---|---|---|---|
| 使用人员 | 会员 | 扩展点 | 用户选择继续购物,系统返回购买图书的页面 |
| 输入 | 系统自动转换,不需要输入 | | |
| 系统响应 | 系统将相应的图书信息添加到数据库中 | | |
| 输出 | 购物车页面中新增相应的图书信息 | | |
| 前置条件 | 用户必须是已注册并已登录的会员 | 后置条件 | 用户添加图书成功 |
| 活动步骤 | (1) 用户在看中的图书中选择添加图书。<br>(2) 系统返回添加成功,并弹出结账还是继续购物的提示窗口。<br>(3) 用户选择结账。<br>(4) 系统返回购物车页面。 | | |
| 异常处理 | (1) 用户未登录,返回登录页面。<br>(2) 系统异常,系统给出相应的提示信息 | | |

表 15-9 "查看购物车"用例

| 编号 | 302 | 用例名称 | 查看购物车 |
|---|---|---|---|
| 使用人员 | 会员 | 扩展点 | 无 |
| 输入 | 系统自动转换,不需要输入 | | |
| 系统响应 | 系统自动切换页面 | | |
| 输出 | 相应会员的购物车页面 | | |
| 前置条件 | (1) 用户选择"查看购物车"项。<br>(2) 系统返回购物车页面 | 后置条件 | 用户打开购物车页面 |
| 活动步骤 | (1) 用户选择"查看购物车"。<br>(2) 系统返回购物车页面 | | |
| 异常处理 | (1) 该用户不是会员,系统给出提示,要求此用户先登录,并返回登录页面。<br>(2) 系统给出一个提示:该购物车内没有图书。<br>(3) 系统异常,系统给出相应的提示信息 | | |

表 15-10 "删除图书"用例

| 编号 | 303 | 用例名称 | 删除图书 |
|---|---|---|---|
| 使用人员 | 会员 | 扩展点 | 无 |
| 输入 | 系统自动转换,不需要输入 | | |
| 系统响应 | 系统将相应的图书信息从数据库中删除 | | |
| 输出 | 购物车界面中相应的图书信息消失 | | |
| 前置条件 | (1) 该用户是已登录的会员。<br>(2) 购物车中含有图书。<br>(3) 在购物车管理页面中选择"删除图书" | 后置条件 | 相应的图书被删除 |
| 活动步骤 | (1) 会员选择购物车管理,选中相应的图书,单击"删除图书"。<br>(2) 系统提示会员删除成功,并返回购物车页面 | | |
| 异常处理 | 系统异常,系统给出相应的提示信息 | | |

表 15-11 "修改图书数量"用例

| 编号 | 304 | 用例名称 | 修改图书数量 |
|---|---|---|---|
| 使用人员 | 会员 | 扩展点 | 无 |
| 输入 | 会员输入要修改的图书的数量 | | |
| 系统响应 | 系统对数据库中相应图书的数量进行修改 | | |
| 输出 | 购物车页面内相应图书的数量被修改 | | |
| 前置条件 | (1) 用户是已登录的会员。<br>(2) 购物车内不能为空 | 后置条件 | 购物车内相应图书的数量被成功修改 |
| 活动步骤 | (1) 用户选择购物车并对相关图书的数量做出修改。<br>(2) 系统返回确认修改信息。<br>(3) 用户选择"确认"。<br>(4) 系统提示修改成功并返回购物车 | | |
| 异常处理 | (1) 用户修改的图书数量没有改变,提示无更改并返回购物车页面。<br>(2) 用户取消修改。<br>(3) 系统异常,系统给出相应的提示信息 | | |

表 15-12 "清空购物车"用例

| 编号 | 305 | 用例名称 | 清空购物车 |
|---|---|---|---|
| 使用人员 | 会员 | 扩展点 | 无 |
| 输入 | 系统自动转换,不需要输入 | | |
| 系统响应 | 系统将所有图书信息从相应的数据库中删除 | | |
| 输出 | 购物车页面中的图书为空 | | |
| 前置条件 | (1) 该用户为已登录的用户。<br>(2) 购物车内不能为空 | 后置条件 | 购物车被成功清空 |
| 活动步骤 | (1) 用户选择"购物车管理"并单击"清空购物车"。<br>(2) 系统提示购物车已清空,并返回购物车页面 | | |
| 异常处理 | (1) 购物车为空,系统给出相应的提示信息。<br>(2) 系统异常,系统给出相应的提示信息 | | |

### 4. 订单管理

订单管理模块的用例图如图 15-7 所示。

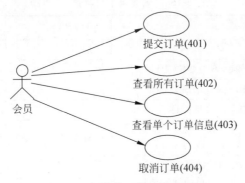

图 15-7 订单管理模块的用例图

对用例的说明如表 15-13～表 15-16 所示。

表 15-13 "提交订单"用例

| 编号 | 401 | 用例名称 | 提交订单 |
| --- | --- | --- | --- |
| 使用人员 | 会员 | 扩展点 | 无 |
| 输入 | 系统自动转换,不需要输入 | | |
| 系统响应 | 系统自动修改数据库中相应的信息 | | |
| 输出 | 订单信息存在相应的订单中 | | |
| 前置条件 | (1) 该用户为已成功登录的会员。<br>(2) 会员购物车内不能为空 | 后置条件 | 会员提交订单成功 |
| 活动步骤 | (1) 会员确认购买提交。<br>(2) 系统返回支付页面(如收货人信息、送货方式、信用卡号、密码、是否开发票和备注说明等)。<br>(3) 会员填写并提交。<br>(4) 系统处理支付并提示结账成功然后给出购买信息 | | |
| 异常处理 | (1) 购物车为空,系统给出相应的提示信息。<br>(2) 信用系统处理支付失败,系统给出相应的提示。<br>(3) 系统处理异常,系统给出相应的提示 | | |

表 15-14 "查看所有订单"用例

| 编号 | 402 | 用例名称 | 查看所有订单 |
| --- | --- | --- | --- |
| 使用人员 | 会员 | 扩展点 | 无 |
| 输入 | 系统自动转换,不需要输入 | | |
| 系统响应 | 系统返回订单目录页面 | | |
| 输出 | 系统显示订单目录页面 | | |
| 前置条件 | (1) 该用户为已成功登录的会员。<br>(2) 该会员在该系统中下过订单 | 后置条件 | 会员查看所有订单成功 |
| 活动步骤 | (1) 会员单击"查看订单"项。<br>(2) 系统返回订单目录页面 | | |
| 异常处理 | (1) 系统提示无订单。<br>(2) 系统处理异常,系统给出相应的提示 | | |

表 15-15 "查看单个订单信息"用例

| 编号 | 403 | 用例名称 | 查看单个订单信息 |
| --- | --- | --- | --- |
| 使用人员 | 会员 | 扩展点 | 无 |
| 输入 | 系统自动转换,不需要输入 | | |
| 系统响应 | 系统返回相应的订单信息页面 | | |
| 输出 | 系统显示相应的订单信息 | | |
| 前置条件 | (1) 该用户为已成功登录的会员。<br>(2) 会员拥有该订单 | 后置条件 | 会员查看该订单成功 |
| 活动步骤 | (1) 会员单击相应的订单。<br>(2) 系统返回该订单的详细信息 | | |
| 异常处理 | 系统处理异常,系统给出相应的提示 | | |

表 15-16 "取消订单"用例

| 编号 | 404 | 用例名称 | 取消订单 |
|---|---|---|---|
| 使用人员 | 会员 | 扩展点 | 无 |
| 输入 | 系统自动转换,不需要输入 | | |
| 系统响应 | 系统对数据库中相应的订单信息进行删除 | | |
| 输出 | 系统显示相应的订单被取消 | | |
| 前置条件 | (1) 该用户为已成功登录的会员。<br>(2) 会员拥有该订单 | 后置条件 | 会员取消该订单成功 |
| 活动步骤 | (1) 会员单击"取消订单"。<br>(2) 系统返回确认取消提示。<br>(3) 会员确认取消。<br>(4) 系统提示已经取消该订单,并返回订单目录页面 | | |
| 异常处理 | (1) 该订单取消的时间已过,会员不能取消订单。<br>(2) 系统处理异常,系统给出相应的提示 | | |

### 5. 图书管理

图书管理模块的用例图如图 15-8 所示。

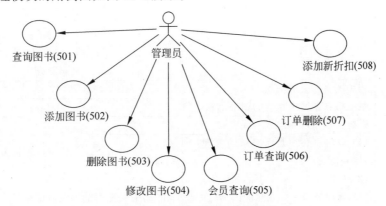

图 15-8 图书管理模块的用例图

对用例的说明如表 15-17～表 15-24 所示。

表 15-17 "查询图书"用例

| 编号 | 501 | 用例名称 | 查询图书 |
|---|---|---|---|
| 使用人员 | 管理员 | 扩展点 | 无 |
| 输入 | 图书的相关信息 | | |
| 系统响应 | 系统在数据库中查找相关的图书 | | |
| 输出 | 系统查找成功返回相应的图书信息页面,或系统提示用户未找到 | | |
| 前置条件 | 该用户必须是已登录的管理员且拥有此权限 | 后置条件 | 管理员查询图书信息成功 |
| 活动步骤 | (1) 管理员选择"查看图书"选项。<br>(2) 系统处理,返回相应图书页面(如图书名称、图书作者、图书价格、图书出版社、入库时间和图书库存等数据库中具有的相应信息) | | |
| 异常处理 | (1) 系统提示暂无此图书。<br>(2) 系统提示查询异常,并给出相应的提示信息 | | |

表 15-18 "添加图书"用例

| 编号 | 502 | 用例名称 | 添加图书 |
|---|---|---|---|
| 使用人员 | 管理员 | 扩展点 | 无 |
| 输入 | 图书的相关信息 | | |
| 系统响应 | 系统将相关图书的信息存入数据库中 | | |
| 输出 | 系统提示用户添加成功或失败 | | |
| 前置条件 | (1) 该用户必须是已登录的管理员且拥有此权限。<br>(2) 数据库中无此图书信息 | 后置条件 | 管理员添加此图书信息成功 |
| 活动步骤 | (1) 管理员提交添加图书信息(如图书名称、图书作者、图书价格、图书出版社、入库时间和图书库存等数据库中具有的相应信息)。<br>(2) 系统处理并提示添加图书信息成功 | | |
| 异常处理 | (1) 添加失败,数据库中已存在该图书信息。<br>(2) 系统处理异常,系统给出相应的提示信息 | | |

表 15-19 "删除图书"用例

| 编号 | 503 | 用例名称 | 删除图书 |
|---|---|---|---|
| 使用人员 | 管理员 | 扩展点 | (1) 管理员选中要删除的图书单击"删除"按钮。<br>(2) 系统处理请求并提示删除成功 |
| 输入 | 相关图书的关键信息 | | |
| 系统响应 | 系统将数据库中相应的图书信息删除 | | |
| 输出 | 系统提示用户删除成功或失败 | | |
| 前置条件 | (1) 该用户必须是已登录的管理员且拥有此权限。<br>(2) 数据库中有此图书的相应信息 | 后置条件 | 管理员删除相应的图书信息成功 |
| 活动步骤 | (1) 管理员提交要删除的图书名称或 ISBN 等有关图书的关键信息。<br>(2) 系统处理请求并提示删除成功 | | |
| 异常处理 | (1) 系统返回删除失败,数据库中已无此图书信息。<br>(2) 系统处理异常,系统给出相应的提示信息 | | |

表 15-20 "修改图书"用例

| 编号 | 504 | 用例名称 | 修改图书 |
|---|---|---|---|
| 使用人员 | 管理员 | 扩展点 | 无 |
| 输入 | 要修改图书的相关信息 | | |
| 系统响应 | 系统在数据库中用修改后的信息替换原来相应图书的信息 | | |
| 输出 | 系统提示用户修改成功或失败 | | |
| 前置条件 | (1) 该用户必须是已登录的管理员且拥有此权限。<br>(2) 数据库中有此图书的相应信息 | 后置条件 | 管理员修改相应的图书信息成功 |
| 活动步骤 | (1) 管理员提交修改图书信息(图书信息包括图书名称、图书作者、图书价格、图书出版社、入库时间和图书库存等数据库中具有的相应信息)。<br>(2) 系统处理请求并提示修改成功 | | |
| 异常处理 | 系统返回修改失败,相应的图书信息没有修改 | | |

表 15-21 "会员查询"用例

| 编号 | 505 | 用例名称 | 会员查询 |
|---|---|---|---|
| 使用人员 | 管理员 | 扩展点 | 无 |
| 输入 | 相关会员的关键信息 | | |
| 系统响应 | 系统在数据库中查找相关的会员 | | |
| 输出 | 系统返回查找到的相关会员的页面,或提示用户未找到 | | |
| 前置条件 | (1) 该用户必须是已登录的管理员且拥有此权限。<br>(2) 数据库中已注册有该会员信息 | 后置条件 | 管理员查询到该会员信息 |
| 活动步骤 | (1) 管理员选择"查询会员"项,并输入相关会员的关键信息(如会员用户名、系统内部编号)。<br>(2) 系统处理请求,返回查询结果页面(查询结果包括会员用户名和会员名称等) | | |
| 异常处理 | (1) 数据库中无相应的会员信息,系统提示查询失败。<br>(2) 系统处理异常,系统给出相应的提示信息 | | |

表 15-22 "订单查询"用例

| 编号 | 506 | 用例名称 | 订单查询 |
|---|---|---|---|
| 使用人员 | 管理员 | 扩展点 | 无 |
| 输入 | 订单关键信息 | | |
| 系统响应 | 系统在数据库中查找此订单 | | |
| 输出 | 系统返回相关订单的页面或提示用户未找到 | | |
| 前置条件 | (1) 该用户必须是已登录的管理员且拥有此权限。<br>(2) 数据库中有相应的订单信息 | 后置条件 | 相应的订单查询成功 |
| 活动步骤 | (1) 管理员选择"订单查询"项,并输入相关订单的关键信息(如订单号),根据某会员信息查询其订单。<br>(2) 系统处理,返回相应的查询订单结果页面 | | |
| 异常处理 | (1) 没有相应的订单。<br>(2) 系统处理异常,系统给出相应的提示信息 | | |

表 15-23 "订单删除"用例

| 编号 | 507 | 用例名称 | 订单删除 |
|---|---|---|---|
| 使用人员 | 管理员 | 扩展点 | 无 |
| 输入 | 相关订单的关键信息 | | |
| 系统响应 | 系统在数据库中将相关订单的内容删除 | | |
| 输出 | 系统提示用户删除成功或失败 | | |
| 前置条件 | (1) 该用户必须是已登录的管理员且拥有此权限。<br>(2) 数据库中有相应的订单信息 | 后置条件 | 相应的订单删除成功 |
| 活动步骤 | (1) 管理员选择"订单删除"项,并输入相关订单的关键信息(如订单号),根据某会员信息查询其订单。<br>(2) 系统处理,提示订单删除成功 | | |
| 异常处理 | (1) 系统提示没有相应的订单,或相应的订单已经被删除。<br>(2) 系统处理异常,系统给出相应的提示信息 | | |

表 15-24 "添加新折扣"用例

| 编号 | 508 | 用例名称 | 添加新折扣 |
|---|---|---|---|
| 使用人员 | 管理员 | 扩展点 | 无 |
| 输入 | 相关新折扣的信息 | | |
| 系统响应 | 系统在数据库中在相应图书的折扣上添加上新的折扣 | | |
| 输出 | 系统返回相关图书的页面,其上有相关的新折扣的信息 | | |
| 前置条件 | (1) 该用户必须是已登录的管理员且拥有此权限。<br>(2) 数据库中有相应的图书信息。 | 后置条件 | 相应的图书添加新折扣成功 |
| 活动步骤 | (1) 管理员选择"添加折扣"项。<br>(2) 系统显示添加折扣页面。<br>(3) 管理员填写并提交折扣信息(包括折扣类别名、打折原因、折扣价格以及对应图书等关键信息) | | |
| 异常处理 | (1) 添加新折扣信息失败,系统给出相应的提示。<br>(2) 信息填写失败,系统返回错误页面。<br>(3) 系统处理异常,系统给出相应的提示信息 | | |

### 15.2.4 目标系统性能需求

性能需求点列表如表 15-25 所示。

表 15-25 性能需求点列表

| 编号 | 性能名称 | 使用部门 | 性能描述 | 输入 | 系统响应 | 输出 |
|---|---|---|---|---|---|---|
| 1 | 相应的图书查询 | 游客、会员、管理员 | 在数据库中查找相应的图书 | 图书的相关信息(如图书名称、ISBN、作者等) | 在 3s 内列出所有的记录 | 输出符合要求的记录 |
| 2 | 信息的录入、修改、删除 | 会员、管理员 | 在数据库中录入、修改、删除相应的信息 | 录入、修改、删除的信息 | 在 0.5s 内对数据进行录入、修改和删除并输出提示信息 | 输出提示信息 |
| 3 | 检查信息的规范性 | 游客、会员、管理员 | 检查录入、修改、删除的信息的正确性 | 输入各种信息 | 在 0.1s 内对信息进行检查 | 输出信息是否符合规范 |
| 4 | 报表输出 | 会员、管理员 | 用报表形式显示出数据库中的所有记录 | 输入需要显示的报表 | 在 10s 内显示出所有数据库中的记录 | 输出需要显示的报表 |

### 15.2.5 目标系统界面需求

输入设备:键盘,鼠标。

输出设备:显示器。

显示风格:Chrome 界面。

显示方式:1920×1080。

输出格式:网页方式。

### 15.2.6 目标系统的其他需求

**1. 安全性**

尽量提高数据传输的安全性,使用安全链接加强保密性,通过防火墙加强网站的安全性。

**2. 可靠性**

使网站管理人员和用户访问网站时都能正常操作。

**3. 灵活性**

支持多种付款方式、多种货物搜索方式以及多种送货方式。网站支持后续更新。

### 15.2.7 目标系统的假设与约束条件

该系统面向中小型网上书店,以整个企业为单位,不涉及企业内部业务以及部门之间的业务交流。

## 15.3 项目测试计划

### 15.3.1 测试项目

以该系统边界为界限,本项目将以企业消息中心平台系统为测试对象,测试主要涵盖网站的逻辑正确性、安全性、稳定性以及并发性等系统属性。

### 15.3.2 测试方案

由于项目需求明确且实现相对简单,采用传统的软件开发过程,即瀑布模型。项目分为需求定义、概要设计、详细设计、实现、测试和发布几个阶段。测试阶段采用 V 模型,与开发阶段相对应。

测试策略包括单元测试、集成测试、系统测试和验收测试等阶段,以确保系统质量和功能的完整性。

### 15.3.3 测试资源

**1. 测试人员**

系统测试所需人员如表 15-26 所示。

表 15-26 测试所需人员角色及其职责说明

| 角　　色 | 专职角色数量 | 具 体 职 责 |
| --- | --- | --- |
| 项目经理 | 1 | 组织测试计划和活动 |
| 单元测试人员 | 5 | 进行单元测试,并完成《单元测试报告》 |
| 集成测试人员 | 2 | 进行集成测试,并完成《集成测试报告》 |
| 确认测试人员 | 2 | 进行确认测试,并完成《确认测试报告》 |
| 系统测试人员 | 2 | 进行系统测试,并完成《系统测试报告》 |

**2. 测试环境**

系统测试软、硬件的环境如表 15-27 所示。

表15-27 测试软、硬件的环境

| 软 件 环 境 | |
|---|---|
| 操作系统 | Windows XP/Vista/7/8.1/10/11 |
| 浏览器 | Chrome 89以上版本 |
| 硬 件 环 境 | |
| 设备 | CPU：Intel P4 1.6GHz或以上，内存：512MB或以上 |
| 网络 | 100Mb/s 网卡 |

## 15.4 测试用例设计

根据测试计划、项目规范以及源代码，编写各个测试阶段的测试用例。本书给出单元测试和系统测试阶段的测试用例的设计示例。

### 15.4.1 单元测试用例

单元测试用例采用白盒测试方法进行设计。白盒测试方法中的逻辑覆盖法被用于设计测试用例。逻辑覆盖法基于程序内部的逻辑结构来设计测试用例。

下面对添加图书函数进行介绍。

```
protected void Button1_Click(object sender, EventArgs e) {
        if (fileBpicture.HasFile) {
                string savePath = Server.MapPath("~/images/") + fileBpicture.FileName;
                fileBpicture.SaveAs(savePath);
        }
        int count = ((int)(sqlHelp.ExecuteScalar(sqlHelp.ConnectionStringLocalTransaction,
            CommandType.Text, checksql, checkparam)));
        if (eount > 0) {
                Label1.Text = "ISBN已经存在";
                Label1.Visible = true;
        }else{
                int effectLines = sqlHelp.BxecuteNonQuery(sqlHelp.ConnectionStringLocal
                                Transaction,CommandType.Text, sgl, param),
                if (effectLines > 0) {
                        Label1.Text = "图书添加成功";
                        Label1.Visible = true;
                }else{
                        Label1.Text = "数据库操作失败";
                        Label1.Visible = true;
                }
        }
}
```

该函数的流程如图15-9所示。
其流程简化图如图15-10所示。
条件C1=fileBpicture.HasFile；
条件C2=count>0；
条件C3=effectLines>0。

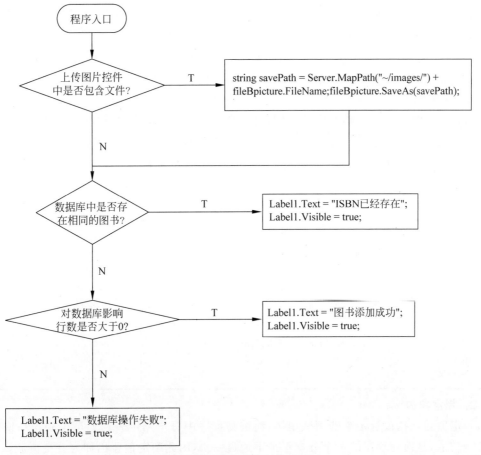

图 15-9  添加图书函数流程

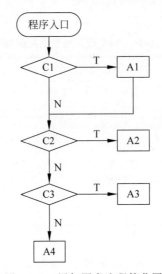

图 15-10  添加图书流程简化图

从图 15-10 可以看出,该函数有 6 条不同的路径。

R1：C1—A1—C2—A2　　(C1 And C2)

R2：C1—A1—C2—C3—A3　　(C1 And !C2 And C3)

R3：C1—A1—C2—C3—A4　（C1 And !C2 And !C3）

R4：C1—C2—A2　（!C1 And C2）

R5：C1—C2—C3—A3　（!C1 And !C2 And C3）

R6：C1—C2—C3—A4　（!C1 And !C2 And !C3）

### 1. 语句覆盖

语句覆盖是指设计足够的测试用例，使被测试程序中每条语句至少执行一次。

从图 15-10 中可以看出，想要覆盖所有语句，只需要执行 R2、R4、R6 三条路径。因此只需设计一组测试用例覆盖这三条测试路径即可。语句覆盖法测试用例列表如表 15-28 所示。

表 15-28　语句覆盖法测试用例列表

| 编 号 | 输 入 数 据 | 通 过 路 径 |
|---|---|---|
| 用例 1 | fileBpicture.FileName="D://book.jpg"; count=0 effectLines>0 | C1—A1—C2—C3—A3 |
| 用例 2 | fileBpicture.FileName=""; count>0; | C1—C2—A2 |
| 用例 3 | fileBpicture.FileName=""; count=0; effectLines<0 | C1—C2—C3—A4 |

### 2. 判定覆盖

判定覆盖是指设计足够的测试用例，使被测程序中每个判定表达式至少获得一次"真"值和"假"值，从而使程序的每个分支至少都通过一次，因此判定覆盖也称为分支覆盖。

本函数的测试用例要达到判定覆盖需要执行 R1、R5、R6 三条路径，判定覆盖测试用例如表 15-29 所示。

表 15-29　判定覆盖法测试用例列表

| 编 号 | 输 入 数 据 | 通 过 路 径 |
|---|---|---|
| 用例 1 | fileBpicture.FileName="D://book.jpg"; count>0 | C1—A1—C2—A2 |
| 用例 2 | fileBpicture.FileName=""; count=0; effectLines>0 | C1—C2—C3—A3 |
| 用例 3 | fileBpicture.FileName=""; count=0; effectLines<0 | C1—C2—C3—A4 |

### 3. 条件覆盖

条件覆盖是指设计足够的测试用例，使判定表达式中每个条件的各种可能的值至少出现一次，如表 15-30 所示。由于本函数的每个判定表达式中只有一个条件，所以条件覆盖测试用例与判定覆盖测试用例相同。

表 15-30　条件覆盖法测试用例列表

| 编　号 | 输入数据 | 通过路径 |
| --- | --- | --- |
| 用例 1 | fileBpicture.FileName="D://book.jpg";<br>count>0 | C1—A1—C2—A2 |
| 用例 2 | fileBpicture.FileName="";<br>count=0;<br>effectLines>0 | C1—C2—C3—A3 |
| 用例 3 | fileBpicture.FileName="";<br>count=0;<br>effectLines<0 | C1—C2—C3—A4 |

**4．条件判定覆盖**

条件判定覆盖是指设计足够的测试用例，使判定表达式的每个条件的所有可能取值至少出现一次，并使每个判定表达式所有可能的结果也至少出现一次，如表 15-31 所示。

表 15-31　判定/条件覆盖法测试用例列表

| 编　号 | 输入数据 | 通过路径 |
| --- | --- | --- |
| 用例 1 | fileBpicture.FileName="D://book.jpg";<br>count>0 | C1—A1—C2—A2 |
| 用例 2 | fileBpicture.FileName="";<br>count=0;<br>effectLines>0 | C1—C2—C3—A3 |
| 用例 3 | fileBpicture.FileName="";<br>count=0;<br>effectLines<0 | C1—C2—C3—A4 |

**5．条件组合覆盖**

条件组合覆盖是比较强的覆盖标准，它是指设计足够的测试用例，使得每个判定表达式中条件的各种可能值的组合都至少出现一次，并且每个判定的结果也至少出现一次。

与条件覆盖的差别是它不是简单地要求每个条件都出现"真"和"假"两种结果，而是要求这些结果的所有可能组合都至少出现一次。

由于本函数的每个判定表达式中只有一个条件，所以多条件覆盖测试用例与条件覆盖测试用例相同，如表 15-32 所示。

表 15-32　多条件覆盖法测试用例列表

| 编　号 | 输入数据 | 通过路径 |
| --- | --- | --- |
| 用例 1 | fileBpicture.FileName="D://book.jpg";<br>count>0 | C1—A1—C2—A2 |
| 用例 2 | fileBpicture.FileName="";<br>count=0;<br>effectLines>0 | C1—C2—C3—A3 |
| 用例 3 | fileBpicture.FileName="";<br>count=0;<br>effectLines<0 | C1—C2—C3—A4 |

#### 6. 路径覆盖

路径覆盖是指设计足够的测试用例,覆盖被测程序中所有可能的路径。

从图 15-10 中可以看出一共有 6 条路径,所以路径覆盖的测试用例如表 15-33 所示。

表 15-33　路径覆盖法测试用例列表

| 编　　号 | 输 入 数 据 | 通 过 路 径 |
|---|---|---|
| 用例 1 | fileBpicture.FileName="D://book.jpg";<br>count＞0 | C1—A1—C2—A2 |
| 用例 2 | fileBpicture.FileName="D://book.jpg";<br>count=0;<br>effectLines＞0 | C1—A1—C2—C3—A3 |
| 用例 3 | fileBpicture.FileName="D://book.jpg";<br>count=0;<br>effectLines＜0 | C1—A1—C2—C3—A4 |
| 用例 4 | fileBpicture.FileName="";<br>count＞0 | C1—C2—A2 |
| 用例 5 | fileBpicture.FileName="";<br>count=0;<br>effectLines＞0 | C1—C2—C3—A3 |
| 用例 6 | fileBpicture.FileName="";<br>count=0;<br>effectLines＜0 | C1—C2—C3—A4 |

### 15.4.2　功能测试用例

完成单元测试后,将采用自底向上的增量式集成策略进行系统集成和集成测试,根据类和类之间的关系选择集成顺序。一旦集成完成,将进行系统测试。在系统测试中,功能测试用例将采用黑盒测试方法进行设计,具体方法如下。

#### 1. 等价类划分法

在本案例中,首先分析哪些功能适合使用等价类划分法来设计测试用例。例如,在"添加图书"功能中,可以使用该方法来测试"单价",如图 15-11 所示。

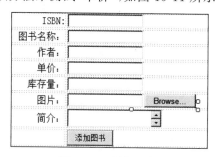

图 15-11　添加图书

根据系统需求定义,单价的取值应该是至多两位小数点的非负数。按等价类划分方法,可以把它划分成一个有效等价类,三个无效等价类。等价类列表如表 15-34 所示。

表 15-34  等价类列表

| 输入条件 | 有效等价类 | 无效等价类 |
|---|---|---|
| 至多两位小数的非负数 | ①12<br>②12.1<br>③12.11 | |
| 负数 | | ④-12 |
| 大于两位小数的非负数 | | ⑤12.1111 |
| 非数值类型 | | ⑥十二 |

从表 15-34 可以看出,对于"单价"这一输入框,使用等价类划分法,可以设计出 6 条测试用例。每个标号代表一条测试用例。这 6 条测试用例基本可以满足这个功能的测试需求。

**2. 边界值分析法**

仍以"添加图书"功能中的"单价"为例,由于单价的取值是至多两位小数点的非负数。按边界值分析法,其中两位小数的正数和 0 是有效边界值,而三位小数的正数是无效边界值,如表 15-35 所示。

表 15-35  边界值列表

| 输入条件 | 有效边界值 | 无效边界值 |
|---|---|---|
| 两位小数的正数 | ①12.11 | |
| 0 | ②0 | |
| 三位小数的正数 | | ③12.111 |

**3. 因果图法**

以本案例中的"查询图书"功能为例。根据系统需求定义,在图书查询部分需支持按 ISBN、书名两种查询方法。其对应的因果图如图 15-12 所示。

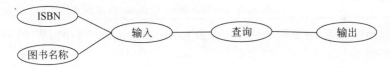

图 15-12  查询图书因果图

根据以上的因果图可以设计出如表 15-36 所示的测试用例。

表 15-36  查询图书因果图解列表

| 序号 | 输入条件 | 测试用例 | 期望测试结果 |
|---|---|---|---|
| 1 | ISBN | ① ISBN 为空 | 列出所有图书 |
| | | ② 输入正确的 ISBN | 列出匹配该 ISBN 的图书 |
| | | ③ 输入模糊的 ISBN | 列出所有模糊匹配该 ISBN 的图书 |
| | | ④ 输入不符合要求的 ISBN | 未查询出任何图书 |
| 2 | 图书名称 | ⑤ 图书名称为空 | 列出所有图书 |
| | | ⑥ 输入正确的图书名称 | 列出匹配图书名称的图书 |
| | | ⑦ 输入模糊的图书名称 | 列出所有模糊匹配该图书名称的图书 |
| | | ⑧ 输入不符合要求的图书名称 | 未查询出任何图书 |

### 15.4.3 性能测试用例

在设计性能测试用例之前,需要了解被测模块需要达到的性能目标。例如,对于"添加图书"功能进行性能测试,测试之前需要确定以下信息,如表 15-37 所示。

表 15-37 性能测试信息收集

| 测试功能 | 需求信息 |
| --- | --- |
| 添加图书 | 至少支持××用户并发;<br>每个用户请求响应时间不超过×秒;<br>××用户并发持续××小时添加图书,用户请求响应时间不超过×秒,服务器端与客户端 CPU 负载、内存使用没有超过限制;<br>用户终端最低配置要求 |

在收集了设计性能测试用例所需的信息后,可以根据不同的测试目的设计相应的测试用例。

对于用户登录功能,主要测试在短时间内有大量用户登录情况下的登录时间,所以设计如表 15-38 所示的测试用例。

表 15-38 用户登录性能测试用例

| 所属用例 | ××用户同时登录系统 |
| --- | --- |
| 目的描述 | 测试多人同时登录系统时服务器的响应时间 |
| 先决条件 | 终端满足系统最低配置要求 |
| 输入数据 | 用户名、密码 |
| 步骤 | ××终端同时发起登录请求;<br>查看登录时间;<br>分别查看服务器端和客户端 CPU 负载、内存使用 |
| 预取输出 | 每个用户都能正常登录,且登录的时间不超过×秒;<br>服务器端与客户端 CPU 负载、内存使用没有超过限制 |

对于添加图书功能,主要测试长时间添加图书时系统的响应时间,所以设计如表 15-39 所示的测试用例。

表 15-39 添加图书性能测试用例

| 所属用例 | 连续××小时添加图书 |
| --- | --- |
| 目的描述 | 测试连续多个小时添加图书时服务器的响应时间 |
| 先决条件 | 终端满足系统最低配置要求,系统拥有××本图书信息 |
| 输入数据 | 图书信息 |
| 步骤 | ××终端并发连续××小时执行添加图书功能;<br>查看页面响应时间;<br>分别查看服务器端和客户端 CPU 负载、内存使用 |
| 预取输出 | 页面响应时间不超过×秒;<br>服务器端与客户端 CPU 负载、内存使用没有超过限制 |

对于查询图书功能,主要测试大数据量下多用户同时查询时系统的响应时间,所以设计如表 15-40 所示的测试用例。

表 15-40　查询图书性能测试用例

| 所属用例 | 系统拥有××图书信息，××个用户查询图书 |
|---|---|
| 目的描述 | 测试大数据量下多用户同时查询时系统的响应时间 |
| 先决条件 | 终端满足系统最低配置要求，系统拥有××本图书信息，××个用户查询图书 |
| 输入数据 | 查询条件 |
| 步骤 | 当系统存在××图书时，××个用户执行查询图书操作；<br>查看页面响应时间；<br>分别查看服务器端和客户端CPU负载、内存使用 |
| 预取输出 | 页面响应时间不超过×秒；<br>服务器端与客户端CPU负载、内存使用没有超过限制 |

## 15.5　测试进度

该系统测试采用V形方法，与项目开发各阶段相对应，测试进度计划如图15-13所示。相应阶段可以同步进行相应的测试计划编制，而测试设计也可以结合在开发过程中实现并行，测试的实施即执行测试的活动可以在开发之后连贯进行。

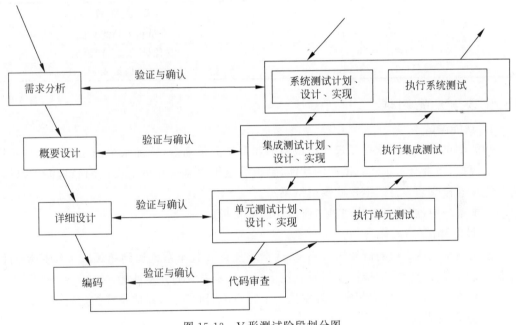

图 15-13　V形测试阶段划分图

### 15.5.1　单元测试

单元测试的目标是验证软件设计中的最小单元，也就是模块的正确性。主要目的是检查模块在语法、格式和逻辑上是否存在错误。不同的软件形式和开发技术可能对"单元"有不同的定义，但通常指的是软件中最小的、可以独立执行编码的单位。

进行单元测试需要使用系统设计阶段完成的设计模型，以及已经实现的每个模块的代码作为测试条件。

单元测试进度安排如表 15-41 所示。

表 15-41　单元测试进度安排表

| 测试时间 | 单元测试所在模块 |
| --- | --- |
| 2023/10/20—2023/10/21 | 登录注册模块 |
| 2023/10/21—2023/10/22 | 浏览图书模块 |
| 2023/10/22—2023/10/24 | 会员购书模块 |
| 2023/10/24—2023/10/26 | 订单管理模块 |
| 2023/10/26—2023/10/28 | 图书管理模块 |

### 15.5.2　集成测试

集成测试的主要目的是验证软件单元的组合是否能够正常工作。这一阶段的测试条件包括系统的概要设计文档以及已经完成的单元测试。集成测试通常在软件装配的同时进行，主要目的是发现与接口相关的错误。

集成测试的进度安排如表 15-42 所示。

表 15-42　集成测试进度安排表

| 测试时间 | 集成阶段 |
| --- | --- |
| 2023/10/28—2023/10/30 | 会员相关功能测试 |
| 2023/10/30—2023/11/1 | 管理员相关功能测试 |
| 2023/11/1—2023/11/3 | 界面集成 |

### 15.5.3　系统测试

**1. 功能测试**

功能测试主要根据软件需求规格说明书和测试需求列表，验证系统的功能实现是否符合需求规格，是否有不正确或遗漏的功能，是否满足用户需求和系统设计的隐含需求，以及是否能正确接收输入并产生正确输出结果等。

在本系统中，测试要求验证界面所有功能的实现。

**2. 性能测试**

性能测试包括负载测试和压力测试，逐渐增加负载直至系统达到瓶颈或无法接受的性能点。通过综合分析执行指标和资源监控指标来确定系统的并发性能。

在本系统中，使用性能测试工具模拟多个客户端同时访问，评估系统的运行效果。

**3. 兼容性测试**

兼容性测试检查软件在特定硬件、软件、操作系统、网络等环境下是否正常运行，以及软件之间是否正确交互和共享信息，以及不同软件版本之间的兼容性。

在本系统中，验证对操作系统 Windows XP、Windows Vista 和 Windows 7 的支持。

**4. 安全测试**

安全测试涵盖全局安全性考虑，如会员信息无法被其他会员修改、会员购买图书前需要先支付、验证第三方支付系统的安全性等。

**5. 大数据量测试**

大数据量测试的关键是准备测试数据，可以借助工具来实现。

在本系统中,验证不同数据量、不同数据容量数据给系统带来的性能影响。

### 15.5.4 验收测试

验收测试由用户参与,考查软件是否达到了验收的标准和要求。本系统的验收测试主要由开发组成员模拟用户行为进行。

## 15.6 评 价

### 15.6.1 范围

本测试计划主要包括单元测试、集成测试、系统测试和验收测试。测试用例的范围包括:

- 确保模块设计和功能的正确性。
- 验证接口关系的正确性。
- 确认用例是否被实现。
- 检查是否满足需求规格中的性能要求。

### 15.6.2 数据整理

对测试数据进行整理,以便将测试结果与预期结果进行比较,以便进行测试结果的分析和评价。

本系统需要对各个测试用例的输入参数和输出结果进行总结,并与实际运行情况进行比较,以得出最终的测试结果。

### 15.6.3 测试质量目标

本节说明用来判断测试结果的测试质量目标,作为检查被测试的软件是否已达到预期目标所允许的范围。具体测试质量目标如表 15-43 所示。

表 15-43 测试质量目标

| 测试质量目标 | 确 认 者 |
| --- | --- |
| 所有的测试案例已经执行过 | 张三 |
| 所有的自动测试脚本已经执行通过 | 张三 |
| 所有的重要等级为高/中的 Bug 已经解决并由测试验证 | 张三 |
| 每一部分的测试已经被 Test Leader 确认完成 | 张三 |
| 重要的功能不允许有等级为高/中/低的 Bug | 张三 |
| 一般的功能或与最终使用者不直接联系的功能不允许有等级为高/中的 Bug | 张三 |
| 轻量的功能允许有少量等级为中/高等级的错误 | 张三 |
| 发现错误等级为高/中/低的 Bug 的速率正在下降并且接近 0 | 张三 |
| 在最后的三天内没有发现错误等级为高/中/低类的 Bug | 张三 |

## 15.7 测试分析报告

### 15.7.1 引言

**1. 编写目的**

本测试报告旨在总结"网上书店系统"项目的测试活动实施结果、测试用例运行结果以及软件评价等方面。此文档的正式版本将供项目经理、系统设计师、测试部门经理等人员查阅和使用。

**2. 背景**

"网上书店系统"是一种高质量、更快捷、更方便的购书方式。该系统用于图书的在线销售,并且对图书的管理进行了更加合理化和信息化的处理。管理员可以在后台维护网上书店销售的图书和用户下的订单等。而网上书店会员可以通过该系统查看购买的图书。

**3. 参考文档**

- 《网上书店系统项目开发计划》
- 《网上书店系统项目组规约》
- 《网上书店系统需求规格说明书》
- 《网上书店系统概要设计说明书》
- 《网上书店系统详细设计说明书》
- 《网上书店系统测试计划》
- 《网上书店系统测试用例设计》

**4. 术语和缩写词**

暂无。

### 15.7.2 测试计划实施

**1. 单元测试计划实施**

单元测试任务的实际执行情况如表 15-44 所示。

表 15-44  单元测试任务的实际执行情况表

| 测试时间 | 单元测试所在模块 |
| --- | --- |
| 2023/10/20—2023/10/21 | 登录注册模块 |
| 2023/10/21—2023/10/22 | 浏览图书模块 |
| 2023/10/22—2023/10/24 | 会员购书模块 |
| 2023/10/24—2023/10/26 | 订单管理模块 |
| 2023/10/26—2023/10/28 | 图书管理模块 |

实际测试进度与测试计划一致,单元测试阶段的全部测试用例执行正常,无缺陷发现。

**2. 集成测试计划实施**

集成测试任务的实际执行情况如表 15-45 所示。

表 15-45　集成测试任务的实际执行情况表

| 测 试 时 间 | 集 成 阶 段 |
|---|---|
| 2023/10/28—2023/10/30 | 会员相关功能测试 |
| 2023/10/30—2023/11/1 | 管理员相关功能测试 |
| 2023/11/1—2023/11/6 | 界面集成 |

在界面集成阶段,比测试计划多花了三个工作日,因为在界面方面进行了修改。此修改已对应更新到需求、概要设计、详细设计和测试计划中,并在实际集成工作中进行了回归测试。

**3. 系统测试和验收测试计划实施**

系统测试对系统的功能、性能、兼容性、安全性和大数据量处理能力进行了测试,并得出以下结论。

- 系统满足了软件规约的全部功能需求。
- 在性能上,当存在大量图书时对图书名称的模糊匹配查询时间较长,影响了界面显示效果和用户使用效果,建议对此部分进行改进。
- 系统安全性良好。
- 能够存储大数据量的图书信息并正确进行增删改查。

### 15.7.3　评价

**1. 软件能力**

测试结果表明,软件能够满足系统的基本需求,对需求中要求的各模块功能均能正常执行,并具有良好的错误处理能力。当存在大量图书时对图书名称的模糊匹配查询时间较长,在后续阶段可进行改进。

**2. 性能评估**

- 登录性能:系统从 0 到 20 逐步增加同时登录的用户数,发现登录时间基本平稳在 4s 左右,未受同时登录的人数影响。
- 添加图书性能:系统连续 3h 用 20 个用户添加图书,发现图书添加时间基本稳定在 2s 左右,未受时间长短影响。
- 查询图书性能:在系统具有 10 万本图书的情况下,20 个用户连续 5min 同时执行查询操作,发现查询时间稳定在 0.5s 左右,未受图书数量、连续查询时间的影响。
- 其他模块功能的性能测试也基本符合要求。

**3. 测试结论**

本软件的开发已达到预定的目标,在修正以上缺陷后能交付使用。

## 小　　结

本章首先介绍了基于 B/S 结构的网站系统的测试流程和方法,随后通过对"网上书店"系统的测试案例进行详细描述,涵盖了测试计划、测试进度安排、测试准备的评价、测试用例的设计、测试结果及分析等方面内容。每个环节都结合了前面章节介绍的基本概念和内容,以便读者有针对性地去实践,并且能更好地理解整个项目测试过程。

# 习 题 15

扫一扫
习题

扫一扫
自测题

# 附录 A　实　验

**实验 1：使用 unittest 框架对 sort 函数进行单元测试**

本实验使用 unittest 框架对 Sort 函数进行单元测试。实验内容包括使用 unittest 测试框架编写针对 sort 函数、覆盖不同排序情况的单元测试用例,并对测试用例进行组织运行以验证 sort 函数的正确性。

本实验的过程可参看其微课视频和文档。

扫一扫　　扫一扫

文档　　视频讲解

**实验 2：使用 unittest 框架对线性查找函数进行单元测试**

本实验使用 unittest 框架对线性查找函数进行单元测试。实验内容包括使用 unittest 测试框架编写针对线性查找函数的测试用例,并对测试用例进行组织运行,生成测试报告等。

本实验的过程可参看其微课视频和文档。

扫一扫　　扫一扫

文档　　视频讲解

**实验 3：使用 pytest 框架对冒泡排序函数进行单元测试**

本实验使用 pytest 框架对冒泡排序函数进行单元测试。实验内容包括使用 pytest 测试框架编写针对冒泡排序函数的测试用例,并对测试用例进行组织运行,生成 HTML 测试报告等。

本实验的过程可参看其微课视频和文档。

扫一扫　　扫一扫

文档　　视频讲解

**实验 4：使用 pytest 框架对 Calculator 函数进行单元测试**

本实验使用 pytest 框架对 Calculator 函数进行单元测试。实验内容包括使用 pytest 测试框架编写针对 Calculator 函数的测试用例,并对测试用例进行组织运行,生成测试报告等。

本实验的过程可参看其微课视频和文档。

扫一扫　　扫一扫

文档　　视频讲解

**实验 5：使用 JaCoCo 分析单元测试覆盖率**

本实验使用 JaCoCo 工具分析 Java 项目的单元测试覆盖率。实验内容包括 JaCoCo 工具的基本使用以及其对 Java 代码的测试覆盖率分析。

本实验的过程可参看其微课视频和文档。

文档

视频讲解

**实验 6：前端测试分析**

本实验使用浏览器自带的开发者工具进行前端的测试。实验内容包括从用户角度监控百度首页和新浪官网首页 Web 系统的性能和交互情况。

本实验的过程可参看其微课视频和文档。

文档

视频讲解

**实验 7：使用 Lighthouse 进行 Web 性能测评**

本实验使用 Lighthouse 网站性能测评工具对 Web 网页的性能效果指标进行测评。实验内容包括使用 Chrome 浏览器开发者工具中的 lighthouse 和 lighthouse 命令行工具对网站进行测试，并对测试网站的测评报告进行分析。

本实验的过程可参看其微课视频和文档。

文档

视频讲解

**实验 8：使用 WebPageTest 进行前端性能测试**

本实验使用 WebPagetest 性能分析工具对 Web 网站进行前端性能测试。实验内容包括使用 WebPagetest 在线测试网址对某网站进行测试，并对测试报告进行分析。

本实验的过程可参看其微课视频和文档。

文档

视频讲解

**实验 9：使用 Selenium IDE 录制和生成测试脚本**

本实验使用 Selenium IDE 工具进行录制和生成测试脚本。实验内容包括使用 Selenium IDE 工具对测试网站进行录制并导出测试脚本。

本实验的过程可参看其微课视频和文档。

文档

视频讲解

**实验 10：使用 Katalon Recorder 录制和生成脚本**

本实验使用 Katalon Recorder 对网页操作进行录制并导出脚本。实验内容包括使用 Katalon Recorder 对某网站进行录制并导出脚本，运行官方示例项目，熟悉工具的常见功能。

本实验的过程可参看其微课视频和文档。

文档

视频讲解

**实验 11：使用 Selenium 进行 Web 浏览器兼容性测试**

本实验使用 Selenium 进行 Web 浏览器兼容性测试。实验内容包括编写脚本测试网页，模拟用户在不同浏览器中的交互操作等。

本实验的过程可参看其微课视频和文档。

文档

视频讲解

**实验 12：使用 pytest 和 Selenium 进行 UI 自动化测试**

本实验使用 pytest 框架和 Selenium 进行 UI 自动化测试。实验内容包括编写 Python 脚本，使用 pytest 测试框架和 Selenium 实现对测试网页 UI 界面的自动化测试。

本实验的过程可参看其微课视频和文档。

文档

视频讲解

**实验 13：使用 unittest 和 Selenium 对登录页面进行自动化测试**

本实验使用 unittest 框架和 Selenium 对登录页面进行自动化测试。实验内容包括编写 Python 脚本，使用 unittest 测试框架和 Selenium 实现对测试网页登录页面的自动化测试。

本实验的过程可参看其微课视频和文档。

文档

视频讲解

**实验 14：移动 App 非功能性测试**

本实验对移动 App 进行非功能测试。实验内容包括使用 adb 获取手机 App 的相关信息。

本实验的过程可参看其微课视频和文档。

文档

视频讲解

**实验 15：使用 Appium 测试 Android 应用程序**

本实验使用 Appium 测试 Android 应用程序。实验内容包括 Appium 测试环境的安装和配置，使用 Android SDK 及 Android 模拟器对应用程序进行测试。

本实验的过程可参看其微课视频和文档。

文档

视频讲解

### 实验 16：基于 unittest 的 App UI 自动化测试实验

本实验使用 Python 的 unittest 单元测试框架实现对安卓 Bilibili 客户端的自动化测试。实验内容包括编写 Python 代码,使用 unittest 测试框架,组织测试用例运行;连接真机或模拟器,对 App 进行安装和卸载操作;编写测试用例;运行测试等。

本实验的过程可参看其微课视频和文档。

### 实验 17：使用 Postman 测试 SOAP 和 HTTP 接口

本实验使用 Postman 工具进行 SOAP 和 HTTP 接口测试。实验内容包括介绍 Postman 的使用,以及测试 SOAP 和 HTTP 接口,包括参数配置、断言设置、结果报告等。

本实验的过程可参看其微课视频和文档。

### 实验 18：使用 Postman 测试 getWeather 关联接口

本实验使用 Postman 对 getWeather 关联接口进行测试。实验内容包括测试关联接口,验证接口的正确性和可用性。

本实验的过程可参看其微课视频和文档。

### 实验 19：Newman 与 Jenkins 的持续集成

本实验使用 Newman 和 Jenkins 实现对 Postman 集合的持续集成。实验内容包括自动执行 API 测试,并将测试结果集成到 Jenkins 中。

本实验的过程可参看其微课视频和文档。

### 实验 20：接口测试框架：Postman、Newman 和 Jenkins 集成

本实验使用 Postman、Newman 和 Jenkins 实现对接口进行测试。实验内容包括使用 Postman 导出 Json,使用 Newman 在命令行执行和生成测试报告,使用 Jenkins 定时执行测试接口。

本实验的过程可参看其微课视频和文档。

### 实验 21：SoapUI 接口测试

本实验使用 SoapUI 工具测试接口文档。实验内容包括使用 SoapUI 对接口测试文档

进行测试。

本实验的过程可参看其微课视频和文档。

文档

视频讲解

**实验 22：SoapUI 接口测试：HTTP 和 SOAP 协议测试**

本实验使用 SoapUI 工具测试 HTTP 和 SOAP 协议的接口。实验内容包括使用 SoapUI 进行测试的基本操作，包括添加断言、执行测试用例等步骤。

本实验的过程可参看其微课视频和文档。

文档

视频讲解

**实验 23：使用 requests 类库测试天气预报接口**

本实验使用 requests 类库编写脚本测试天气预报接口。实验内容包括使用 requests 类库发送 HTTP 请求测试接口，并使用 ElementTree 库解析 XML。

本实验的过程可参看其微课视频和文档。

文档

视频讲解

**实验 24：pytest 和 requests 接口自动化测试框架**

本实验使用 pytest 测试框架并结合 requests 库，完成对接口的自动化测试。实验内容包括使用 pytest 和 requests 编写测试用例，执行测试并生成测试报告等。

本实验的过程可参看其微课视频和文档。

文档

视频讲解

**实验 25：Web 信息抓取：使用 requests 和 bs4 库测试网页**

本实验使用简单易用的 requests 库对测试网页的信息进行爬取和处理。实验内容包括使用 requests 库和 bs4 库获取测试网站排名前十五的大学排名、大学名称及得分；使用 requests 库获取某测试网站热点标题，并向钉钉群推送消息。

本实验的过程可参看其微课视频和文档。

文档

**实验 26：Web 信息爬取实验：使用 requests-html 测试网页**

本实验使用 requests-html 对某测试网页的信息进行爬取和处理。实验内容包括使用 requests-html 对某测试网页发起请求，并对返回的结果进行处理。

本实验的过程可参看其微课视频和文档。

文档

视频讲解

### 实验 27：使用 JMeter 录制一个网页的操作脚本

本实验使用 JMeter 录制工具将用户在网页上的操作转换为测试脚本。实验内容包括配置和编辑 JMeter 录制的脚本，以满足特定的测试需求，模拟用户行为。

本实验的过程可参看其微课视频和文档。

文档

视频讲解

### 实验 28：使用 JMeter 测试 WebService 和 HTTP

本实验使用 JMeter 工具对 WebService 和 HTTP 进行接口测试。实验内容包括使用 JMeter 对 SOAP 协议和 HTTP 的接口进行测试，为接口设计正向的和反向的测试用例，并运行测试。

本实验的过程可参看其微课视频和文档。

文档

视频讲解

### 实验 29：使用 JMeter 控制器进行测试

本实验使用 JMeter 的多种元件对接口进行测试。实验内容包括使用 JMeter 的配置元件和多种控制器完成对接口不同场景的测试。

本实验的过程可参看其微课视频和文档。

文档

视频讲解

### 实验 30：使用 Fiddler 进行测试

本实验使用 Fiddler 工具对 App 和网页进行测试。实验内容包括使用 Fiddler 捕获浏览器请求，并分析网络请求；使用 AutoResponder 拦截并改写响应；使用 Composer 自定义请求；使用 Filter 过滤请求；捕获手机请求等。

本实验的过程可参看其微课视频和文档。

文档

视频讲解

### 实验 31：使用 ApiFox 进行测试

本实验使用 ApiFox 工具对项目接口进行测试实战操作。实验内容包括编写正向、反向测试用例，并添加断言；生成测试文档并在线分享测试用例；运行测试用例；查看测试报告运行结果等。

本实验的过程可参看其微课视频和文档。

文档

视频讲解

### 实验 32：使用 Flask 框架开发 mock 接口

本实验使用 Flask 框架开发 mock 接口。实验内容包括学习 Falsk 框架，按照接口文档编写一个 mock 登录接口，使用 Postman 对接口进行测试。

本实验的过程可参看其微课视频和文档。

文档

视频讲解

### 实验 33：接口自动化测试：mock 模块基本使用介绍

本实验使用 mock 编写测试脚本。实验内容包括对已开发完的功能和未开发完的功能使用 mock 进行测试。

本实验的过程可参看其微课视频和文档。

文档

视频讲解

### 实验 34：Mock Server 测试：使用 Moco 进行测试

本实验使用 Moco 进行测试。实验内容包括 Moco 环境搭建，使用 Moco 多种场景，使用 Postman 查看 Mock 结果。

本实验的过程可参看其微课视频和文档。

文档

视频讲解

### 实验 35：Java 对象 HTTPURLConnection 超链接测试

本实验使用 Java 对象 HTTPURLConnection 进行超链接测试。实验内容包括在测试 HTTP 请求时，使用 Java 对象 HTTPURLConnection 测试超链接。

本实验的过程可参看其微课视频和文档。

文档　　视频讲解

### 实验 36：OWASP WebGoat 安全测试：SQL 注入漏洞

本实验对 WebGoat 项目训练课程中的 SQL 注入漏洞进行学习与实践，理解 Web 攻击的原理。实验内容包括介绍不同类型 SQL 注入方法（数字型、字符型、盲注），并掌握 WebGoat 项目中的 SQL 注入漏洞，深入理解 Web 攻击的原理。

本实验的过程可参看其微课视频和文档。

文档

视频讲解

### 实验 37：OWASP WebGoat 安全测试：XSS 跨站脚本漏洞

本实验对 WebGoat 项目训练课程中的 XSS 跨站脚本漏洞进行学习与实践，理解 Web 攻击的原理。实验内容包括介绍 XSS 跨站脚本攻击，并掌握 WebGoat 项目中的 XSS 跨站脚本漏洞,深入理解 Web 攻击的原理。

本实验的过程可参看其微课视频和文档。

扫一扫

文档

扫一扫

视频讲解

### 实验 38：OWASP WebGoat 安全测试：CSRF

本实验对 WebGoat 项目训练课程中的 CSRF 部分进行学习与实践。实验内容包括通过 WebGoat 项目中的 CSRF 相关课程的学习与实践,深入理解 Web 攻击的原理；安装、配置和使用 Burp Suite 网络安全测试工具。

本实验的过程可参看其微课视频和文档。

扫一扫

文档

扫一扫

视频讲解

### 实验 39：渗透测试：Nessus 的使用

本实验使用 Nessus 工具对服务器进行安全漏洞检查。实验内容包括介绍 Nessus 的安装、服务启动、扫描配置以及扫描操作步骤等。

本实验的过程可参看其微课视频和文档。

扫一扫

文档

扫一扫

视频讲解

### 实验 40：渗透测试：Nmap 的使用

本实验使用 Nmap 工具对目标进行端口扫描和操作系统识别。实验内容包括 Nmap 基本命令、不同扫描场景以及扫描过程。

本实验的过程可参看其微课视频和文档。

扫一扫

文档

扫一扫

视频讲解

### 实验 41：渗透测试：Metasploit 的使用

本实验使用 Metasploit 渗透测试工具,在 Kali Linux 上对 Windows 7 系统进行永恒之蓝漏洞的攻击测试。实验内容包括介绍 Metasploit 渗透测试工具的使用方法以及永恒之蓝漏洞的攻击原理和利用方法。

本实验的过程可参看其微课视频和文档。

扫一扫

文档

扫一扫

视频讲解

### 实验 42：使用 gatling 进行测试

本实验使用 Gatling,通过 Scala DSL(Domain-Specific Language,邻域特定语言)编写测试场景,定义负载测试,最终生成全面的 HTML 负载报告。实验内容包括 Gatling 负载测试工具的基本使用以及 Quickstart 中的实例应用。

本实验的过程可参看其微课视频和文档。

扫一扫

文档

扫一扫

视频讲解

### 实验 43：Monkey 稳定性测试

本实验使用稳定性测试工具 Monkey 对安卓应用或模拟器中的应用进行测试。实验内容包括 SDK 环境搭建，使用 adb 连接设备，使用 Monkey 对测试 apk 进行稳定性测试，并查看日志记录的信息。

本实验的过程可参看其微课视频和文档。

文档

视频讲解

### 实验 44：Jenkins Pipeline 测试

本实验采用声明式语法编写 Pipeline 的各个阶段，并创建、配置和运行 Pipeline。实验内容包括创建 GitHub 账号，在 GitHub 中创建一个 Repository 存储库；使用 Docker 容器安装 Jenkins；安装 Pipeline 插件；熟悉 Pipeline 开发工具的使用等。

本实验的过程可参看其微课视频和文档。

文档

视频讲解

# 附录 B  软件开发完整案例：在线音乐播放平台

本附录详细介绍了"在线音乐播放平台"这个综合案例，包括开发计划书、需求规格说明书、软件设计说明书、源代码、测试报告、部署文档和用户使用说明书。具体内容请扫描下方二维码查看。

扫一扫

文本

扫一扫

视频讲解

# 附录 C　大模型赋能软件测试

本附录详细介绍了大预言模型在软件测试中可能发挥的作用和应用场景,以及具体在黑盒测试和自动化测试中所起的重要作用。具体内容请扫描下方二维码查看。

扫一扫

文本

# 参 考 文 献

[1] Myers G J. 软件测试的艺术[M]. 王峰,陈杰,译. 北京:机械工业出版社,2006.
[2] Patton R. 软件测试[M]. 张小松,王珏,曹跃,等译. 北京:机械工业出版社,2007.
[3] 佟伟光. 软件测试[M]. 北京:人民邮电出版社,2008.
[4] 宫云战. 软件测试教程[M]. 北京:机械工业出版社,2008.
[5] 李军国,吴昊,郭晓燕,等. 软件工程案例教程[M]. 北京:清华大学出版社,2013.
[6] 郭宁,马玉春,邢跃,等. 软件工程实用教程[M]. 北京:人民邮电出版社,2011.
[7] 朱少民. 软件测试方法和技术[M]. 北京:清华大学出版社,2014.
[8] 李龙,李向涵,冯海宁,等. 软件测试实用技术与常用模板[M]. 北京:机械工业出版社,2010.
[9] 赵翀,孙宁. 软件测试技术基于案例的测试[M]. 北京:机械工业出版社,2011.
[10] 殷人昆,郑人杰,马素霞,等. 实用软件工程[M]. 北京:清华大学出版社,2010.
[11] 宋光照,傅江如,刘世军. 手机软件测试最佳实践[M]. 北京:电子工业出版社,2009.
[12] 林广艳,姚淑珍,等. 软件工程过程[M]. 北京:清华大学出版社,2009.
[13] 吴洁明,方英兰. 软件工程实例教程[M]. 北京:清华大学出版社,2010.
[14] 王晓鹏,许涛,张兴,等. 软件测试实践教程[M]. 北京:清华大学出版社,2013.
[15] 魏金岭,韩志科,周苏,等. 软件测试技术与实践[M]. 北京:清华大学出版社,2013.
[16] 徐光侠,韦庆杰. 软件测试技术教程[M]. 北京:人民邮电出版社,2011.
[17] 郑人杰,许静,于波. 软件测试[M]. 北京:人民邮电出版社,2011.
[18] 吕云翔,王洋,肖咚. 软件测试案例教程[M]. 北京:机械工业出版社,2011.
[19] 邹晨,阮征,朱慧华. Web 2.0 动态网站开发:ASP 技术与应用[M]. 北京:清华大学出版社,2008.
[20] 邓文渊. 挑战 ASP.NET 2.0 for C♯动态网站开发[M]. 北京:机械工业出版社,2008.
[21] 汪孝宜,徐宏杰. 精通 ASP.NET 2.0+XML+CSS 网络开发混合编程[M]. 北京:电子工业出版社,2007.
[22] 黄军宝. 网站设计指南:通过 Dreamweaver CS3 学习 HTML+DIV+CSS[M]. 北京:科学出版社,2008.
[23] 周元哲. 软件测试实用教程[M]. 北京:人民邮电出版社,2013.
[24] 佟伟光,郭霏霏. 软件测试[M]. 北京:人民邮电出版社,2015.
[25] Whittaker J A. 探索式软件测试[M]. 方敏,张胜,钟颂东,等译. 北京:清华大学出版社,2010.
[26] Janet G,Lisa C. 深入敏捷测试:整个敏捷团队的学习之旅[M]. 徐毅,夏雪,译. 北京:清华大学出版社,2017.
[27] 吕云翔,况金荣,朱涛,等. 软件测试技术[M]. 北京:清华大学出版社,2021.
[28] 孙志安,等. 软件测试:实践者方法[M]. 北京:电子工业出版社,2024.
[29] 茹炳晟,吴骏龙,刘冉. 现代软件测试技术之美[M]. 北京:人民邮电出版社,2024.